中国电子视像行业协会 组编

OLED显示基础及产业化

OLED XIANSHI JICHU JI CHANYEHUA

于军胜　田朝勇　编著

电子科技大学出版社

图书在版编目（CIP）数据

OLED 显示基础及产业化 / 于军胜，田朝勇编著. --

成都：电子科技大学出版社, 2015.2

ISBN 978-7-5647-2814-4

Ⅰ. ①O… Ⅱ. ①于… ②田… Ⅲ. ①电致发光—发光器件 Ⅳ. ①TN383

中国版本图书馆 CIP 数据核字(2015)第 008911 号

OLED 显示基础及产业化

于军胜　田朝勇　编著

出　　版： 电子科技大学出版社（成都市一环路东一段 159 号电子信息产业大厦　邮编：610051）

策划编辑： 李波翔

责任编辑： 徐　波

主　　页： www.uestcp.com.cn

电子邮箱： uestcp@uestcp.com.cn

发　　行： 新华书店经销

印　　刷： 四川省东和印务有限责任公司

成品尺寸： 185mm×260mm　**印张** 15.25　**字数** 363 千字

版　　次： 2015 年 2 月第一版

印　　次： 2015 年 2 月第一次印刷

书　　号： ISBN 978-7-5647-2814-4

定　　价： 58.00 元

序 XU

随着科学技术的飞速发展、显示技术的不断进步，OLED显示技术也得到了快速发展，它具有超轻、超薄、高亮度、大视角、低电压、低功耗、快响应、高清晰度、抗震、可弯曲、低成本、工艺简单、使用原材料少、发光效率高和温度范围宽等优点，被认为是最有发展前途的新一代显示技术。

为适应OLED技术和OLED产业高速发展的需要，指导理性消费、规范企业生产和市场宣传秩序，中国电子视像行业协会组织并邀请我国OLED领域的著名专家于军胜教授和田朝勇高级工程师共同撰写了《OLED显示基础及产业化》一书，此书是目前行业内唯一的一本系统性地介绍OLED显示技术基础知识及其产业化的专著。

本书从OLED技术知识、OLED关键技术、OLED显示、OLED照明、OLED产业现状及发展趋势、OLED市场现状及发展趋势及OLED的应用价值及发展可能性的分析几方面，深入浅出的进行了较为详细的阐述。

本书对从事OLED技术研究、相关产品开发和生产的有关工程人员和大专院校师生来说，是正确理解相关技术的重要参考书，同时也是面向我国广大消费者普及OLED技术知识，指导消费者选择和正确使用OLED电视机的指南。

希望本专著的出版，为普及OLED技术基础知识，引导理性消费，推进中国OLED产业化进程，规范和构建健康可持续发展的OLED产业生态链起到积极的推动作用。

中国电子视像行业协会

前言

QIANYAN

随着信息科学与技术的飞速发展，以light-emitting diode（LED）为代表的显示和照明器件，极大地改善了人们的生活、降低了能源的消耗。因而日本名古屋大学的赤崎勇，天野浩以及美国加州大学圣巴巴拉分校的中村修二，在2014年被授予诺贝尔物理学奖，以表彰他们在新型高效节能光源方面的贡献，即蓝色发光二极管(LED)；同时，以与LED相对应的有机LED（organic LED，OLED）的信息显示和固态照明器件，近年来也得到了长足发展，逐渐迈向大规模产业化。在此背景下，为了顺应平板显示行业的发展潮流、满足当前新型信息显示的技术需求，由中国电子视像行业协会组织并邀请我国OLED领域的著名专家于军胜、田朝勇撰写了该专著。在本书的编著过程中，中国电子视像行业协会本着科学严谨、求实负责的原则，认真履行了行业责任。

本专著力求做到全面、系统而又突出地阐述OLED基础知识和产业化相关技术，而对一些基础理论或平板显示领域的共性技术，比如TFT的工作原理、非晶硅（a-Si）TFT的制程工艺等，由于相关介绍书籍颇多，在此不再详细赘述，而只进行了概要性阐述，这样既节省篇幅，又便于读者轻松抓住OLED的技术重点。另一方面，由于OLED涉及技术领域非常广，本专著力求深入浅出、通俗易懂，但是对技术的论述力争准确、严谨，同时具有一定的技术前瞻性，能够反映OLED技术的发展趋势；本专著还注重对技术的对比分析，包括OLED与LCD以及各种主流的TFT技术等，有助于学术界和产业界的读者朋友对相关技术有更全面、深入的认识。

中国OLED产业联盟、OLED工艺技术国家地方联合工程实验室、显示科学与技术四川省重点实验室、四川平板显示行业协会及成员单位和国内外专家同行，在历次产业论坛和技术交流会中分享了大量的资料、信息，为本书的编写提供了丰富的素材，电子科技大学、四川虹视显示技术有限公司对本书的编写提供了大力支持，在此一并感谢！

同时，参与编著本书的还有四川虹视显示技术有限公司的郎丰伟、闫晓剑和电子科技大学、电子薄膜与集成器件国家重点实验室的博士生王煦、韩世蛟、祁一歌等，他们在资料收集、文字录入、文献出处和统稿校对方面做了大量的工作，他们对本书的完成付出了诸多辛勤的劳动。在此，我们对参与本书编写的各位专家和工作人员的奉献精神与专业能力表示由衷的钦佩，对他们的工作付出表示最诚挚的谢意！

本专著共分为7章，第1章OLED基础知识，由于军胜执笔；第2章OLED关键技术，其中包括OLED材料、制备工艺、TFT技术、驱动技术等，由于军胜、田朝勇执笔；第3章OLED显示，由于军胜、田朝勇执笔；第4章OLED照明，由于军胜执笔；第5章OLED产业现状及发展趋势、第6章OLED市场现状及发展趋势，由田朝勇执笔；第7章OLED的综合应用，由国内外相关OLED企业提供；全书的最后统稿，由于军胜确认完成。

由于著者水平有限，且OLED属于高新技术，尽管经过反复求证、推敲，错误及不妥之处仍在所难免，恳请广大读者和业界同仁批评、指正。

编　者

2014年12月

《OLED显示基础及产业化》

编委会

MULU
目录

第4章 OLED照明

第5章 OLED产业现状及发展趋势

第6章 OLED市场现状及发展趋势

第7章 OLED的综合应用

第1章 OLED基础知识

1.1 概述

人类获取的信息70%以上来自于视觉，因而与视觉息息相关的信息显示技术在人们获取知识、改善生活质量方面扮演着重要角色。随着人类社会信息化程度的提高，物联网、云计算、大数据等信息不断地涌现，信息显示包括文字显示和图像显示的硬件设备—显示器，作为人机交互的载体，在信息显示技术的发展过程中始终都是重中之重。经过几十年的发展，信息显示装置从简单的指示灯、七段数码显示管，经历阴极射线管（cathode ray tube, CRT）显示器，发展到今天的户外全彩色大屏幕LED（light-emitting diode, LED）和室内超薄大屏幕的平板显示器。信息科学与技术的高速发展，使得对平板显示器件的要求越来越高，特别是高品质图像即高分辨率、高响应速度、宽视角、全彩色，一级便携性即超薄、超清、低功耗、重量轻，成为未来平板显示的发展方向。

回顾显示器的发展历程，作为早期的主流显示器，CRT具备高亮度、宽视角等优良性能，同时面临着难以克服的缺点，例如体积大、功耗大、无法用于便携小巧的移动电话、笔记本电脑等设备。20世纪80年代进入人们视野的液晶显示器（liquid crystal display, LCD），具有体积小、重量轻、薄型化、无辐射、抗干扰能力强等优势，目前在电视、掌上电脑、手机等平板显示器件中是绝对主流的显示屏。但是，LCD依然存在一些不可克服的缺陷，如视角窄、对比度较低、响应速度慢、温度特性差、无法自发光须采用背光源等问题都难以避免。近年来，薄膜晶体管LCD（thin film transistor LCD, TFT-LCD）的尺寸、视角和分辨率均取得了突破性进展，已经成为平板显示的主流器件。当时，与LCD可以竞争的平板显示器是等离子显示（plasma display panel, PDP），并且占据了一定的市场份额。尽管有MgO介电层的保护，等离子体对荧光粉的持续轰击，长时间仍使得荧光粉发光能力衰减，并且在屏幕上残留之前显示图案的“灼烧”的浅像。此外，PDP器件必须采用障壁结构，使其只适用于尺寸较大、清晰度较低的显示器。PDP像素上的高压要靠驱动电路提供，对某一特定像素获得高亮度需要高的瞬时电压，这对集成电路是致命的。因而，PDP只适用于大尺寸显示器。最近，由于全球显示产业的布局和产业链的断裂，PDP显示器已经退出了平板显示的历史舞台。

另一方面，作为发光机理迥异的电致发光（electroluminescence, EL），是发光材料在电场作用下而产生光的现象，是一个将电能直接转化为光能的发光过程。用于制备EL器件的材料，无机化合物半导体材料研究较多且率先达到实用水平。p-n结无机半导体电致发光的LED实现了红光到黄光的发射，发光效率超过白炽灯，同时，具备驱动电压低、使用寿命长、效率高、稳定性强等诸多优点，近20多年里得到了广泛应用。但是，LED显示屏的各个发光点的发光颜色不易调节、大面积显示的散热等问题，限制了其进一步向高分辨率方向的发展。与无机LED相对应，以有机半导体为功能材料的有机电致发光二极管（organic light-emitting diode, OLED），作为新一代平板显示技术应运而生，从平板显示到固态照明器件，伴随着广泛的应用前景和技术上的突飞猛进，OLED已经逐渐迈入产业化进程。

与其他平板显示技术相比，OLED具备诸多优势，如材料选择范围广、发光亮度和效率高、可以实现蓝光到红光光谱区域的全彩色显示、视角宽、响应速度快、驱动电压低、制作过程相对简单

手机　　笔记本　　电脑电视

室内照明　　壁纸　　车灯

图1-1-1 OLED的多样化用途

因而成本低，同时最具特色的是其可实现柔性显示。OLED能够满足当今信息化时代对显示设备更高性能和更大信息容量的要求：可用于室内和户外照明；可作为壁纸用于室内装饰；可制成光电耦合器件，用于光通信，作为集成电路上芯片与芯片间的单片光源；可制成可折叠的“电子报纸”；可用于全彩色超薄大屏电视机，也可用于手机、平板电脑等小巧的便携设备；其全固态结构适用于航天器的数字图像处理设备的显示。图1-1-1展示了OLED的多样化用途。早期OLED产品存在稳定性差、容易老化等缺陷，通过提高材料稳定性、改善器件结构、改良封装技术等措施，已经达到商品实用化标准。近年来，OLED平板显示实用化进程取得突破性进展，使人们对其产业化的发展倍添信心。在发光效率方面，OLED平板显示已经超过PDP和TFT-LCD水平；在器件彩色化方面，开发出三基色法、白光加滤光膜方法、蓝光能量转换法等多种技术方案，多家公司已推出全彩色OLED平板显示器的原型机甚至成熟的产品。在发光亮度方面，OLED已经超过100 000 cd/m^2。OLED短短十多年的发展堪比LED三十多年的历程，产业化势头异常迅猛。

20世纪60年代，有机EL现象的发现及相关研究的开展就已经开始了。1963年，美国New York大学的Pope等首先发现有机材料单晶蒽的EL现象[1]，当时的单晶蒽厚度达到20 μm，驱动电压更高达400 V，因而未引起人们的关注。1982年，Vincett等制备了0.6 μ m的蒽薄膜，将驱动电压降到30 V以下[2]，但是，器件的量子效率仍然很低，不到1%。1987年，Kodak公司的C. W. Tang等报道了基于荧光效率高、电子传输性能良好的8-羟基喹啉铝和空穴传输性能良好的芳香族二胺两种有机半导体材料，通过真空热蒸镀制备了器件结构为三明治型的OLED[3]。这种高亮度、高量子效率的器件引起了科研人员的广泛关注和产业界的极大兴趣，促使有机EL材料的研究开发进入一个崭新的时代。1990年，英国学者Friend教授等报道了低电压下高分子聚合物材料EL现象，开启了基于聚合物材料的平板显示新领域[4]。1992年，诺贝尔化学奖得主Heeger等率先发明了基于塑料衬底的柔性器件，展现出了OLED平板显示器独一无二的魅力[5]。1997年，美国学者Forrest教授等发现磷光EL现象，三线态激子的有效利用将OLED内量子效率从荧光材料25%的极限提高到100%[6]。1998年，日本学者Kido教授等实现了白光EL，使OLED可用于普通的白光照明光源[7]。1998年，Hebner等发明了喷墨打印法制备OLED技术[8]，将OLED从科学研究的小批量制备逐渐引领到商业化大规模生产。目前，基于红、绿、蓝三基色磷光染料的OLED外量子效率均超过20%，磷光OLED全彩色平板显示和白光照明光源技术已经实现。目前，中国的多所高校和研究所也开展了相关学术研究工作，清华大学、吉林大学、华南理工大学、电子科技大学、北京大学、北京交通大学、香港大学、香港科技大学、南京工业大学、太原理工大学、中科院长春应化所、中科院化学所等结合各自所长，各有侧重地取得了一些有标志性的研究成果，培养了一批研究和开发人才，为我国在OLED领域与世界发达国家的同台竞争打下了坚实的基础。

OLED在国际著名公司的受重视程度以及产品化进程，与高校、研究所的科学研究几乎并驾齐驱。1997年，OLED作为平板显示器件领域中的新面孔，已经实现商业化。Kodak、Sanyo、Philips、

Epson、Samsung、HP、Dupont、CDT、SONY、Pioneer、TDK等公司致力于OLED显示器相关的材料、原件、设备等的研发和制造。日本Pioneer公司推出了世界第一个商品化的OLED平板显示产品—汽车音响显示屏。1998年，Idemitsu Kosan和NEC都推出分辨率为320×240的彩色有源矩阵驱动OLED显示器。2001年，CDT、Epson、TDK三家公司联合研制出13.2英寸的P-TFT驱动的彩色OLED显示屏；同年，SONY公司展示了13英寸全彩色OLED显示屏；Samsung研制出15.1英寸的全彩色有源矩阵驱动的OLED原型机；LG开发出OLED显示屏用于1.8和1.9英寸折叠式手机。2002年，Kodak和Sanyo组建的SK Display公司已生产出15英寸显示器，性能可媲美TFT-LCD电视。2003年，中国台湾IDTECH展出了20英寸全彩色OLED显示器，分辨率提高到1280×768。2004年，Epson展出通过喷墨打印实现的40英寸全彩色OLED显示器，将OLED平板显示首次引入大尺寸屏幕领域。显示屏厚度2.1mm，展示出OLED的超薄特性，寿命1000~2000 h，距离OLED屏电视机寿命基本要求的100 000 h还有一定距离。2005年，Samsung和LG联合开发的40英寸OLED原型机，分辨率进一步提高到1920×1200，对比度5000:1，亮度达到1000 cd/m^2。同年，OLED被美国CNN（有线电视新闻网）列为最近25年对人类最具影响力的25大创新技术之一。2006年，OLED又被市场研究公司Gartner列为十大战略技术的第三名。2007年，SONY开始售卖11英寸OLED电视；同年，美国GE公司成功研发出“2×2”OLED平板光源，将OLED平板照明设备的产业化提上日程，该项目得到了美国能源部的支持。此外，Motorola、OLED-T、CDT、Philips等公司都在从事OLED平板光源的研发和生产。在中国大陆和台湾地区，从事OLED产业化的公司主要有维信诺、四川虹视、京东方、和辉光电、新视界、天马、信利光电、友达等一批显示企业。

OLED的科研和产业化在高速发展的同时，也暴露出一些长期存在、亟待解决的顽疾。其中，解决OLED寿命短、发光效率低的问题，是能否实现OLED显示器产业化的关键。欲提高器件效率，首先要设计、合成高效率的材料；寿命短是由器件稳定性差、性能衰减快造成的，欲提高OLED器件寿命，首先要找到高性能的封装材料和切实可行的封装方法。在有效地解决以上两个问题的基础上，方可进一步完善OLED显示的彩色化、高分辨率、有源驱动技术，乃至柔性封装和柔性显示，最终实现低成本、高性能的OLED显示器件。

1.2 OLED工作原理

OLED是双注入型发光器件，将电能直接转化为有机半导体材料分子的光能。影响OLED电致发光过程的物理机制，集中在有机半导体的能带结构、载流子注入和传输、载流子复合形成激子、激子辐射退激发、激子能量传递等方面。

OLED发光过程如下：在ITO阳极接正极、金属阴极接负极产生的正向电压驱动下，聚集在电极上的大量载流子越过电极和器件内部界面间的势垒进入器件内部。其中，空穴由阳极注入，电子由阴极注入。空穴在最高被占有分子轨道（highest occupied molecular orbital, HOMO）上跳跃传输，电子在最低未被占有分子轨道（lowest unoccupied molecular orbital, LOMO）上跳跃传输，在发光层位于间距很近分子上或同一分子上的电子和空穴在库仑力作用下靠近，最后相互俘获成为处于束缚能级的电子空穴对即激子，激子辐射退激发发出光子[9]。综上所述，OLED发光大致包括以5个基本的物理过程[10,11]：

(1) 载流子注入：在外加电场作用下，电子和空穴分别从阴极和阳极注入有机功能层。具体过程为电子从阴极的费米能级跃迁到有机功能层的LUMO能级，空穴从阳极的费米能级跃迁到有机功能层的HOMO能级；

(2) 载流子传输：电子依次在电子注入层和电子传输层的LUMO能级上传输，最终注入发光层；空穴依次在空穴注入层和空穴传输层的HOMO能级上传输，跃迁注入发光层。在有机功能层的界面，载流子通过跃迁或者隧穿越过界面势垒，从上一个有机功能层注入下一个有机功能层。在有机功能层内部，由于电子云的重叠，载流子在相邻有机分子上跳跃迁移；

(3) 载流子俘获形成激子：电子和空穴注入发光层后，在同一个分子或者相邻分子上由于库仑力的作用束缚在一起，形成电子空穴对即激子。激子是电子和空穴的束缚态，能量低于发光材料的LUMO与HOMO能级差；

(4) 激子迁移：由于电子和空穴传输的不平衡，激子的主要形成区域通常不会覆盖整个发光层，因而会由于浓度梯度产生扩散迁移；

(5) 激子辐射退激发发出光子：激子辐射复合发出光子释放光能。

有机电致发光过程的示意图，如图1-2-1所示。限制载流子的注入和传输，宏观表现为限制电

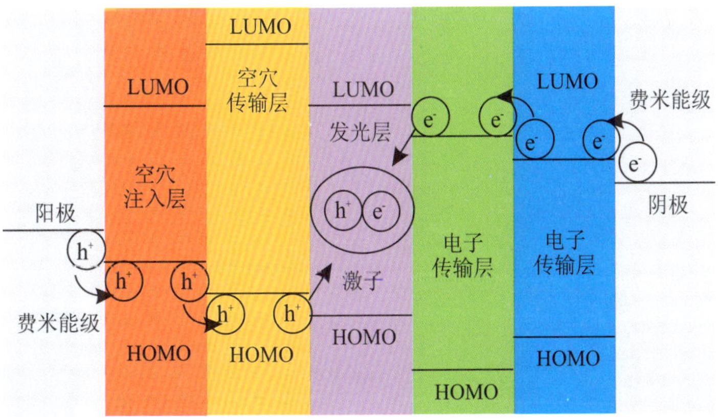

图1-2-1 电致发光过程的示意图

流，分为注入限制电流和体限制电流两类。当载流子迁移率较高时，载流子自电极注入能力的强弱是电流大小的主要限制因素，称为注入限制电流；随着外加电压（即器件的外加电场强度）增大，这种限制作用会逐渐减弱。在高外加电压下，电流限制因素从注入限制逐步过渡到体限制，即载流子在有机功能层内部的传输受到空间电荷或者陷阱的限制作用。载流子从电极注入，包括隧穿注入、热电子发射注入以及两者叠加的热电子场发射注入，具体如下。

隧穿注入：该注入模型建立是在载流子注入与电场强度有关而与温度无关的条件下。根据有机半导体理论，器件无外加电压的情况下，电子不能从阴极跃迁到有机功能层的LUMO能级。施加偏压后，LUMO能级发生倾斜，分布在阴极费米能级上的电子有一定几率通过隧穿效应穿过一个较窄的三角形势垒区，并跃迁到有机功能层的LUMO能级上。由于外加电场强度越大，需要隧穿的势垒区越窄，电子隧穿的几率越大。因而，电场强度决定注入效率，隧穿注入模型如图1-2-2所示。

热电子发射和热电子场发射注入：当温度比较低时，电子注入主要通过隧穿效应；当温度比较高时，热电子发射注入是电子注入的主要机制。在中等温度下，阴极中的大量电子的能量处于阴极费米能级以上，但大多数电子能量不足以超过有机功能层的LUMO能级，因此，电子通过热电子发射注入LUMO能级的数量有限，大多数还是依靠隧穿效应注入。但是，在高的温度下，高能电子的隧穿势垒区更窄，使得隧穿几率更大，因而电子的注入得益于温度和电场的共同作用，称为热电子场发射注入。

如果电子和空穴在发光层复合形成激子的效率较低，将造成一种载流子穿过发光层甚至到达对面电极，器件的发光效率将大幅度降低。为了提高复合效率得到高效率的OLED器件，要求避免一种载流子（空穴和电子）过剩，需要提高载流子的注入、传输平衡。针对电子和空穴，选择能级匹配的材料，可以有效、均衡地平滑载流子注入势垒；选择高迁移率的材料，可以保证载流子快速且平衡的传输。综合这两个因素，能够有效降低OLED器件的驱动电压，同时增加载流子的复合几率，进而提高器件的发光效率。

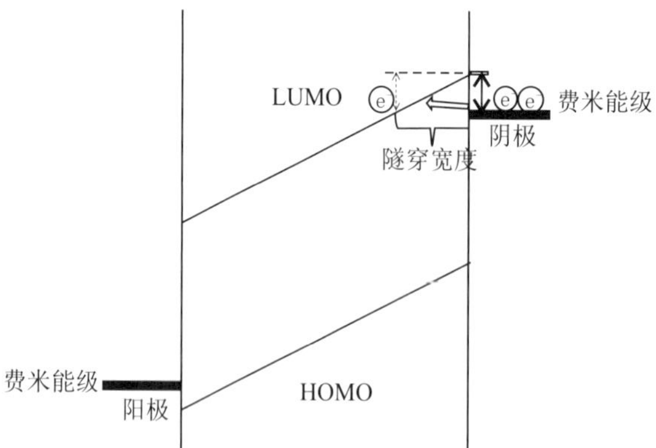

图1-2-2 隧穿注入模型

能量转移，是指处于激发态的分子能量向处于基态的分子转移，包括 Fōrster 和Dexter能量传递两种。发生 Fōrster 能量转移时，一个处于激发态的分子（给体, donor）发出光子跃迁到基态，另一个处于基态的分子（受体, acceptor）吸收光子跃迁到激发态。给体的退激发和受体的被激发是同时发生的，其发生的几率正比于分子的发光光谱和受体分子的吸收光谱的交叠程度，并且与给体和受体分子间距离密切相关；由于给体与受体之间存在偶极耦合作用，相比独立的分子间的光子发射和吸收过程，发生几率要大得多。为了提高能量传递效率，在器件制备过程中常采用给体材料中掺杂受体材料的方法。 Fōrster 能量转移是以光子的发射和吸收为中介，所以发生 Fōrster 能量转移的分子间距较长达到5–10 nm。考虑到吸收光子会直接形成单线态激子，单线态激子辐射退激发不存在自旋禁阻，金属配合物的三线态激子辐射退激发由于较强的自旋—轨道耦合效应变为局部允许，所以存在单线态激子的 Fōrster 能量转移，以及三线态激子到单线态激子的 Fōrster 能量转移，如图1–2–3所示。

与 Fōrster 能量转移不同，Dexter能量转移不是靠偶极耦合的方式，而是载流子在两分子之间直接能量的交换。当一个处于激发态的分子和另一个处于基态的分子离得很近，以至于电子云彼此交叠时，处于激发态的分子上的电子和空穴就能直接迁移到处于基态的分子上，在完成载流子迁移的同时完成能量的转移。由于需要电子云的交叠，Dexter能量转移在紧邻的分子间才能完成。因而，发生Dexter能量转移的分子间距只有1–2 nm。图1–2–4是Dexter能量转移示意图，由于电子在迁移过程中自旋量子数不变，故存在单线态激子的Dexter能量转移和三线态激子的Dexter能量转移。

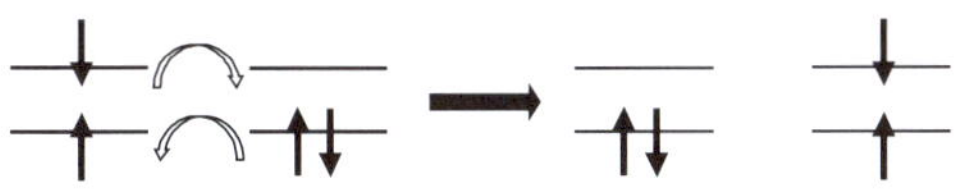

$$^1D^* + {}^1A \longrightarrow {}^1D + {}^1A^*$$

或

$$^3D^* + {}^1A \longrightarrow {}^1D + {}^1A^*$$

图1–2–3 Fōrster 能量转移示意图，D表示给体，A表示受体

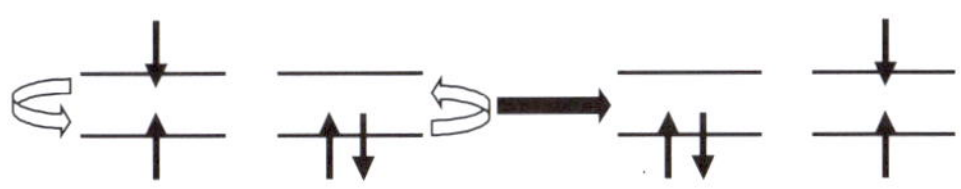

$$^1D^* + {}^1A \longrightarrow {}^1D + {}^1A^*$$

或

$$^3D^* + {}^1A \longrightarrow {}^1D + {}^3A^*$$

图1–2–4 Dexter能量转移示意图

1.3 OLED性能特点

相比传统的CRT、LCD和PDP等显示器件，OLED几乎兼顾了已有显示器的所有优点，同时具有自己独特的优势。既有高亮度、高对比度、高清晰度、宽视角、宽色域等来实现高品质图像，又具

图1-3-1 OLED性能展示

备超薄、超轻、低功耗、宽温度特性等来满足便携式设备的轻便、省电、适于户外操作的需求；而自发光、发光效率高、反应时间短、透明、柔性等诸多特点，更是OLED显示独具的特点。因而，OLED在平板显示行业被称为“梦幻般的显示技术”。此外，OLED采用有机半导体材料，由于有机功能材料的分子设计、性能修饰的空间广阔，因而OLED材料的选择范围宽；OLED的驱动只需要2~12 V的直流电压，是其另一优势；全固化结构的主动发光，使其适用于温差范围大、冲击振动强的特殊领域；制程相对简单，尤其是喷墨打印等湿法制备技术的引入，使OLED显示屏通过低投入生产线的大规模、大面积生产得以实现；OLED容易与其他产品集成，具备优良的性价比。图1-3-1展示了OLED的性能特色。

具体而言，OLED作为一种新型发光技术，与目前占据绝对市场份额的LCD相比具有以下优势：

(1) 主动发光，无需背光源，利于实现器件的低功耗、超薄、柔性等优势；

(2) 低功耗，例如2.4英寸的有源OLED功耗为440 mW，而同尺寸多晶硅LCD的功耗达到605 mW，OLED能够有效地提高移动电话、平板电脑等便携设备在户外的待机和使用时间；

(3) 响应速度快，能及时捕捉到动态画面的每一个细节，无拖尾现象；

(4) 超薄加超轻，尤其是基于聚合物基板的OLED柔性器件，充分展现其便携性；

⑸ 宽温度特性，在低温下正常运行，可满足日常户外尤其是寒冷冬天的便携式和可穿戴设备的需求，以及特殊的军事、航空航天用途；

⑹ 高对比度和宽视角，尤其高的分辨率带来良好的视觉体验。

诚然，OLED作为极具产业化潜力和竞争力的第三代显示技术，一些短板问题还有待改善。如三基色的老化时间不一致，其中蓝光稳定性最差，导致器件工作寿命难以达到某些特定需求；目前大尺寸OLED的研发、制备取得阶段性成果，但是还不成熟，还有待开发低成本、高效率、高良品率的器件制程和相应的量产设备等。

1.4 OLED分类

OLED从结构和功能上的分类，主要分为底发射OLED、顶发射OLED、倒置结构OLED、级联结构OLED、透明OLED、柔性OLED、微显示OLED、白光照明OLED。其中，底发射结构是传统的器件结构，而顶发射结构是为了适应AMOLED（active matrix OLED）的制程，由于AMOLED需要TFT背板。因为位于OLED底部的TFT并未针对提高OLED的出光效率而采用透明或半透明材料制备，光线若从OLED底部发出，通过TFT的吸收和反射会大量损耗。倒置结构的OLED可以提高器件稳定性，进而提高器件的寿命。同时，可有效地解决湿法制备OLED各功能层时，有机溶剂互溶导致功能层间相互干扰的问题；级联机构，可以大幅度提高器件总体的发光效率；透明和柔性OLED，主要满足了OLED显示屏的不同需求，例如作为“窗纸”的透光性和作为“电子报纸”的便携性。OLED除了作为显示器件，另一个重要用途是固态照明。OLED从传统的顶发射结构器件逐步演变到多种结构多种用途的过程，本专著的第2章将作详细的阐述。

参考文献

[1]Pope M, Kallmann H P, Magnante P. J. Chem. Phys., 1963, 38: 2042.

[2]Vincett P S, Barlow W A, Hann R A, et al. Thin Solid Films, 1982, 94: 171.

[3]Tang C W, Vanslyke S A. Appl. Phys. Lett., 1987, 51: 913.

[4]Burroughes J H, Bradley D D C, Brown A R, et al. Nature, 1990, 347: 539.

[5]Gustufsson G, Cao Y, Treacy G M, et al. Nature, 1992, 357: 477.

[6]Gu G, Shen Z, Burrows P E, et al. Adv. Mater., 1997, 9: 725.

[7]Hebner T R, Wu C C, Marcy D, et al. Appl. Phys. Lett., 1998, 72: 519.

[8]M ü ller C D, Falcou A, Reckefuss N, et al. Nature, 2003, 421: 829.

[9]Xue J, Uchida S, Rand B P, et al. Appl. Phys. Lett., 2005, 85: 5757.

[10]Ma Y, Zhou X, Shen J, et al. Appl. Phys. Lett., 1999, 74: 1361.

[11]Morteani A C, Dhoot A S, Kim J S, et al. Adv. Mater., 2003, 15: 1708.

第2章 OLED关键技术

2.1 OLED材料

2.1.1 载流子传输材料

根据所输运的载流子种类的不同，载流子传输层可以分为空穴注入层、空穴传输层、电子注入层和电子传输层。理想的载流子传输层，要能够有效地调控载流子的迁移，促进发光层中载流子达到平衡；同时，将载流子限制在发光层中，提高载流子复合形成激子的效率，从而实现高性能OLED。由于与发光层相邻，所以空穴与电子传输层更是重中之重。例如，空穴传输材料要具备高的空穴迁移率，为发光层提供充足的空穴，有利于降低器件的驱动电压提高功率效率，同时，要具备介于空穴注入材料和发光材料之间的HOMO能级，平滑空穴注入层和发光层间的空穴注入势垒；此外，比发光层材料具有较高的LUMO能级，有效阻挡电子穿过发光层产生漏电流。对于磷光OLED，由于三线态激子微秒量级的寿命，100 nm的激子扩散长度使其可能从发光层扩散进入相邻的载流子传输层。因而，空穴、电子传输材料还要具备高于发光层磷光材料的三线态能级，方可起到激子阻挡作用。也就是说，理想的空穴传输层是电子与激子阻挡层，而理想的电子传输层是空穴与激子阻挡层。另外，玻璃化转变温度（T_g）越高，载流子传输材料的热稳定性越好，而高于100 ℃被视为理想状态和材料设计要求。

2.1.1.1 空穴注入材料

目前OLED常用的阳极材料是ITO（indium tin oxide），其功函数为4.8 eV左右，与多数空穴传输材料的HOMO能级（5.5 eV以上）存在较高的空穴注入势垒，导致器件的驱动电压较高。因此，引入空穴注入层作为缓冲层，可以平滑电极和空穴传输层之间的空穴注入势垒，有效地解决了这一问题。并且，空穴注入层的薄膜通常比较均匀，薄膜粘结能力强，有利于电极和有机功能层的结合，减少界面缺陷。过渡金属氧化物例如MoO_3、WO_3、$V2O_5$，作为空穴注入材料，具备良好的透光度、导电性能，以及与ITO功函数接近的价带顶能级可降低空穴的注入势垒，例如备受关注的MoO_3其价带顶能级为5.3 eV。导电聚合物poly(3,4-ethylene-dioxythiophene):poly(styrene sulfonic acid)（PEDOT:PSS），通过旋涂成膜后，在空气中非常稳定且具有高的电导率，能够与ITO良好的能级匹配，使其与ITO组合后能将功函数有效提高到5.15 eV[1]。马东阁等利用PEDOT:PSS/MoO_3的空穴注入层组合，将阳极ITO功函数从4.8 eV提高到超过6 eV[2]，极大地降低了电极与空穴传输层间的注入势垒。Copper phthalocyanine（CuPc）是柯达公司最早使用的空穴注入材料，热稳定性强，超过500 ℃才开始分解，4.95 eV的HOMO能级与ITO功函数能级匹配良好[3]。就工艺上而言，PEDOT:PSS的水溶液成膜后，需要通过热退火以充分去除薄膜中的水分子；CuPc在常规有机溶剂中的溶解性很低，无法通过简单低成本的溶液法制备，只能通过真空蒸镀设备来沉积成膜。但是，这也意味着方便在其表面上湿法制备有机功能层；Kido等报道了poly(arylene ether sulfone)-containing tetraphenylbenzidine:tri(4-bromophenyl ammoniμm hexachloroantimonate)（TPDPES:TBPAH）作为空穴注入材料，可溶于低沸点有机溶剂如$ClCH_2CH_2Cl$等，避免了成膜后通过热退火去除膜中溶剂的过程[4]。以上空穴注入材料的化学结构式，如图2-1-1所示。

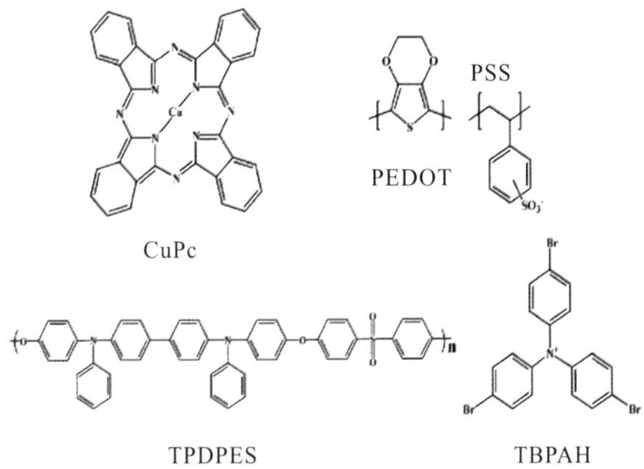

图2-1-1 空穴注入材料的化学结构式

2.1.1.2 空穴传输材料

4,4'-bis[N-(p-tolyl)-Nphenyl-amino]biphenyl（TPD）和4,4'-bis[N-(1-naphthyl)-N-phenyl-amino]biphenyl（NPB）是两种传统的空穴传输材料。TPD的空穴迁移率（μ_h）为1.0×10^{-3} $cm^2/V/s$，但T_g只有60 ℃，TPD薄膜经长时间放置后常有重结晶现象，破坏了薄膜的均匀性导致器件性能下降[5]。

NPB的空穴迁移率与TPD相近，相比TPD引入体积更大的官能团后，T_g提高到98 ℃，目前被广泛应用[6]。TPD和NPB的三线态能级（E_T）只有2.3 eV，将其应用于E_T较高的蓝色磷光材料的器件结构中，极易导致蓝色磷光材料三重激发态到空穴传输材料三重激发态的反向能量传递，引起器件磷光发光效率的降低。例如对于E_T为2.65 eV的天蓝色磷光材料FIrpic，理想的空穴传输材料E_T至少应达到2.7 eV。

空穴传输材料高的E_T和良好的空穴迁移率来源于其官能团，而咔唑（carbazole）、二苯胺（diphenylamine）和二甲基联苯胺（ditolylamine）是达到这种需求的典型官能团。Carbazole的E_T高达3.0 eV，而diphenylamine和ditolylamine的E_T同为3.04 eV，且两者相比carbazole的给电子能力更强，因而具有更好的空穴传输能力。4,4',4''-tris-(N-carbazolyl)-triphenylamine（TCTA）和1,1-bis（(di-4-tolylamino) phenyl）cyclohexane（TAPC），是早期两种分别引入carbazole或ditolylamine官能团的空穴传输材料。TCTA的T_g高达151 ℃，但其h只有1.5×10^{-4} $cm^2/V/s$[7]；而TAPC的h达到非常高的1.0×10^{-2} $cm^2/V/s$，cyclohexyl核心使ET达到2.98 eV，但78 ℃的T_g制约了以TAPC为空穴传输材料的器件稳定性[8]。基于ortho或者mETa连接tETraphenyl核心和ditolylamine基团的2,2'-bis(3-ditolylaminophenyl)- 1,1'-biphenyl（BTPD），2.0 eV的LUMO能级具备良好的电子阻挡能力，但E_T只有2.68 eV，对深蓝色磷光材料的激子阻挡作用有限[9]。引入carbazole官能团的N,N-dicarbazolyl-3,5-benzene（mCP），最早用于FIrpic的主体材料。mCP不具备双极性的载流子传输特性，空穴传输性能明显强于电子，μ_h达到5.0×10^{-4} $cm^2/V/s$；E_T高达2.9 eV能有效阻挡蓝光材料产生的三线态激子；HOMO能级5.9 eV，适合作为电极和发光层的中间层平滑空穴注入势垒；LUMO能级2.5 eV能有效阻挡电子，这些特性使mCP成为最广泛应用的蓝光器件的空穴传输材料[10,11]。但是，mCP在高温下易结晶，导致真空蒸镀成膜过程中热稳定性和薄膜形貌稳定性较差。

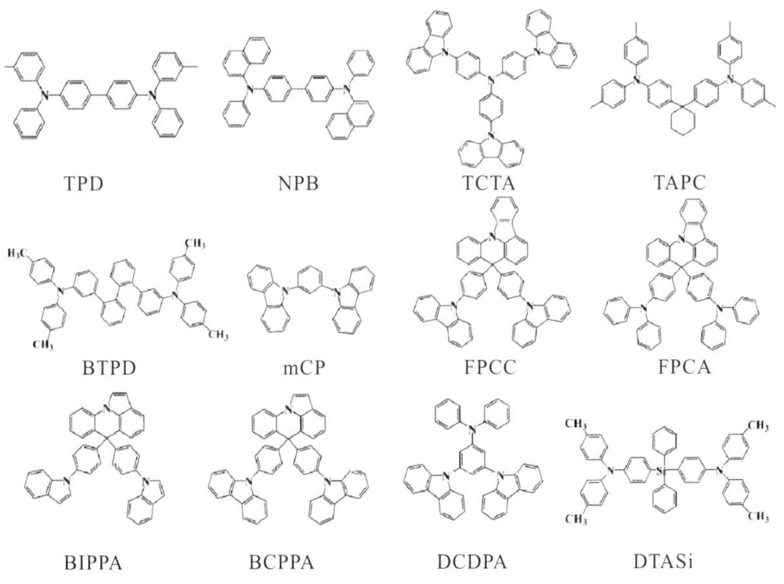

图2-1-2 空穴传输材料的化学结构式

基于indolo acridine核心合成的8,8-bis(4-(9Hcarbazol-9-yl)phenyl)-8H-indolo [3,2,1-de]acridine（FPCC）和 4,4'-(8H-indolo[3,2,1-de]acridine-8,8-diyl)bis (N,N-diphenyl-aniline)（FPCA），Tg超过140 ℃，有效地改善了材料在蒸镀成膜过程中的热稳定性和形貌稳定性[12]。Carbazole或diphenylamine基团被分别引入以上两种材料，提高材料空穴迁移率的同时使材料的ET达到2.9 eV[12]。基于熔融的indole核心结合indole or carbazole基团，合成的6,6-bis(4-(1H-indol-1-yl)-phenyl)-6H-pyrrolo [3,2,1-de]acridine（BIPPA）和 6,6-bis(4-(9Hcarbazol-9-yl)phenyl)-6H-pyrrolo [3,2,1-de]acridine（BCPPA），T_g超过120 ℃，E_T高达2.9 eV，具备良好的热稳定性和激子阻挡能力[13]。此外，融入的indole核心拓宽了BIPPA和BCPPA的带隙，提高的LUMO能级改善了两种材料的电子阻挡能力，降低了OLED器件的驱动电压。用diphenylamine将mCP中心的phenyl官能团进一步修饰合成的3,5-di(9H-carbazol-9-yl)-N,N-diphenylaniline（DCDPA），既利用了carbazole高E_T的优势，E_T达到2.9 eV，又同时将T_g提高到109 ℃[14]。DCDPA的HOMO和LUMO能级分别为5.88 eV和2.34 eV，具备良好的空穴注入和电子阻挡能力。diphenylsilane核心中引入ditolylamine基团合成的bis[4-(p,p'-ditolylamino)phenyl] diphenylsilane（DTASi），E_T为2.9 eV，LUMO为2.2 eV，能够有效阻挡三线态激子和电子[15]。以上空穴传输材料的化学结构式和性能参数，分别如图2-1-2和表2-1-1所示。

与diphenylamine和ditolylamine为代表的芳香胺类官能团相比，虽然carbazole进一步提高了材料的空穴迁移率，并使空穴传输材料具备高的E_T，但是如果芳香胺类官能团直接与芳香族单元相连，将导致材料的E_T下降。所以，芳香胺类官能团处于主体结构时，要避免主体结构共轭长度的增加。以前的文献报道证明，ditolylamine对材料性能的提升要强于diphenylamine，因而高E_T的芳香族核心结合ditolylamine理论上能合成得到理想的空穴传输材料，具备高的空穴迁移率、高的热稳定性和良好的电子与激子阻挡能力。

表2-1-1 空穴传输材料的化学结构式

材料名称	HOMO (eV)	LUMO (eV)	E_T (eV)	μ_h（$cm^2/V/s$）	T_g (℃)	参考文献
TPD	5.7	2.5	2.3	1.0×10^{-3}	60	[5]
NPB	5.4	2.3	2.3	1.0×10^{-3}	98	[6]
TCTA	5.3	2.0	2.9	1.5×10^{-4}	151	[7]
TAPC	5.61	2.0	2.98	1.0×10^{-2}	78	[8]
BTPD	5.57	2.0	2.68	-	87	[9]
mCP	5.9	2.5	2.9	5.0×10^{-4}	55	[10,[11]
FPCC	6.03	2.65	2.96	5.2×10^{-4}	149	[12]
FPCA	5.78	2.42	2.9	1.4×10^{-3}	142	[12]
BIPPA	5.9	2.09	2.94	-	123	[13]
BCPPA	6.04	2.24	2.98	-	125	[13]
DCDPA	5.88	2.34	2.9	-	109	[14]
DTASi	5.6	2.2	2.9	1.0×10^{-3}	106	[15]

2.1.1.3 电子注入材料

理论上而言，的Mg、Li等低功函数金属适合作OLED的阴极材料，以减小阴极到电子传输层的电子的注入势垒。但是，由于Mg、Li极易被氧化，导致器件暴露在空气中或者水氧环境下性能的迅速衰减。实际生产中，常使用在空气中相对稳定但功函数较高的Ag、Al，或将它们与Mg、Li混蒸做成合金。这样，既保证阴极相对较低的功函数，又提高了阴极在空气中的稳定性。通常，有机半导体材料中电子迁移率（μ_e）要明显低于空穴迁移率，大约低2～3个数量级，由于Ag、Al拉高了阴极功函数，增大的电子注入势垒加剧了这种不平衡。为了平滑阴极和电子传输层间的电子注入势垒，平衡载流子，人们又引入了电子注入层。此外，作为保护层，电子注入层还能阻挡水氧的入侵，提高器件功能层在空气中的稳定性，并且分散了有机层非辐射复合产生的热量。活泼金属Li、Cs以及化合物LiF、Cs_2O_3、Al_2O_3、TiO_x、MnO等，都被尝试用于电子注入层以改善器件的性能。通过TiO_x、MnO电子注入层改善了载流子平衡，缓解了有机功能层发热，提高了OLED的器件寿命[16,17]。例如，将LiF引入Alq_3/Al结构的OLED取得了理想效果，使LiF成为应用最广泛的电子注入层材料。具体原因是，LiF作为间隔层，避免了Al扩散到Alq_3中引起的薄膜晶格畸变，平滑了有机材料/金属阴极材料的界面，减少了针孔；LiF具有较小的功函数，LiF/Al的功函数小于Al，降低了电子注入势垒；LiF禁带宽度为12 eV，施加正向电压会在LiF上产生明显压降和电场；当LiF薄膜厚度较薄时，有利于电子从Al隧穿进入Alq_3，进一步增强了电子的注入。

2.1.1.4 电子传输材料

Tris-(8-Hydroxyquinolinol) alμminμm（Alq_3）、2',2'-(1,3,5-phenylene)-tris（1-phenyl-1H-benzimidazole)（TBPI）、2,9-dimethyl-4,7-diphenyl-1,10- phenanthroline（BCP）和3-(4-biphenyl-yl)-4-phcnyl 5 (4 tcrt butylphcnyl)-1,2,4-triazole（TAZ），是四种传统的电子传输材料[18-21]。Alq_3的T_g高达172 ℃，且Alq_3中存在两个同相异构体防止了其晶化，使其能够长期保持非晶态，因而Alq_3具有良好的热稳定性、形貌稳定性和相态稳定性，是目前为止最好的电子传输材料。但是，其LUMO和HOMO能级分别为3.1和5.7 eV，且由于HOMO能级与主体材料接近，因而，不具备空穴阻挡能力。TBPI、BCP和TAZ相比Alq_3，HOMO能级分别达到6.2、6.5和6.3 eV，因而具备了良好的空穴阻挡作用。这四种材料中，除了TPBi和TAZ的E_T分别达到2.8、2.7 eV，其他两种材料的ET低于FIrpic的2.65 eV，不具备针对蓝色磷光材料的三线态激子阻挡能力。

吡啶（pyridine）、磷化氢氧化物（phosphine oxide）、喹啉（quinoline）、三唑（triazole）等吸电子能力强的官能团的引入，以及平面分子结构均能有效提高电子传输材料的电子迁移率（μ_e）。核心结构的π-共轭体系不被延伸，有助于保持核心结构的高E_T。Kido等结合phenylpyridine主体和

benzene、silicon或者boron核心，合成了一系列电子传输材料。中心的benzene、silicon或者boron原子有效地分割了三个arylpyridine官能团的共轭体系，使得1,3,5-tri(p-pyrid-3-yl-phenyl)benzene（TpPyPB）、1,3,5-tri(m-pyrid-3-yl-phenyl)benzene（TmPyPB）、1,3-bis(3,5-dipyrid-3-yl-phenyl) benzene（BmPyPB）、diphenyl-bis(4-(pyridin-3-yl) phenyl]silane（DPPS）、tris-(3-(3-pyridyl)mesityl) borane（3TPYMB）的E_T分别为2.6、2.8、2.7、2.7、3.0 eV[22-25]。phenylpyridine 官能团大大提到了材料的电子传输能力，其中TpPyPB和TmPyPB的 μ_e 分别高达7.9×10^{-3}和$1.0 \times 10^{-3} cm^2/V/s$，达到了空穴传输材料的水平。值得关注的是，虽然DPPS的电子传输能力不强，但是6.5 eV的HOMO能级使其具备良好的空穴阻挡能力。基于DPPS的器件功率效率不高但内量子效率接近100%，表明空穴阻挡能力的重要性。

Phosphine oxide 衍生物4-(triphenylsilyl)phenyldiphenylphosphine oxide（TSPO1），ET和HOMO能级分别为3.36和6.7 eV，良好的空穴和三线态激子阻挡能力有效防止空穴漏电流和激子淬灭[26]。基于triazole官能团的bis(4-(4,5-diphenyl-4H-1,2,4-triazol-3-yl) phenyl)-dimethylsilane（SiTAZ），E_T达到2.84 eV，115 ℃的T_g使其具备良好的热稳定性，μ_e 也高达6.2×10^{-3} $cm^2/V/s$[27]。

Tetraphenylsilane类型的电子传输材料m-bis-(triphenylsilyl)benzene（UGH3）的HOMO和E_T达到了非常高的7.2和3.5 eV，具备极好的空穴和三线态激子阻挡能力[28]。但是，由于没有引入吸电子能力强的官能团，较弱的电子传输能力使得基于UGH3的器件驱动电压较高。以上电子传输材料的化学结构式和性能参数，分别如图2-1-3和表2-1-2所示。

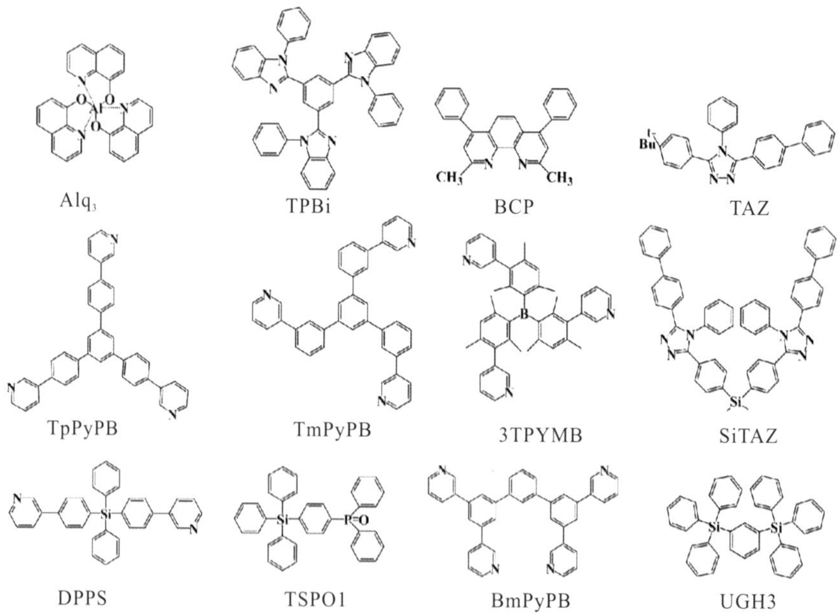

图2-1-3 典型的电子传输材料的化学结构式

表2-1-2 电子传输材料的性能参数

材料名称	HOMO（eV）	LUMO（eV）	E_T（eV）	μ_e（$cm^2/V/s$）	参考文献
Alq_3	5.7	3.1	2.0	1.1×10^{-5}	[18]
TPBi	6.2	2.7	2.8	8.0×10^{-5}	[19]
BCP	6.5	3.0	2.6	1.1×10^{-3}	[20]
TAZ	6.3	2.7	2.7	-	[21]
TpPyPB	6.7	3.0	2.6	7.9×10^{-3}	[22]
TmPyPB	6.7	2.7	2.8	1.0×10^{-3}	[22]
BmPyPB	6.7	2.6	2.7	1.0×10^{-4}	[23]
DPPS	6.5	2.5	2.7	-	[24]
3TPYMB	6.8	3.3	3.0	1.0×10^{-5}	[25]
TSPO1	6.7	2.5	3.4	-	[26]
SiTAZ	6.5	2.5	2.8	6.2×10^{-4}	[27]
UGH3	7.2	2.8	3.5	-	[28]

在电子传输材料的分子结构的设计时，高μ_e和高E_T缺一不可。由于短的共轭体系有助于提高材料的E_T，引入C或Si原子打断共轭是提高E_T的有效方法，但是同时会降低其μ_e。因此，如何维持二者的平衡是该类材料分子设计的关键，通常情况下，五元杂环官能团结合高E_T的芳香族杂环官能团，是同时得到高E_T和高μ_e的有效可行的方法之一。

2.1.2 发光层材料

由于贵金属原子的自旋-轨道耦合效应，使得原本自旋禁阻的激发态三线态到基态单线态的辐射跃迁变为局部允许，基于金属配合物的PhOLED（phosphorescent OLED）能有效地利用单线态激子和三线态激子，理论上内量子效率可以达到100%。并且单线态激发态到三线态激发态的系间窜越几率显著提高，促进PhOLED产生高效磷光发光。相比荧光OLED，PhOLED的诸多优势使其备受关注，成为研究的热点。由于三线态激子的长寿命，易导致浓度淬灭，即三线态—三线态的湮没；以及由于发光材料聚集引起的材料本身浓度淬灭，会导致发射谱峰变宽、光谱红移、量子效率下降。尽管单纯的磷光材料作为发光层的非掺杂器件，经过材料化学结构修饰和器件结构优化，器件抗浓度淬灭能力增强，发光效率可稳步提升，但其效率通常仍远低于掺杂器件。因为主体材料中掺杂发光材料的主客体掺杂体系，能够有效地缓解发光材料和三线态激子的聚集，避免浓度淬灭。此外，为了实现理想的主体材料到掺杂剂的Fōrster能量转移，要求主体材料和掺杂剂的能级匹配，体现在二者的光谱特性上即主体材料的发光光谱和掺杂剂的吸收光谱有很好的重叠。

2.1.2.1 主体材料

对于主客体掺杂体系，存在主体（host）到客体（dopant）的能量传递以及激子直接在客体上形成的两种发光机制。无论哪种，只有激子最终在客体上辐射复合才能对器件发光效率做出贡献。为了有效地避免能量从客体反向传给主体，主体的E_g和E_T都要高于客体。对于PhOLED，主要是将三线态激子限制在发光层中；类似于载流子传输材料，主体具有比发光材料高的E_T方可将三线态激子限制在发光层中。对于蓝光PhOLED，由于蓝色磷光材料的E_g和E_T高于红光和绿光材料，因而对主体的E_g和E_T提出了更高要求。例如，FIrpic的主体材料的E_T至少要达到2.7 eV。此外，高的T_g即热稳定性和形貌稳定性，高的载流子迁移率，是对设计主体材料提出的最主要的两点要求。由于发光层中载流子传输能力不平衡时，器件在高亮度下效率衰减迅速；反之，当载流子传输平衡时，器件的驱动电压会显著下降，外量子效率显著提升。因而，主体材料具备电子和空穴迁移率均衡的双极性传输特性尤为可贵。相对红光和绿光PhOLED，蓝光PhOLED的发展相对滞后。设计适用于蓝色磷光材料的主体，实现充分的主客体能量传递，高的E_T尤为重要。通过以下三个材料化学结构的设计规则，能够有效地提高主体材料的E_T：

(1) 咔唑（carbazole）、芴（fluorine）、芳基硅烷（arylsilane）、二苯并呋喃（dibenzofuran）和二苯并噻吩（dibenzothiophene）等高E_T的官能团被引入主体材料；

(2) 引入硅、sp^3杂化的碳、phosphine oxide能有效避免共轭体系的延伸，增加主体材料E_T。例如phosphine oxide是一个吸电子官能团，具备良好的电子传输能力，P=O的引入打断了分子的π共轭；

(3) 扭曲的芳香结构具备空间位阻效应，能有效降低共轭程度，尤其邻位或对位取代的芳香结构能有效降低共轭程度，从而提升主体材料的E_T。

Poly(N-vinylcarbazole)（PVK）是一种传统的聚合物主体材料。由于PVK共轭程度低，而其T_g高达200 ℃，具备良好的热稳定性和薄膜形貌稳定性。但是，PVK的导电率较低，导致器件驱动电压较高。同时，其E_T只有2.5 eV，无法适用于蓝光PhOLED。由于小分子主体材料的研究更受关注，以下主要介绍几种高E_T的小分子主体材料。

1.基于carbazole基团的主体材料

Carbazole具有3.02 eV的高E_T，3,6,9键位易于实现各种官能团修饰，具备良好的化学修饰空间，因为给电子能力强而具有良好的空穴传输能力。基于该基团的N,N'-dicarbazolyl-4-4'-biphenyl（CBP）由于其良好的空穴传输能立被广泛应用，但E_T只有2.65 eV，作为蓝色磷光材料的主体将产生部分的发热非辐射能量传递，降低器件效率[29]。在biphenyl核心上连接methyl单元合成的4,4'-Biscarbazolyl-2,2'-dimethylbiphenyl（DmCBP）[30]。因为methyl增加了分子的扭曲度和空间位阻能力，DmCBP的ET高达3.0 eV，提高了主体到客体的有效能量传递。另一种传统的基于carbazole的主体材料3, 5'-N,N'-dicarbazole-benzene（mCP），E_T达到2.9 eV，将三线态激子有效限制在了磷光材料中，显著提高了蓝光PhOLED的效率[31]。Dimethylbenzene、cyclobutane和adamantine核心都能有效打断两个carbazole官能团间的共轭，理论上提高主体材料的E_T。基于以上核心合成的N,N'-dicarbazolyl-1,4-dimethene-benzene（DCB）、1,2-trans-di-9- carbazolyl cyclobutane（DCz）和2,2-bis(4-carbazolyl-9-ylphenyl) adamantine（Ad-Cz），ET均超过2.9 eV[32-34]。除了高的E_T，高的T_g以保证材料的热稳定性和成膜的形貌稳定性，也同样重要。将具有空间位阻效应的triphenylsilyl官能团引入mCP，得到3,5-di(N-carbazolyl)tetraphenylsilane（SimCP），将T_g从mCP的55 ℃提高到101 ℃[35]。Bis(3,5-di(9H-carbazol-9-yl) phenyl)diphenylsilane（SimCP2）的T_g进一步地提高到148 ℃，carbazole的高E_T延续到SimCP2上超过3 eV[36]。同时，SimCP2的对称分子结构削弱了薄膜态下的分子密堆积，相比mCP和SimCP，提高了载流子迁移率。

综上可知，carbazole的引入有效地提高了主体材料的E_T。但是，carbazole的空穴迁移率明显高于电子迁移率，导致了发光层中载流子的不平衡，器件的驱动电压升高，限制了器件的发光效率。为解决主体材料的单一传输特性，将传输空穴的carbazole与传输电子的triazine, phosphine oxide和pyridine等官能团结合，设计了具有双传输特性（bipolar）的主体材料。基于carbazole和triazine的主体材料2,4,6-tricarbazolo- 1,3,5-triazine（TRZ2），具有平衡的载流子传输能力的同时，E_T达到2.81 eV[37]。

由于diphenylphosphine oxide的引入，既提高了分子的电子传输能力，又不会延伸carbazole共轭体系，因而保持carbazole的高E_T。结果表明，通过diphenylphosphine oxide对mCP进行化学修饰，得到9-(3-(9H-carbazole-9-yl)phenyl)-3-(dibromophenylphosphoryl)- 9H-carbazole（mCPPO1），在延续carbazole高E_T的同时，相比mCP电子迁移率有明显提高，使mCPPO1具备空穴和电子的双传输特性[38]。Phenylcarbazole结合1到3个diphenylphosphine oxide官能团单元的主体材料也被设计、合成。研究发现，只结合1个或2个diphenylphosphine oxide官能团单元的主体材料，表现出了更强的空穴传输能力。并且，在phenylcarbazole的phenyl邻位键位引入diphenylphosphine oxide官能团，将引起分子内的载流子迁移，提高空穴的电流密度，进一步造成载流子的不平衡。同时，对位取代效果明显强于邻位和间位取代。Phenylcarbazole结合3个diphenylphosphine oxide官能团单元，设计合成了3,6-bis(diphenylphosphoryl)-9-(4'- (diphenylphosphoryl)phenyl) carbazole（TPCz）[39]。结果表明，3个diphenylphosphine oxide官能团单元有效地提高了主体材料的电子迁移率和热稳定性，T_g高达143 ℃。

不同核心通过一个传输空穴的carbazole官能团和一个传输电子的diphenylphosphine oxide官能团修饰，也是一个获得双传输特性主体材料的研究热点。基于tetraphenylsilane核心的双极性主体材料(4-((4-(9H-carbazol-9-yl)phenyl) diphenylsilyl)phenyl)- diphenylphosphine oxide（TSPC）有效地降低了器件的驱动电压，提高了器件的发光效率[40]。基于dibenzofuran核心的双极性主体材料9-(8-(diphenylphosphoryl)- dibenzo[b,d]furan-2-yl)-9H-carbazole（DFCzPO）[41]，与传输空穴的主体材料2,8-di(9H- carbazol-9-yl)dibenzo[b,d]furan（DFCz）和传输电子的主体材料2,8-bis(diphenylphosphoryl)-dibenzo[b,d]furan（DFPO）的混合结构比较发现，OLED的器件性能旗鼓相当。

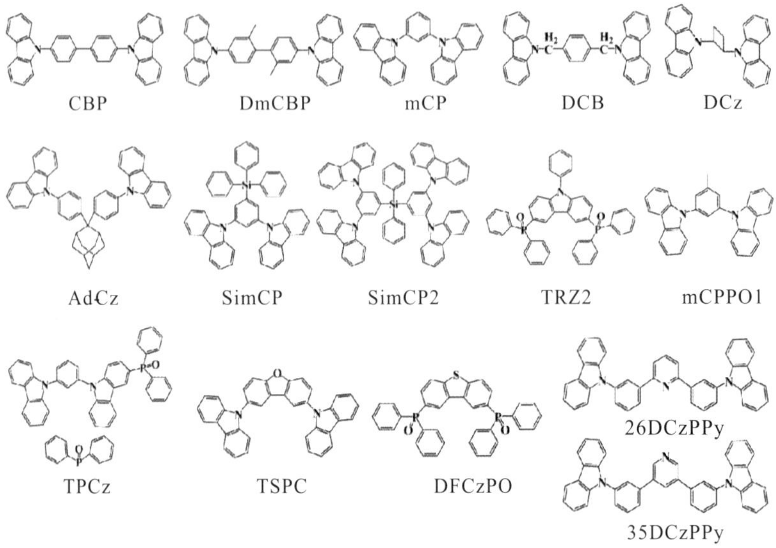

图2-1-4 基于carbazole的主体材料的化学结构式

结合carbazole和pyridine官能团合成了两种双极性主体材料2,6-bis(3-(carbazol-9-yl) phenyl)pyridine（26DCzPPy）和3,5-bis(3-(carbazol-9-yl) phenyl)pyridine（35DCzPPy）[42]，基于该主体材料的双发光层器件的外量子效率超过24%。基于carbazole官能团的主体材料的化学结构是和特性，分别如图2-1-4和表2-1-3所示。

表2-1-3 基于carbazole基团的主体材料性能参数

材料名称	HOMO（eV）	LUMO（eV）	E_T（eV）	T_g（℃）	参考文献
CBP	6.3	2.8	2.6	62	[29]
DmCBP	-	-	3.0	-	[30]
mCP	5.9	2.5	2.9	55	[31]
DCB	5.9	2.4	3.0	-	[32]
DCz	5.7	2.2	3.0	-	[33]
Ad-Cz	5.8	2.6	2.9	-	[34]
SimCP	6.1	-	2.9	101	[35]
SimCP2	6.1	2.6	3.0	148	[36]
TRZ2	6.0	2.6	2.8	-	[37]
mCPPO1	6.2	2.6	3.0	-	[38]
TPCz	6.3	2.7	3.1	143	[39]
TSPC	6.0	2.5	3.0	107	[40]
DFCzPO	6.1	2.6	3.0	110	[41]
26DCzPPy	6.1	2.6	2.7	-	[42]
35DCzPPy	-	-	2.7	-	[42]

总之，carbazole基团的高E_T和化学结构修饰空间很大，使其被广泛用于高E_T主体材料的设计中。结合传输空穴的carbazole官能团和传输电子的官能团，是获得双传输特性主体材料的行之有效的方法。

2.基于arylsilane基团的主体材料

引入arylsilane官能团能够显著地提高材料的E_T，例如tetraphenylsilane中biphenyl的E_T接近2.8 eV，并且引入Si原子打断了phenyl的π－π共轭，使得材料的E_T被进一步提高。但是另一方面，基于arylsilane官能团的主体材料的一个明显缺陷是载流子传输能力差，导致器件的驱动电压高，需要结合carbazole或者fluorine官能团来改善。Silane的衍生物diphenyldi(o-tolyl)silane（UGH1）、p-bis(triphenylsilyl)-benzene（UGH2）和m-bis-(triphenylsilyl)benzene（UGH3）的E_T均超过3.4 eV，三线态激子限制能力出众[43]；E_g高达4.4 eV，同时带来的是7.2 eV的HOMO能级。如果器件的发光机制是激子先在主体上产生的主客体能量传递，UGH系列材料的HOMO能级引入了极大的空穴注入势垒，这明显降低了主体上的激子形成几率。相对应的是，激子直接在客体上形成将有效避免该问题。此外，T_g小于50 ℃，热稳定性堪忧。将UGH2上的phenyl官能团用biphenyl官能团取代，得到的4,4'-bistriphenylsilanyl-biphenyl（BSB）and 4,4'-bis(triphenylsilanyl)-(1,1',4',1')- terphenyl（BST），T_g提高至100 ℃，改善了热稳定性，但E_T下降到2.6 eV[44]。Silane-fluorene混合的triphenyl-(4-(9-phenyl-9H-fluoren-9-yl)phenyl)silane（TPSi-F），E_T和T_g分别为2.89 eV和100 ℃，三线态激子限制能力和热稳定性俱佳[45]。基于arylsilane官能团主体材料的化学结构式和特性，分别如图2-1-5和表2-1-4所示。

表2-1-4 基于arylsilane基团的主体材料性能参数

材料名称	HOMO（eV）	LUMO（eV）	E_T（eV）	T_g（℃）	参考文献
UGH1	7.2	2.8	3.5	26	[43]
UGH2	7.2	2.8	3.5	-	[43]
UGH3	7.2	2.8	3.5	46	[43]
BSB	6.5	2.3	2.8	100	[44]
BST	6.3	2.5	2.6	113	[44]
TPSi-F	6.3	2.4	2.9	100	[45]

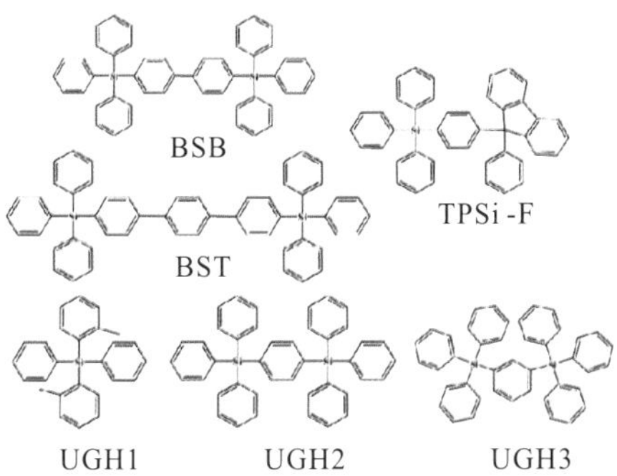

图2-1-5 基于arylsilane基团主体材料的化学结构式

总之，arylsilane官能团有效地提高了主体材料的E_T和器件的量子效率，同时，arylsilane官能团的高HOMO能级引入的空穴注入势垒及较低的载流子传输能力，导致OLED器件的驱动电压升高。因而，arylsilane官能团，还需要用一些载流子传输能力强的官能团加以修饰。研究结果表明，通过两个不同官能团修饰dichlorodiphenylsilane，是获得多种arylsilane类型的双极性主体材料的一个可行方法。

3.基于fluorene基团的主体材料

Fluorene的E_T为2.95 eV，小于carbazole的3.02 eV，以及dibenzofuran的3.12 eV和dibenzothiophene的3.04 eV。由于只有对fluorene的9键位用取代基修饰不会延伸材料的共轭体系，降低了材料的E_T。因而，基于fluorene的高E_T主体材料种类有限。1,3-Bis(9-phenyl-9H-fluoren-9-yl)benzene（mDPFB）和1,4-bis(9-phenyl-9H-fluoren-9-l)benzene（pDPFB）的E_T超过2.8 eV，适用于蓝光PhOLED[46]。但是，其T_g低于100 ℃，且其形成的非晶薄膜的表面粗糙度超过1 nm。利用fluorene 9键位上sp^3杂化的碳原子连接carbazole，fluorene和carbazole混合而成的9-phenyl-3-(9-phenylfluoren-9-yl)-carbazole（CBZ1-F1）等材料系列，其E_T超过2.85 eV，T_g处于108~231 ℃的范围[47]。较低的位于2.10~2.15 eV间的LUMO能级，不利于电子的注入。Fluorene和triphenylamine混合而成的tris(4-(9-phenylfluoren -9-yl)phenyl) amine（TFTPA），由于triphenylamine核心连接三个fluorene官能团，有效地分割了共轭体系，E_T可达2.89 eV[48]。三个fluorene官能团组成的庞大结构，使材料的T_g达到186 ℃。基于fluorene官能团的材料的化学结构式和特性，分别如图2-1-6和表2-1-5所示。

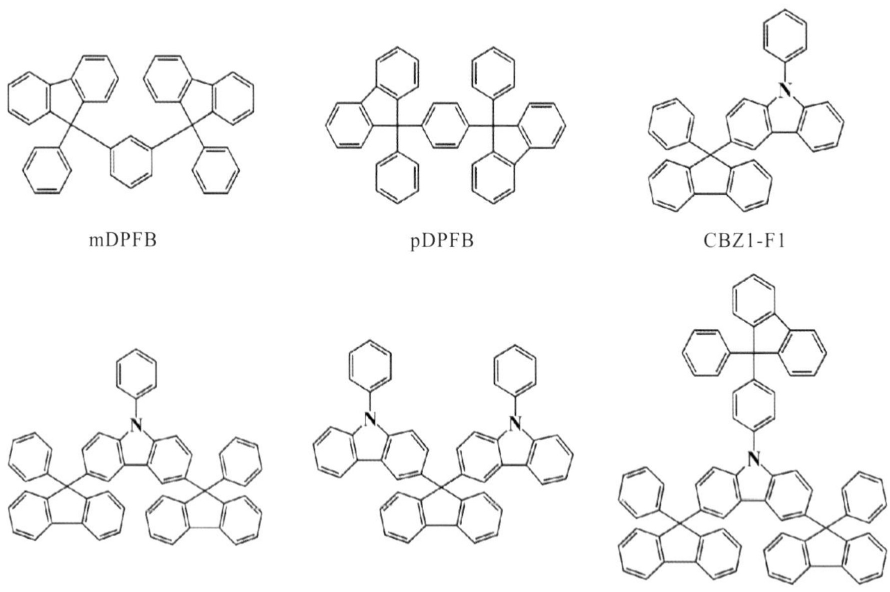

mDPFB　pDPFB　CBZ1-F1

CBZ1-F2　CBZ2-F1　TFTPA

图2-1-6 基于fluorene基团主体材料的化学结构式

表2-1-5 基于fluorene基团的主体材料性能参数

材料名称	HOMO（eV）	LUMO（eV）	E_T（eV）	T_g（℃）	参考文献
mDPFB	6.2	2.2	2.8	93	[46]
pDPFB	6.0	2.0	2.8	-	[46]
CBZ1-F1	5.5	2.1	2.9	108	[47]
CBZ1-F2	5.6	2.1	2.9	162	[47]
CBZ2-F1	5.5	2.1	2.9	171	[47]
TFTPA	-	-	2.9	186	[48]

总之，fluorene相对较低的E_T，以及为了不进一步降低E_T，只能在fluorene的9键位sp^3杂化的碳原子上延伸分子的化学结构，极大地限制了基于fluorene的高E_T的主体材料的设计。Fluorene上能够进行化学修饰的键位只有一个，在该键位引入不同种类的基团将导致材料的不同性能。一种可行的方法是，在fluorene的9键位引入传输空穴的carbazole和传输电子的pyridine官能团，可以得到双极性的主体材料。

2.1.2.2 发光材料

荧光材料

自从柯达公司的C. W. Tang等在1987年和1989年先后报道了基于绿色荧光发光材料Alq_3和红色荧光掺杂剂4-(dicyanomethylene)-2-methyl-6-(4-(dimethylaminostyryl)- 4H-pyran)（DCM）的高性能OLED以来[49,50]，荧光发光材料进入了人们的视野并被不断开发。通常而言，短波长的蓝色和绿色荧光材料，既可作为主体发光材料又可作为掺杂剂。但是，红色荧光材料由于固态薄膜中分子间的相互作用较强，易发生聚集和浓度淬灭，通常作为掺杂剂掺杂在主体材料中，通过主体材料将其有效分隔，减轻浓度淬灭。荧光掺杂剂的最优掺杂浓度通常较低，一般不超过10%。

目前，使用范围最广的红色荧光材料，是荧光量子效率较高的DCM系列衍生物。柯达公司的C. W. Tang等最早将DCM和DCM2作为掺杂剂，用于主客体掺杂体系来提高OLED的性能，基于0.5%掺杂浓度DCM的器件发光效率最高[50]。但是，EL光谱谱峰随着掺杂浓度从0.1到0.5%的变化而移动，分别覆盖了570-620和610-650 nm的橙色光的波长范围。随后的研究中，将DCM和DCM2的掺杂浓度提高到10%，得到了红光OLED[51]。4-(dicyanomethylene)-2-t-butyl-6-(1,1,7,7-tetra-methyljulolidyl-9-enyl)-4H-pyran（DCJTB）是DCM系列中效率最高的材料，2%最优掺杂浓度的DCJTB掺入Alq_3主体材料，引入60%掺杂浓度的辅助掺杂剂5,6,11,12-tetraphenylnaphthacene（Rubrene），高浓度Rubrene有效地移除了高电流注入下过剩的空穴，防止Alq_3形成具有淬灭效应的阳离子基，使器件的电流效率达到4.44 cd/A[53]。引入空穴和激子阻挡材料BCP对器件结构进行优化，器件电流效率进一步提高到5.66 cd/A[54]。

尽管DCM系列红色荧光材料亮度较高，但是，基于该系列材料的器件的EL光谱半波峰宽（full width at half maximum, FWHM）通常大于100 nm，影响了器件的色纯度。鉴于此，除了主流的DCM系列，也涌现出一些各具特色的红色荧光材料，例如卟啉大环类化合物系列中的tetraphenylporphine（TPP）的电致发光光谱的半波峰宽只有20 nm，光谱谱峰红移到饱和红光区域[55]，但是器件的发光亮度尚有待提高。值得一提的是，一些引入经典的电子给体–受体官能团推拉结构的红色荧光材料，OLED同时具有高亮度和高色纯度。并且，分子内电子给体–受体官能团间的电荷推拉，促使材料发光光谱明显红移，进入饱和红光区域。例如，于军胜等设计合成了电子给体（donor, D）–受体（acceptor, A）官能团的D–A单推拉结构的 (7–diethylamino–3–(2–thienyl)chromen–2–ylidene) –2,2–dicyanovinylamine （ACY）和D–A–D双推拉结构的N, N'–bis (4– (N, N–dimethylamino)–benzylidene) diaminomaleonitrile（BAM）两个系列的新型红色荧光材料[56,57]。基于ACY:Alq_3或BAM:Alq_3掺杂体系发光层的OLED器件，EL光谱谱峰位于波长范围620–650 nm的饱和红光区域，FWHM均小于70 nm，保证了器件的色纯度；同时，器件最大亮度均超过6200 cd/m^2，因而器件很好地兼顾了高色纯度和高亮度。

随着红色荧光材料的不断开发，非掺杂主体发光的红色荧光材料也逐渐涌现出来。NEC公司的Toguchi等率先报道了一种内含苯乙烯基的二芳基胺衍生物3–(N–phenyl–N–p–tolylamino)–9–(N–p–styrylphenyl–N–p–tolylamino)perylene（(PPA)(PSA)Pe），光谱主峰波长只有579 nm，但由于肩峰波长达到620 nm，基于该材料的器件色品坐标为（0.64，0.35），接近标准红光[58]。电子给体和受体官能团共存的结构，同样出现在了主体发光红色荧光材料中。例如benzo thiadiazole衍生物（BZTA2）具备一对反平行偶极子，显著抑制了由于偶极子–偶极子相互作用带来的浓度淬灭[59]。基于BZTA2的器件最大亮度达到9134 cd/m^2，成为基于该类材料的最高亮度OLED。以上红色荧光材料的化学结构式、EL光谱和性能参数，分别如图2–1–7、2–1–8和表2–1–6所示。

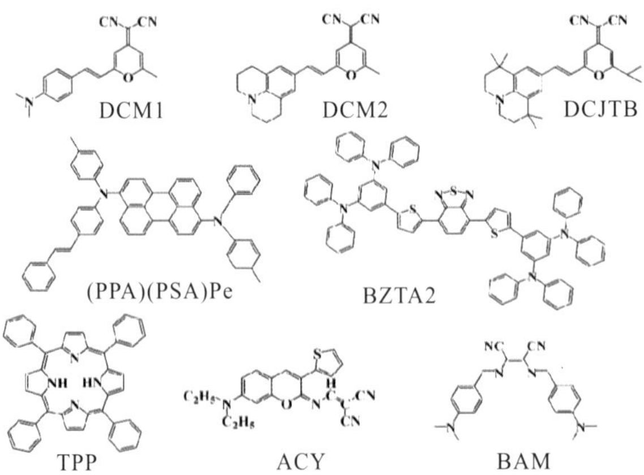

图2–1–7 红色荧光材料化学结构式

表2-1-6 红色荧光材料和对应器件性能

名称	谱峰波长（nm）	CIE（X, Y）	功率效率（lm/W）	电流效率（cd/A）	外量子效率（%）	参考文献
DCM	650	（0.62，0.37）	-	-	-	[51]
DCM2	644	（0.64，0.36）	-	-	-	[52]
DCJTB	630	（0.65，0.35）	2.09	4.44	-	[53]
TPP	655	（0.70，0.28）	-	-	0.07	[55]
ACY	645	（0.68，0.32）	1.3	-	0.8	[55]
BAM	620	-	-	-	-	[55]
(PPA)(PSA)Pe	579	（0.64，0.35）	-	1.1	-	[58]
BZTA2	626	（0.64，0.36）	1.6	2.0	1.7	[56]

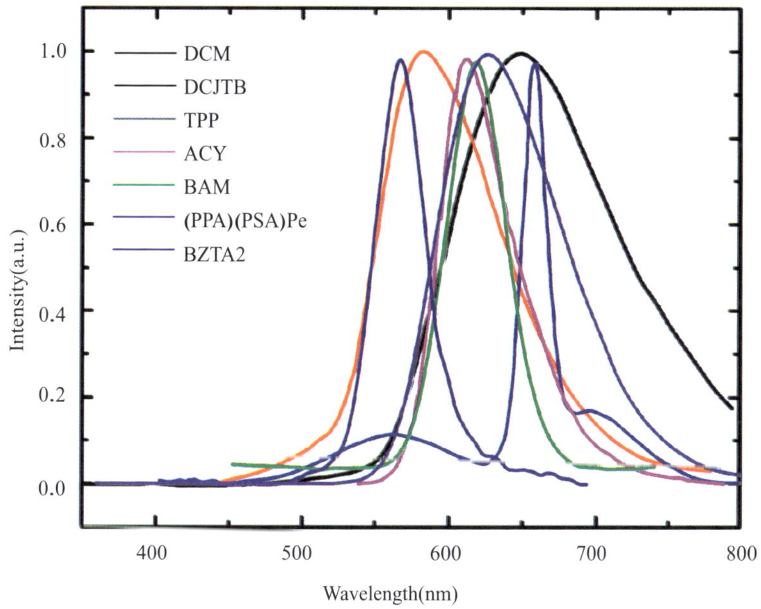

图2-1-8 红色荧光材料的EL光谱

Alq_3是一种非常经典的绿色荧光材料，作为发光材料或主体材料开启了荧光OLED的研究热潮，更是通过修饰化学结构开发新型绿色荧光材料的基础。C. W. Tang等率先报道了基于Alq_3的双层有机功能层器件，外量子效率为1%，功率效率为1.5 lm/W，亮度超过1000 cd/m^2。EL光谱谱峰波长为550 nm，处于绿光区域[49]。目前，绿色荧光材料体系已趋于成熟。常见材料还有香豆素类型的10-(2-benzothiazolyl)-1,1,7, 7-tetramethyl-2,3,6,7-tetrahydro-1H,5H,11H-benzo[l]pyrano[678-ij]quinolizin-11-one（C545T）和喹吖啶酮quinacridone（QA）[60,61]，并研发出了一系列的衍生物。H. Kanno等报道了基于0.8%掺杂浓度的C545T和主体材料9,9,10,10-tetraphenyl-2,2-bianthracene（TPBA）的三层有机功能层器件，外量子效率、功率效率和电流效率分别达到10%、29.8 cd/A和26.2 lm/W，色坐标为（0.24，0.62）。Jabbour等较早地研究了基于QA和Alq_3掺杂体系的器件，最大亮度接近20000 cd/m^2，外量子效率为3%。

目前为止报道的蓝色荧光材料发出标准蓝光的较少，而深蓝色荧光材料的发光效率普遍较低，因而材料的分子结构设计有待进一步开发。双芪类化合物是一类传统的蓝色荧光材料，发光光谱谱峰分布在440–490 nm，典型代表有4,4–bis(2,2diphenyl vinyl)–1,1–biphenyl（DPVBi）。马於光等报道了基于非掺杂主体发光材料DPVBi的蓝色荧光器件，最高亮度达到31170 cd/m^2，外量子效率和电流效率分别为3.8%和6.2 cd/A，色坐标为（0.16，0.21）[62]。几种绿色和蓝色荧光材料的化学结构式、EL光谱和性能参数，分别如图2–1–9、图2–1–10和表2–1–7所示。

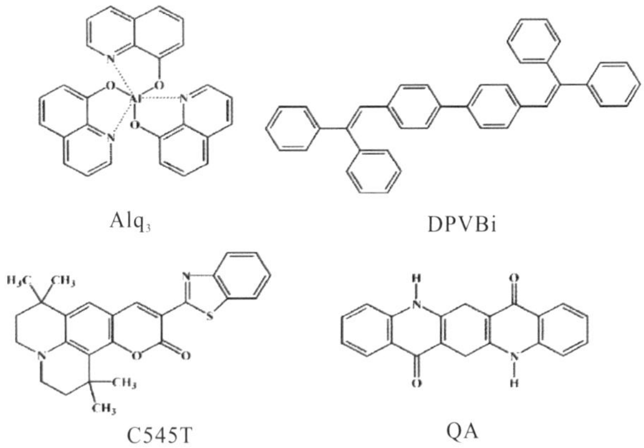

图2–1–9 绿光和蓝光荧光材料的分子结构式

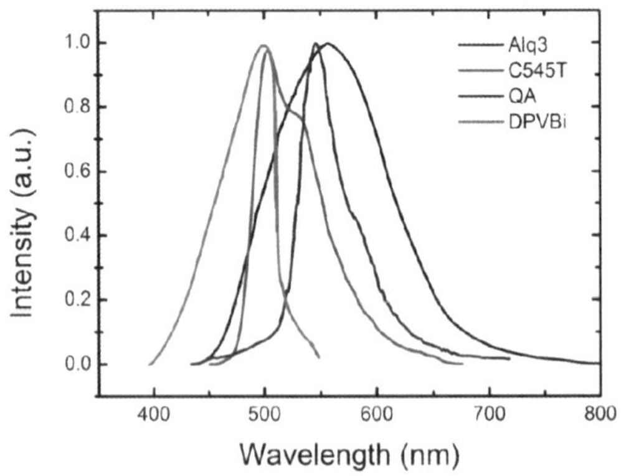

图2–1–10 绿色和蓝色荧光材料的EL光谱

表2-1-7 绿色和蓝色荧光材料和对应器件性能

名称	谱峰波长（nm）	CIE（X，Y）	功率效率（lm/W）	电流效率（cd/A）	外量子效率（%）	参考文献
Alq_3	550	-	1.5	-	1	[49]
C545T	500	（0.24，0.62）	26.2	29.8	10	[60]
QA	535		-	-	3	[61]
DPVBi	-	（0.16，0.21）	-	6.2	3.8	[62]

磷光材料

贵金属配合物作为磷光材料充分利用了单线态和三线态激子，相对于荧光材料只能利用单线态激子，比例高达75%的三线态激子的有效利用，使得基于磷光材料的PhOLED实现了100%的内量子效率。近年来，磷光材料逐渐取代传统的荧光材料，成为发光材料的研究热点。红色和绿色磷光材料取得了长足进步，红光材料早在2003已经被用于手机屏幕的产业化生产，以$Ir(ppy)_3$为代表的绿色磷光材料PhOLED也已经突破了20%的外量子效率并用于产业化。但是，蓝色磷光材料成为实现全色PhOLED产业化发展的最后一个需要攻坚的壁垒，尽管采用高E_T和高电子迁移率的电子传输材料使得基于蓝色磷光材料的PhOLED外量子效率突破了20%，但蓝色磷光材料的不稳定性导致PhOLED的寿命还无法达到市场要求。在众多贵金属配合物包括稀土元素配合物中，锇、钌和铼配合物各具特色，而铱（Ir）配合物始终是研究热点和性能最好的染料类型之一，铂（Pt）配合物经过不断改进性能逐渐超越Ir配合物。下文内容除了Ir和Pt配合物的红色和绿色磷光染料，主要介绍了蓝色磷光染料领域的研究进展。

红色磷光材料

1998年Forrest和Thompson等率先报道了通过磷光材料2,3,7,8, 12,13,17,18-octaethyl-21 H,23 H-porphine platinμm (II)（PtOEP）来提高PhOLED的内量子效率[63]。PtOEP磷光光谱位于650 nm的饱和红光区域。6 mol%浓度的PtOEP掺杂在Alq_3中，三线态激子寿命高达 37μ_s，导致高亮度下可容纳三线态激子空位的饱和以及三线态-三线态湮没，造成器件量子效率的降低。最初欲得到纯红色磷光染料进行的设计合成，最终得到的材料相当一部分光谱位于橙红光区域，而色坐标位于（0.64，0.36）的标准红色磷光材料依然稀缺。理论上，贵金属配合物的HOMO能级由贵金属的最高能量轨道如Ir、Pt的5d轨道，和配体的轨道组成；LUMO能级只包含配体的*轨道，配体轨道决定了金属配合物的能级，因而对其磷光光谱有着重要的作用。

研究发现，配体具有共轭体系的延伸能力，将有助于得到饱和红色磷光。benzo[c] acridine（BA）配体具有大的-共轭空间，引入BA配体可使Ir配合物的磷光光谱明显红移。例如，(BA)2Ir(acac)的谱峰波长为666 nm，色坐标（0.64，0.33），接近饱和红光[64]。此外，分子内的给体

（donor, D）–受体（acceptor, A）体系，同样能使磷光材料光谱红移得到饱和红光。Thiophene是一个给电子官能团，而pyridine是一个吸电子官能团，因而2–thiophen–2–yl–pyridine（thpy）配体内含D–A结构，Ueno等在thpy配体的thiophene上引入给电子的$-CH_3$基团，在pyridine上引入吸电子的$-CF_3$基团，进一步延伸了D–A体系，使基于thpy配体的Ir配合物的LUMO能级下降，磷光光谱明显红移[65]。李文连等设计合成了一系列红色磷光材料[66]。在2–(2'–benzo [4,5–a] thienyl)pyridinato–N, C$^{3'}$配体的吡啶基环5键位引入$-CF_3$，延伸了D–A体系，使材料的LUMO能级下降，磷光光谱红移了25 nm，材料具体的化学结构式和发光光谱，分别如图2–1–11和图2–1–12所示。此外，triphenylamine官能团能提高Ir配合物的HOMO能级，减小材料的能带带隙，使磷光光谱红移[67]。

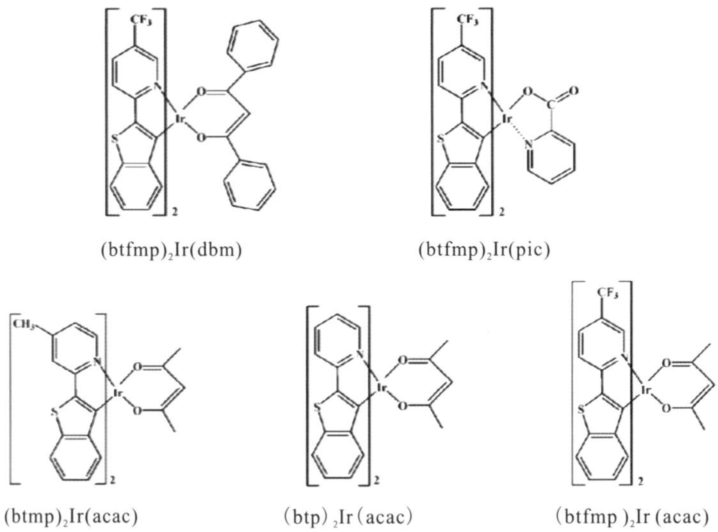

图2–1–11 Ir配合物红色磷光材料的化学结构式

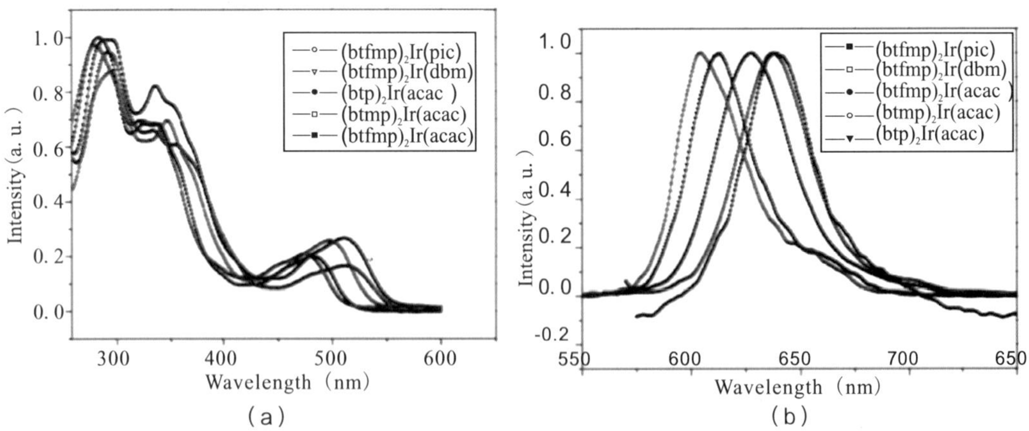

图2–1–12 Ir配合物红色磷光材料的（a）紫外–可见光吸收光谱和（b）发光光谱

Forrest和Thompson等基于环金属化（C^N）配体和辅助（LX）配体，合成了一系列的Ir配合物[68]。这些Ir配合物的最低三重激发态由金属d轨道到配体π*轨道的三重激发态和配体轨道到π*轨道的三重激发态组成，采用不同（C^N）配体可实现磷光光谱从绿光到红光的转换。为了发出充足的磷光，要求（LX）配体的三重激发态能级要高于（C^N）配体和金属到配体的三重激发态能级。因而，配体对PhOLED的EL效率也起着重要作用。

综上所述，贵金属配合物红色磷光材料的磷光光谱和器件EL效率，都与配体息息相关。目前饱和红光的磷光材料种类有限，引入配体降低金属配合物的LUMO能级或提高HOMO能级，从而减小材料的能带带隙，使其光谱红移以得到饱和红光，仍然是设计、合成红色磷光材料的热点和难点。

绿色磷光材料

除了稀土元素配合物，绿色磷光材料的研究中Ir和Pt配合物依然是热点。作为最高效的绿色磷光材料之一，Ir配合物分为均配物（$[C^N]_3Ir$）和杂配物（$[C^N]_2Ir(LX)$）两类，两种类型都得到广泛应用。

1.[C^N]3 Ir类型绿色磷光材料

Fac-tris (2-phenylpyridine) iridiμm（$Ir(ppy)_3$）， 是应用范围最广的“明星型”磷光发光材料，ET为2.5 eV，和E_T为2.6 eV的主体CBP具备良好的能级匹配。$Ir(ppy)_3$掺杂在CBP中磷光量子效率达到97±2%，基于CBP:$Ir(ppy)_3$的器件，在3 V驱动电压下的外量子效率和功率效率分别高达21.6%和82 lm/W[69,70]。为了不断提高基于$Ir(ppy)_3$的PhOLED性能，研究人员围绕$Ir(ppy)_3$针对主体材料、空穴传输材料、电子传输材料分别进行了优化，得到了一系列高性能的OLED，器件的性能参数，分别如表2-1-8和表2-1-9所示。

表2-1-8 基于$Ir(ppy)_3$客体材料和典型主体材料的PhOLED性能

材料名称	外量了效率（%）	功率效率（lm/W）	电流效率（cd/A）	参考文献
CBP	8.0	31.0	-	[71]
ttbCBP	7.3	24.9	-	[72]
TCTA	19.2	72.0	-	[73]
TSTC	19.8	59.4	-	[74]
T2N	-	38.0	45.0	[75]
TPBI	-	29.0	28.0	[76]
TCTA/TAZ	-	77.0	-	[77]
TCTA/$Bepp_2$	-	65.1	-	[78]
o-CzOXD	-	59.3	-	[79]
BUPH1	-	33.0	-	[80]

虽然良好的主客体能级匹配能有效地保证主客体能量传递、减弱三线态激子的湮没，但是，$Ir(ppy)_3$自身抗淬灭能力差，使其在高掺杂浓度下材料本身浓度淬灭和三线态激子的湮没会明显加剧，而低掺杂浓度的精确控制又比较复杂、费时。为了提高绿色磷光材料的抗浓度淬灭能力，需要引入具有空间位阻效应的官能团，降低绿色磷光材料分子间的紧密排列和相互作用。

表2-1-9 基于$Ir(ppy)_3$客体材料和典型载流子传输材料的PhOLED性能

空穴传输材料名称	外量子效率（%）	参考文献	电子传输材料名称	外量子效率（%）	参考文献
NPB	12.4	[81]	TPBI	7.5	[82]
TCTA	5.5	[81]	CF-X	19.2	[73]
$PHCZ_2$	20.0	[81]	FIrpic	14.2	[83]
电子传输材料名称	功率效率（lm/W）	参考文献	电子传输材料名称	功率效率（lm/W）	参考文献
B3PyMPM	133	[84]	TpPyPB	102	[86]
B4PyMPM	128	[85]	TmPyPB	89	[86]

早在2001年，Xie等就将pinene作为空间位阻隔离体引入2-phenylpyridine主体中，合成了tris (2-(4-tolyl)phenylpyridine) iridi μm ($Ir(mppy)_3$)[87]。Shin等引入体积更大的(2-(1-cyclohexenyl)pyridine（chpy）和2-(3-methyl-1-cyclohexenyl)pyridine（mchpy）]配体设计合成了$Ir(chpy)_3$和$Ir(mchpy)_3$，OLED的外量子效率和功率效率达到18.7%和62.0 lm/w[88]。材料的化学结构式和EL光谱，分别如图2-1-13和图2-1-14所示。

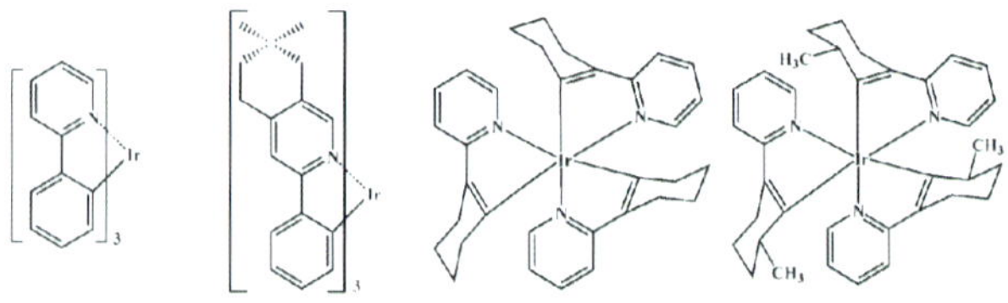

$Ir(ppy)_3$　$Ir(mppy)_3$　$Ir(chpy)_3$　$Ir(mchpy)_3$

图2-1-13 $[C\text{^}N]_3$ Ir类型绿色磷光材料的化学结构式

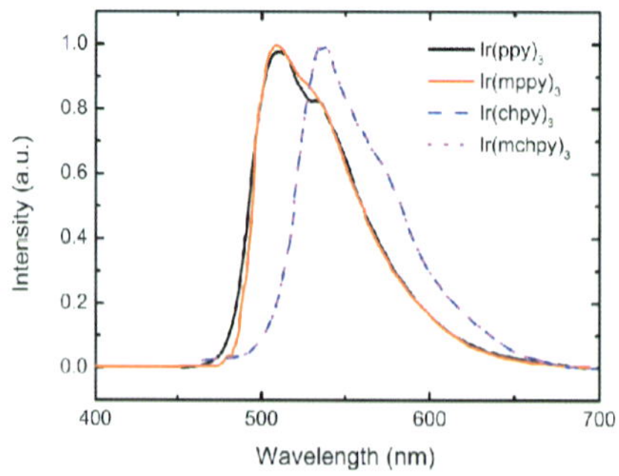

图2-1-14 $[C\text{^}N]_3$ Ir类型绿色磷光材料发光光谱

2.[C^N]$_2$Ir(LX)类型绿色磷光材料

Forrest和Thompson等研发了一系列(C^N)$_2$Ir(acac)类的绿色磷光材料，例如EL谱峰位于525 nm处的Ir(ppy)$_2$(acac)[89]。随后，Wong等在ppy的苯环上引入一系列吸电子的官能团，合成了Ir(ppy-X)$_2$(acac)类的绿色磷光材料。其中，Ir(ppy-OPh)$_2$(acac)发射505 nm的蓝绿光，Ir(ppy-NPh$_2$)$_2$(acac)发射528 nm的绿光，从而证明了取代基对材料光谱的有效调控[90]。

Bian和Huang等报道了bis(2-phenylpyridinato-N,C^2)iridiμm(1-(carbazol-9-yl)-5,5-dimethylhexane-2,4-diketonate) (Ir(ppy)$_2$(CBDK))，引入β-diketonate有效地提高了材料的抗浓度淬灭能力[91]。基于bis(2-phenyl- benzoimidazole) iridiμm (III) acetylacetonate (Ir(ppi)2(acac))的文献报道，揭示了活性氢原子能够缩短三线态激子的寿命，从而减轻三线态激子的湮没[92]。以上材料的化学结构式、EL光谱和性能，分别如图2-1-15、图2-1-16和表2-1-10所示。

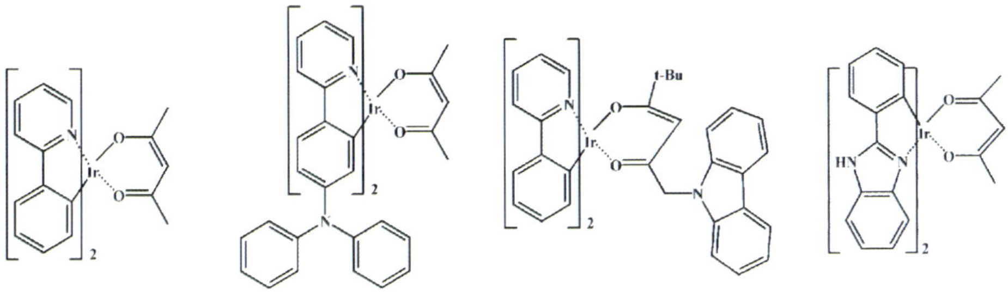

Ir(ppy)$_2$(acac)　　Ir(ppy-Nph$_2$)$_2$(acac)　　Ir(ppy)$_2$(CBDK)　　Ir(ppi)$_2$(acac)

图2-1-15 Ir(C^N)$_2$(LX)类绿色磷光材料的化学结构式

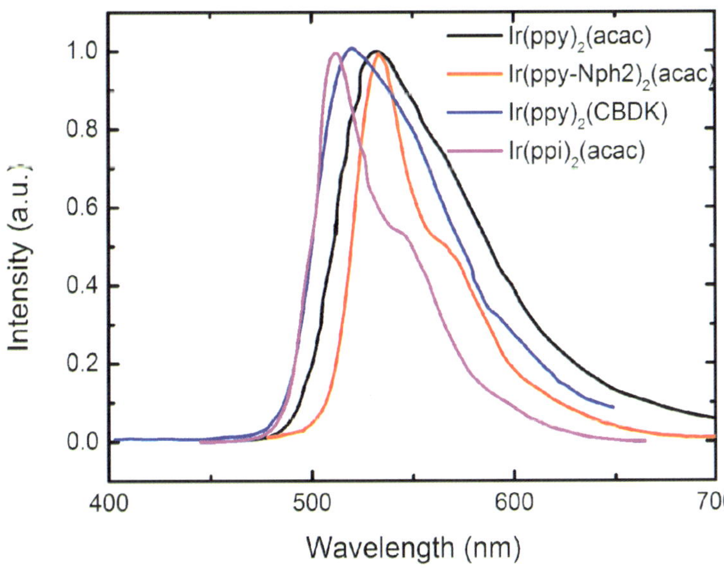

图2-1-16 Ir(C^N)$_2$(LX)类型绿色磷光材料发光光谱

表2-1-10 $Ir(C\text{^}N)_2(LX)$类的绿色磷光材料和对应的器件性能

材料名称	发光谱峰波长 （nm）	器件外量子效率 （%）	参考文献
$Ir(ppy)_2(acac)$	525	17.0	[89]
$Ir(ppy\text{-}Nph_2)_2(acac)$	528	10.3	[90]
$Ir(ppy)_2(CBDK)$	525	-	[91]
$Ir(ppi)_2(acac)$	513	13.4	[92]

3.Pt配合物绿色磷光材料

Fattori等设计合成了一系列环金属化（N^C^N）类型的Pt配合物PtLCl，外量子效率最高达到16%。Chi和Chou等合成了$Pt(N\text{^}N)_2$类型的$Pt(bppz)_2$和$Pt(fppz)_2$，EL光谱谱峰分别位于502和560 nm[93]。以上材料的研究结果说明，不同配体可以有效地调控Pt配合物EL光谱范围，Pt配合物磷光材料的化学结构式如图2-1-17所示。

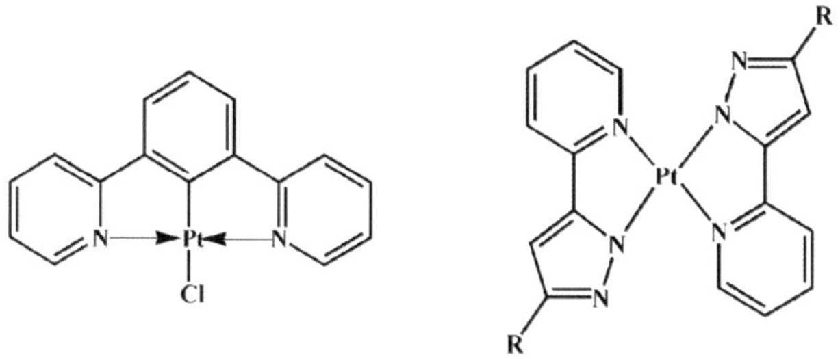

PtLCl　　Pt(N^N)$_2$

图2-1-17 Pt配合物绿色磷光材料的化学结构式

蓝色磷光染料

相比红色和绿色磷光材料，宽E_g、高发光量子效率和良好的稳定性的蓝色磷光材料更难获得。为了设计、合成出兼备以上性能的蓝色磷光发光材料，选择恰当的配体和中心原子非常关键。

1.Ir配合物蓝色磷光材料

环金属化Ir配合物由于较短的三线态激子寿命，依然是研究的热点。FIrpic和iridiμm(III) bis(4,6-difluorophenylpyridinato) tetrakis(1-pyrazolyl)-borate (FIr6），分别是性能优良的天蓝色和蓝色材料[94,95]，但是，它们的色坐标（0.17，0.34）和（0.16，0.26），与美国电视标准协会规定的标准蓝光坐标（0.14，0.08）相去甚远。除了提高磷光量子效率，调控材料EL光谱移至深蓝色区域，是蓝色磷光材料研究的重中之重。由于基于2-phenylpyridine（ppy)类型配体的Ir配合物，HOMO能级由ppy配体上苯环的轨道和金属的d轨道组成，LUMO能级只由pyridine基团π*轨道组成。因而，可以通过以下方法拓宽染料的能带带隙，使其发光光谱向深蓝区域移动。

⑴ 通过引入吸电子官能团降低染料的HOMO能级或者用其替换苯环

Fluorine、trifluoromethyl和cyanide是三种已报道的吸电子官能团，基于fluorine和

phenylpyridine配体，合成了tris[2-(3',4',5',6'-tetrafluorophenyl)pryidinato-N, $C^{2'}$]iridiμm(III)[$Ir(F4ppy)_3$]，EL谱峰位于471 nm[96]。基于fluorine和bipyridine配体，设计合成了fac-tris-(2',4'-difluoro-2,3'-bipyridinato-N,$C^{4'}$) iridiμm(III)[$Ir(dfpypy)_3$]，pyridine环取代ppy配体上苯环以及fluorine引入pyridine环明显改善了材料的热稳定性，促使光谱蓝移至463 nm[97]。$Ir(dfpypy)_3$的量子效率达到77%。由此可见，通过N-杂环取代ppy配体上苯环，是降低染料HOMO能级的最有效方式。

(2) 提高辅助配体的吸电子能力

基于pyridylazolate的配体能有效增大染料的能带带隙，Chi和Chou等总结了FIr6、FIrN4或FIrtaz的性能规律[98]，即将FIrpic中的辅助配体picolinate替换为吸电子能力更强的N-杂环pyrazolylborate、pyridyltetrazolate或者pyridyltriazolate。遗憾的是，替换配体后发光光谱只有10 nm的蓝移，无法达到饱和蓝光区域。用π－π*能量带隙更大的ppz取代ppy配体，Ir (III) bis(5-(2-pyridyl)-3- trifluoromethylpyrazole) ((2,4-difluorobenzyl) diphenylphosphine)($Ir(fppz)_2(dfbdp)$) 的光谱进入深蓝区域，对应的色坐标为（0.15，0.11）[99]。尽管量子效率只有1%，还有待于提高，但是如此低的量子效率，基于UGH2:6% $Ir(fbppz)_2(dfbdp)$的器件外量子效率高达12%。

(3) 在Pyridine环上引入吸电子能力强的官能团，或者用更高LUMO能级的N-杂环配体取代Pyridine环以提高LUMO能级

在(2-difluorophenylpyridine)配体上引入methoxy官能团有效拓宽了染料的能带带隙，得到了蓝光材料 bis (2-(3',4'-difl uorophenyl)-4-methoxypyridinato-N, C2') Ir (III) (5-(2'-pyridyl) tetrazolate)（$(dfpmp)_2Ir(ptz)$），EL光谱的峰值和色坐标分别为452 nm和（0.18，0.13）[100]。

用LUMO能级更高的N-pyrazole官能团取代pyridine环，设计合成了tris(phenylpyrazolyl)-iridiμm (III) ($Ir(ppz)_3$)，77 K温度下染料的EL光谱峰值移动到427 nm[101]。同样地，用LUMO能级更高的triazole官能团取代pyridine环，设计合成了tris-(1-methyl-5-phenyl-3-propyl-(1,2,4)triazolyl) iridiμm (III) ($Ir(mpptz)_3$)，器件的EL光谱谱峰和量子效率分别为479 nm和66%[102]。

2.Pt配合物蓝色磷光材料

目前，由于Pt配合物蓝色磷光材料的三线态激子寿命更长，所以其效率和色纯度还无法与Ir配合物蓝色磷光材料相比。Jabbour等报道的蓝光Pt配合物platinμm (II) (1,3-difluoro-4,6-di(2-pyridinyl) benzene) chloride（Pt-4），色坐标为（0.15，0.26），相应器件的外量子效率和功率效率分别达到16%和10 lm/W[103]。以上Ir和Pt配合物的化学结构式、EL光谱和器件性能，分别如图2-1-18、图2-1-19和表2-1-11所示。

延迟荧光材料

延迟荧光材料，被誉为继荧光材料和磷光材料后的第三代发光材料。目前有两种方法用于获得延迟荧光，即三线态-三线态激子的湮没和热激发延迟荧光（thermally activated delayed

表2-1-11 蓝色磷光材料和对应器件性能

名称	谱峰波长（nm）	CIE（X, Y）	量子产量（室温）	外量子效率（%）	参考文献
FIrpic	470, 494	（0.17，0.34）	0.42	26	[94]
FIr6	460	（0.16，0.26）	0.73	20	[95]
$Ir(F_4ppy)_3$	471, 502	-	0.53	5.5	[96]
$Ir(dfpypy)_3$	438, 463	（0.14，0.12）	0.71	-	[97]
$FIrN_4$	459, 489	（0.15，0.24）	-	9.4	[98]
FIrtaz	460, 489	（0.16，0.17）	-	-	[98]
$Ir(fbppz)_2(dfbdp)$	428, 455	（0.15，0.11）	0.004	11.7	[99]
$(dfpmp)_2Ir(ptz)$	474, 489	（0.18，0.23）	0.22	-	[100]
$Ir(ppz)_3$	437	（0.16，0.14）	-	-	[101]
$Ir(mpptz)_3$	479	-	0.66	-	[102]
Pt-4	465	（0.15，0.26）	0.46	12.6	[103]

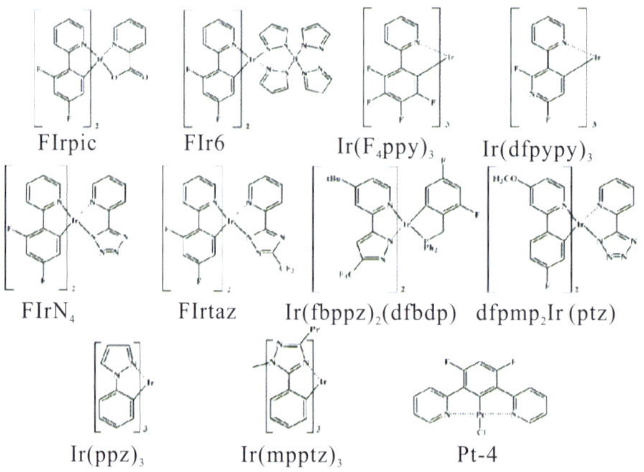

图2-1-18 蓝色磷光材料的化学结构式

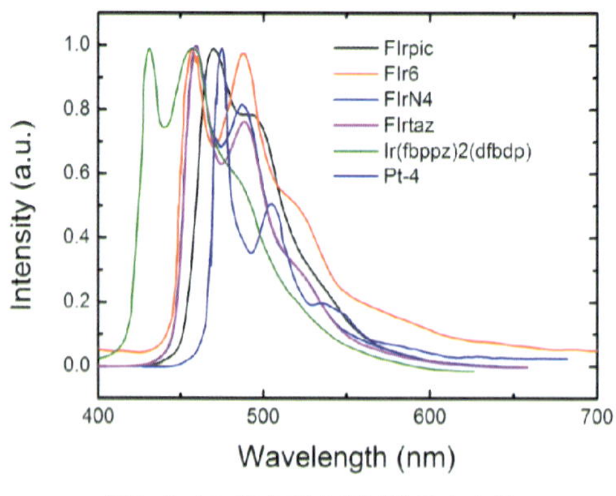

图2-1-19 蓝色磷光材料的发光光谱

fluorescence, TADF）。与三线态–三线态激子的湮没相比，TADF具有更高的发光效率，因而备受瞩目。TADF是针对单重激发态和三重激发态能隙较小（$\Delta_{ST}\leqslant 100$ meV）的材料，通过热激发产生充足的从三重激发态到单重激发态的反向系间窜越，将三线态激子转变为单线态激子。延迟荧光材料能够充分利用三线态激子能量，打破了之前只有贵金属配合物磷光材料能够有效利用自旋禁阻的三线态激子的僵局，大大地降低了发光材料的成本，同时避免了磷光发光材料特别是蓝光材料在工作状态下的不稳定性。

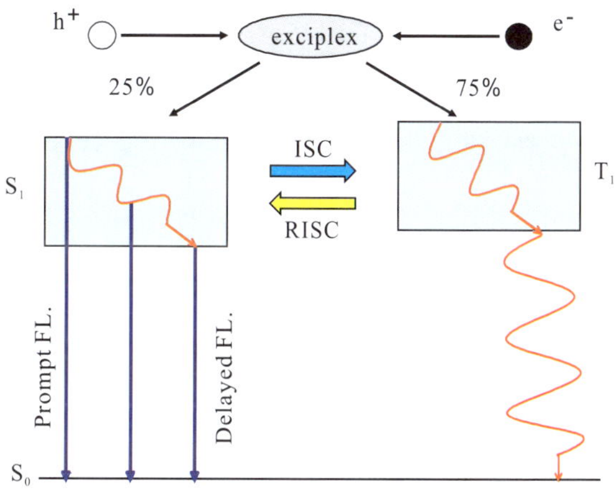

图2–1–20 激子辐射失活发光过程的示意图

激子辐射失活发光过程，如图2–1–20所示。在延迟荧光材料中，单线态激子辐射复合的几率远小于系间窜越的几率，即大部分单线态激子通过系间窜越成为三线态激子；而这一部分三线态激子加上直接形成的三线态激子由于自旋禁阻，无法辐射复合；随后通过热激发后的反向系间窜越，三线态激子重新变为单线态激子。这一较复杂过程使得激子寿命大大延长，单线态激子最终辐射失活产生延迟荧光。

之前的研究表明，小的Δ_{ST}和高的辐射衰减速率（$>10^6$/s）不可兼得，因而，只有材料的HOMO和LUMO能级轨道重叠有限或者没有重叠，才能使材料具备小的Δ_{ST}。但是，这同时导致低的辐射衰减速率和发光效率。2012年，Adachi等通过引入电子给体咔唑和电子受体间苯二腈，设计合成了一系列含咔唑基的间苯二腈（CDCB）芳香族化合物，包括2CzPN、4CzPN、4CzIPN、4CzTPN等，兼顾了小的Δ_{ST}和高的辐射衰减速率[104]。由于空间位阻效应，从间苯二腈平面延伸出的咔唑基会发生剧烈扭曲，导致材料的HOMO和LUMO能级轨道分别被局限在电子给体咔唑基和电子受体间苯二腈上。这种HOMO和LUMO能级轨道空间分离的分子内电荷迁移体系使材料具备了小的Δ_{ST}。同时，间苯二腈上的氰基有效抑制了非辐射失活过程，保证了材料的高发光效率。这些延迟荧光材料的本征荧光效率超过90%，基于以上材料的器件外量子效率超过19%，堪比高效的磷光器件。同时，研究结果表明，调整咔唑基的数量或引入新的取代基以改变周围官能团的给电子能力，能有效调整材料的发光光谱，得到不同颜色的延迟荧光材料。2014年，Adachi等又引入PPZ电子给体合成了一系列D–A结构的PPZ–DPO、PPZ–3TPT和PPZ–4TPT，以及围绕DPS电子受体合成的D–A–D结构的PPZ–DPS、PXZ–DPS和DMAC–DPS延迟荧光材料，基于以上材料的器件外量子效率高达19.5%[105]。材料的化学结构式和发光光谱，分别如图2–1–21和图2–1–22所示。

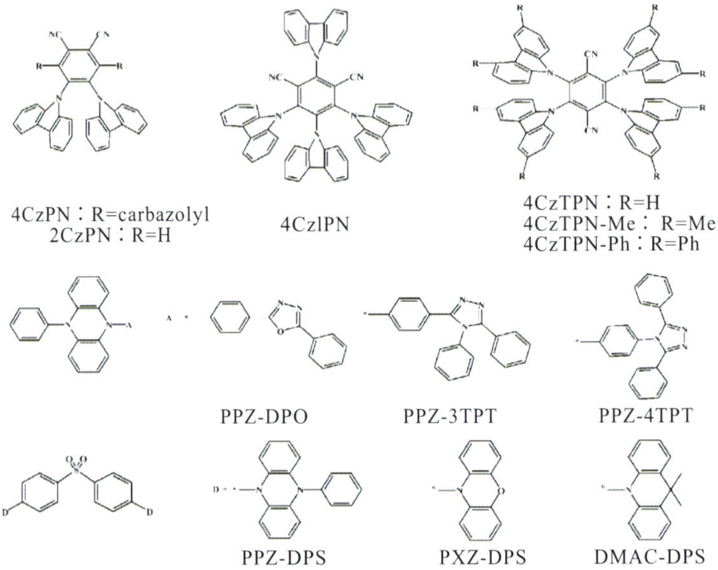

图2–1–21 延迟荧光材料的化学结构式

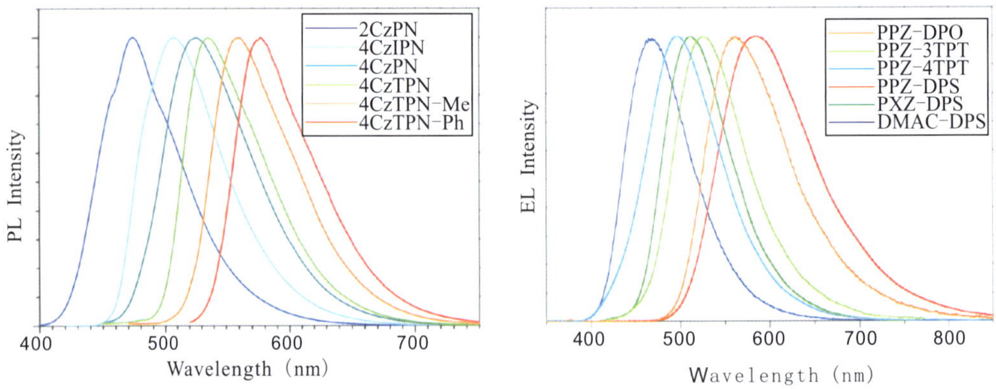

(a) (b)

图2–1–22 延迟荧光材料的（a）光致发光光谱和（b）电致发光光谱

除了延迟荧光材料直接产生延迟荧光发光以外，在用电子传输为主和空穴传输为主的两种单极性主体材料构成的双主体材料层体系替代双极性主体材料的研究发现，两个主体层间可能由于注入势垒较大形成激基复合物，而激基复合物由于为电子给体分子和电子受体分子间形成的激发态载流子迁移复合物（excited state charge transfer complex），如果具有较小的Δ_{ST}，通常也会产生延迟荧光。如图2-1-23所示，包含激基复合物的双主体材料体系的发光光谱相比一种主体材料的光谱，半波峰宽明显增大且谱峰明显红移，主峰波长对应能量与两种主体材料的HOMO与LUMO能级差相近。通过激基复合物与掺杂剂间充分的能量传递，避免了激基复合物这一较弱的发光中心发光，最终实现较高的发光效率。为了实现充分的能量传递，要求激基复合物的单重激发态和三重激发态能级高于掺杂剂，并且激基复合物的荧光和磷光光谱与掺杂剂的吸收光谱重叠。

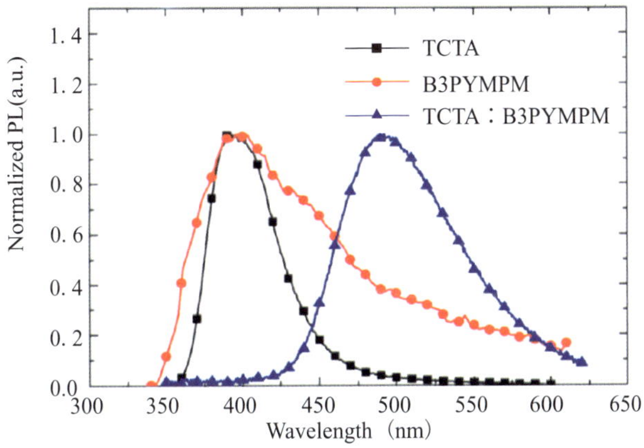

图2-1-23 双主体材料掺杂体系电致发光光谱和单独一种主体材料电致发光光谱对比

Jang-Joo Kim等开发出TCTA:B3PYMPM的主体材料掺杂体系[106]，引入$Ir(ppy)_2(acac)$和$Ir(mphq)_2(acac)$两种绿光和红光磷光材料，实现了激基复合物到磷光材料充分的能量传递[107]。Kido组报道了TAPC/BTPS结构的双层主体材料体系，激基复合物到天蓝色磷光材料FIrpic的能量传递充分[108]。以上两种双主体材料体系的器件结构示意图，如图2-1-24所示。

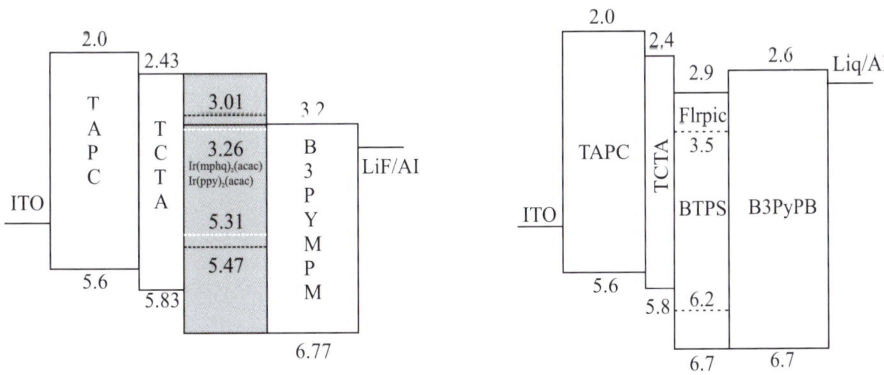

图2-1-24 双主体材料体系器件结构的示意图

激基复合物产生延迟荧光，具有以下优点：

(1) 双主体材料层体系，两种单极性主体材料的选择范围远大于双极性主体材料，而延迟荧光材料的开发更是有望避开高成本的贵金属配合物磷光材料及其不稳定性；

⑵ 荧光主体材料体系通过激基复合物充分的反向系间窜越，收获了充足的三线态激子能量，最终通过单线态激子的辐射失活发出荧光，使得内量子效率远远超过荧光材料25%的理论极限。荧光发光效率的显著提升，使得基于延迟荧光材料的器件外量子效率接近了性能最好的磷光材料器件；

⑶ 激基复合物微秒量级的激子寿命，有利于与掺杂剂间实现充分的能量传递；

⑷ 电子和空穴在两种主体材料界面形成激基复合物，而不是电子和空穴越过界面势垒进入发光层复合形成激子。这种没有注入势垒阻碍的复合将大大降低器件的驱动电压。如图2-1-24右图所示，在TAPC/BTPS界面不引入缓冲层TCTA平滑空穴注入势垒，由于1.1 eV的空穴注入势垒，将在TAPC/BTPS界面形成激基复合物，但是器件的驱动电压反而减小到2.5 V，数值几乎与TAPC的HOMO能级和BTPS的LUMO能级差相当。

2.2 OLED制备工艺

OLED的研发现状，预示着平板显示领域新篇章的开启。目前，提高器件性能，特别是器件的发光效率和稳定性，成为重中之重。改善器件性能不仅要从构成器件的基础，即材料的化学结构入手，提高材料性能和丰富材料种类；还要深入了解器件工作状态下的内部物理机制，有针对性地优化制备工艺和器件结构，从而提高器件性能。两者相辅相成、并驾齐驱，将不断推进OLED的发展。实验室通过真空蒸镀制备OLED的主要过程如图2-2-1所示，在洁净的环境下每一步都需要配套的工艺和设备。

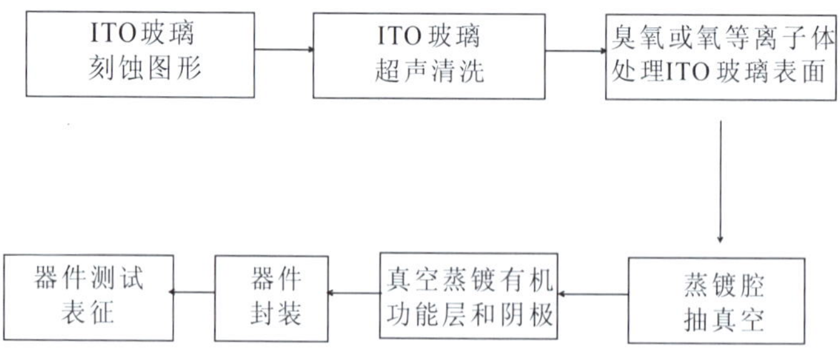

图2-2-1 实验室通过真空蒸镀制备OLED的主要过程

2.2.1 ITO基板预处理工艺

在沉积薄膜之前，需要准备导电性好和透射率高的导电玻璃，通常使用ITO玻璃。高性能ITO玻璃的加工工艺较复杂，市面上可以直接购买到。ITO作为电极，需要特定的形状、尺寸和图案来满足器件设计的需求，可以委托厂家按要求进行切割和通过光刻形成图案。实验室中，也会自己进行ITO玻璃的切割和湿法腐蚀，得到所需的面积适度的基片和电极图形。先将ITO基片切割为30 mm×30 mm的小方片，将ITO的一半贴上胶带，刻蚀掉另一半即往Mg屑中加入适量盐酸形成的酸雾来进行腐蚀，速度较快，腐蚀过程较易控制。刻蚀掉的这部分ITO，是为了防止测试性能参数时阴极与阳极短路。通过精密掩膜技术蒸镀多层有机薄膜和金属薄膜，OLED器件的外观如图2-2-2所示。

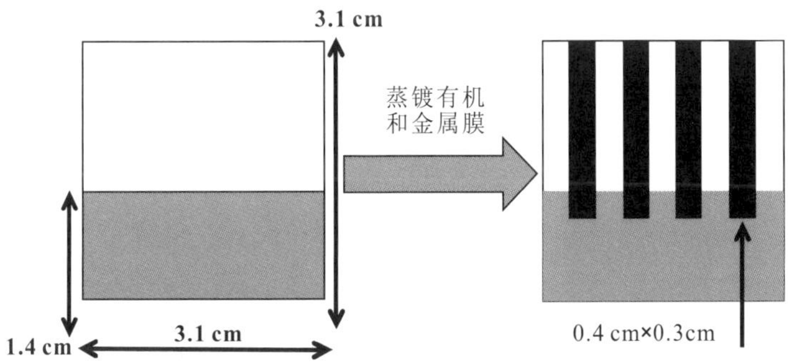

图2-2-2 腐蚀后的ITO基板图案（左）和蒸镀完成后的OLED器件（右）

一般薄膜样品的薄膜厚度都很薄，为保证金属电极的导电性和反光率，膜厚最厚的电极薄膜也不过100 nm左右。因此，基片表面的平整度、清洁度都会影响薄膜材料的生长情况和性能，必须对ITO表面进行严格清洗。一种常用的清洗步骤是，首先用乙醇擦拭ITO玻璃，去除残留的明显杂质，然后依次使用洗涤剂和去离子水配比的溶液、丙酮、去离子水、乙醇在超声容器中清洗ITO玻璃各15分钟，其中洗涤剂、丙酮和无水乙醇用于配合超声波高效去污功能除去基片表面物理附着的污物和化学附着的有机物等，去离子水用于去除残留洗液，最后将ITO表面用高速喷出的氮气吹干或者用烘箱烘干。

ITO玻璃的预处理，是对ITO表面进行氧等离子体轰击或者紫外臭氧处理。这有利于除去ITO表面可能的有机物污染，并提高ITO的功函数，减小ITO电极到有机功能材料的空穴注入势垒[109]。

2.2.2 成膜技术

制备OLED的材料包括有机小分子、高分子聚合物以及金属。大部分有机小分子薄膜采用真空蒸发镀膜法来制备。可溶性有机小分子和聚合物薄膜通过更为简单、快速和低成本的溶液法制备，依次开发出了旋涂法、喷涂法、喷墨打印、丝网印刷、激光转印等。金属或合金薄膜通常采用真空蒸镀制备，为了实现全溶液法制备OLED，也开发出了基于液态金属如导电银浆刷涂的溶液制备方法。

2.2.2.1 真空蒸发镀膜

实验室通过真空蒸镀制备OLED的主要过程和蒸镀系统系统，如图2-2-3所示。1为仪器控制台由真空显示台，温控电源，样品架升降电源，机械泵电源，分子泵电源，离子轰击电源，金属蒸发源，快门控制电源组成。主要功能是在整个器件制备过程中显示、调控蒸发速度和蒸发温度等参数；4室为离子轰击室，主要功能是对ITO玻璃基片进行O_2离子轰击，完成预处理；6室为有机薄膜蒸镀腔，配备有涡轮分子泵7作为主泵、机械泵1、机械泵3作为分子泵前级，主要功能是在高真空条件下将有机小分子材料蒸镀到ITO基片上；9室为金属薄膜蒸镀腔，主要功能是将金属蒸镀到有机功能层上，形成金属或合金电极；11室为器件封装室，在充满高纯N_2的环境下对器件进行封装。

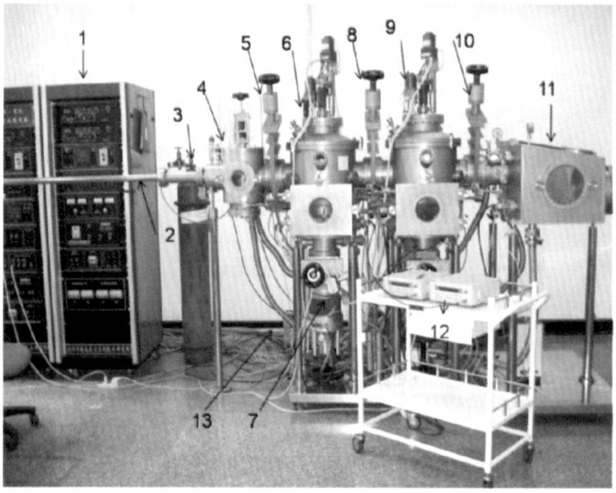

1.仪器控制台 2.传送杆 3.O_2气储气罐 4.预处理室 5，8，10.挡板阀
6.有机薄膜蒸镀腔 7.涡轮分子泵 9.金属薄膜蒸镀腔 11.封装室 12.膜厚动态监控仪 13.机械泵

图2-2-3 真空蒸镀系统

在将处理好的ITO玻璃基片送入真空沉积腔体中制备薄膜之前，要把真空腔内的气体分子通过真空泵的抽取排到腔外，保证腔中的真空度已经达到要求。真空度越高，薄膜的缺陷越少，膜中材料纯度越高。真空蒸镀的过程包括：有机小分子在真空下通过加热升华后，以一定的初速度脱离材料表面向外飞散，运动到ITO玻璃基片表面，冷却沉积下来形成一层薄膜。如果真空度低于10^{-4} Pa，真空腔内充斥的水分子、氧分子和其他杂质气体将严重降低成膜质量，甚至使器件性能降低乃至失效。首先，小分子材料很容易吸潮，吸附的水分子使其特性改变；吸附的水分子或其他杂质气体，都将在蒸发过程中引起小分子材料的飞溅，可能在基板上沉积未升华的材料微粒，在薄膜中形

成针孔。其次，在沉积薄膜的过程中，腔内杂质气体通过和有机小分子的相互作用，可能被引入薄膜；有机小分子通过和杂质气体分子的碰撞发生散射，使薄膜生长的连续性变差，导致薄膜不均匀，出现缺陷和针孔。同时，碰撞散射还会导致小分子运动方向的不确定性，降低了薄膜的沉积速率，污染了腔体内壁。如果没有及时清理，下次蒸镀时附着在真空腔内壁上的小分子材料会脱附再次释放，沉积到基片上形成杂质；最后，在高温下有机小分子极易被氧化变质，且氧分子作为淬灭剂几乎对所有发光材料具有淬灭作用。

针对蒸发镀膜的真空度要求较高，使用多种真空泵，分为两级或者三级进行抽真空[110]。OLED研究初期，使用机械泵、分子泵联动的两级真空系统保证高真空度。首先用机械泵抽至低真空，一般真空度达到5 PA以下开始用分子泵抽高真空，真空度达到10^{-4} Pa以下，开始真空蒸镀薄膜。通过有机外延系统和有机材料晶体的分子束外延生长法制备高性能OLED，通过三级系统抽到超高真空。通过分子泵使真空度达到10^{-3} Pa 数量级后，用溅射离子泵抽到10^{-5} Pa数量级，开始沉积有机薄膜。在抽真空的过程中，实时监测腔体内真空度的设备有两种：用于测量10^{-1} Pa以下低真空的热传导真空规，即热偶规和电阻规，用于测量10^{-1} Pa以上高真空的电离规[110]。

蒸镀功能薄膜之前，材料预先置于蒸发舟中。放置有机材料的蒸发舟是氮化硼、氧化铝材质的陶瓷舟，也可以是石英舟。放置金属材料的蒸发舟有钼舟、钽舟和钨舟等。不同于蒸镀有机小分子的过程是给舟底加热升华有机材料，蒸镀金属是蒸发舟通过大电流发热，使舟中金属熔融、挥发的过程。用于电极材料的Mg、Ag、Al等金属中，Al容易与钼、钽、钨金属形成合金熔断蒸发舟，因而无法多次使用同一个舟蒸镀Al。

ITO玻璃基片通过金属掩膜版，得到不同有机功能层结构以及金属电极图形，并用挡板挡住。待材料的蒸发速率达到要求再打开大挡板进行蒸镀。由于有机小分子材料具有很强的附着能力易在蒸发舟内壁堆积，使蒸发出口缩小，蒸速会逐渐变低，需及时升温保持蒸发速率。但如果升温过快薄膜沉积速率太快，沉积到基片上的分子来不及进行热振动弛豫就被后沉积的分子覆盖，易导致分子排列的缺陷，易在薄膜中产生针孔。当有机小分子的蒸发速率在0.1~1Å/s 时，在基片上沉积均匀层状生长的非晶态薄膜。在薄膜沉积过程中，控制薄膜厚度和蒸发速率恒定非常重要，必须使用石英晶体振荡器对基片上薄膜的沉积厚度和速率进行实时监测[111]。控制放置基片的旋转台匀速转动，可以增强薄膜厚度的均匀性。

2.2.2.2 旋转涂覆镀膜

制备有机小分子OLED，蒸镀小分子和金属需要采用多腔体真空蒸镀设备，设备成本高、维护复杂。有机聚合物的分子量比较大且加热时容易分解，因而须采用溶液法制备聚合物薄膜，成膜设备成本相对较低，且成膜过程简单、快速，薄膜均匀、致密。

旋涂法是一种传统的溶液法制备薄膜工艺，工业加工中广泛应用于半导体和光存储领域，实验室中也是一种常用的溶液法制备薄膜手段。实验室用小型旋涂仪如图2-2-4所示，通过一个小型真空泵抽取旋转台表面的气体，当基片接触旋转台时通过周围空气压力将基片牢牢固定在旋转台上，在旋涂过程中，随着旋转台高速转动。四个旋钮分别用于设定低速和高速旋转的转速和时间。

旋涂成膜是预先将基片吸附在旋转台上，然后将预先配制好的溶液滴在基片中央局部或者覆盖整个基片，通过基片高速旋转产生的离心力将大部分溶液和溶剂甩出基片，由于溶液和基片的摩擦力以及溶液本身的黏度，在基片上留下一层薄膜。旋涂成膜的厚度主要取决于溶液的浓度、黏度，溶剂的挥发速度，以及旋转速度、旋转时间。溶剂的性质，如沸点、极性等，对聚合物薄膜的形貌有很大的影响。

图2-2-4 实验室用的小型旋涂设备

旋涂成膜中的滴液分为静态和动态两种。静态，是指先滴液再旋转，黏度较高的溶液需要更多用量，来确保高速旋转后溶液能均匀覆盖基片；动态，是指基片低速旋转时滴下溶液，利用旋转产生的离心力将溶液覆盖整个基片，有效地节省材料。

如果滴液只覆盖基片中央局部时，常采用5 s以内的转速500 rpm左右的低速旋转，结合几十秒至数分钟的转速1500~6000 rpm的高速旋转的两级旋涂方式。转速不但影响作用在溶液上的离心力，而且影响基片上方空气的流动速度，加快溶剂的挥发。薄膜厚度是溶液所受离心力和溶液黏度之间的平衡，溶剂挥发越多溶液浓度增大时，黏度会持续增加，直到溶液张力抵消离心力使薄膜厚度趋于恒定。因而低速旋转过程使溶液覆盖整个基片，高速旋转过程快速使溶液变薄决定薄膜最终厚度。

实验室对基于高分子聚合物的电致发光器件（PLED）的研究中，旋涂法被广泛应用。1991年，Heeger等率先采用旋涂法制备了结构为ITO/MEH-PPV/In的PLED器件的有机功能层，将1%质量比的MEH-PPV溶解在四氢呋喃或二甲苯中，用旋涂法制备了120 nm厚的聚合物薄膜[112]。

旋涂法具备溶液法成膜的优势，但大量的溶液都在旋涂过程中甩出基片外浪费了，材料使用效率很低；旋涂成膜法由于要覆盖整个基片，很难实现图案化；对基片的缺陷和微粒敏感，不太适合大面积器件；无法实现全彩显示。因而，该技术在大规模量产中并不适用。

2.2.2.3 喷墨打印

与旋涂相比，喷墨打印技术大大减少了材料的浪费，并能实现图案化、全彩打印，适用于制备大面积器件。例如，卷对卷（roll-to-roll, R2R）喷墨印刷设备可以不受基片尺寸限制，实现大面积器件的制备。喷墨打印和旋涂法，在PLED制备中的优缺点比较，如表2-2-1所示。目前喷墨打印成为制备PLED的新型方法和研究主流，具有实现全彩PLED量产技术的潜能。

表2-2-1 喷墨打印和旋涂在PLED制备中的比较

工艺特点	喷墨打印	旋涂
图案化能力	图案化尺寸达到微米级	无法实现
全彩色能力	理想的全彩色	无法实现
大面积能力	可实现大面积	对基板缺陷敏感，不适合
材料利用率	材料浪费< 2%	99%高分子溶液浪费
颜色均匀性	像素光谱一致	不同区域像素光谱不同
封装	无需	需除去基片边缘的薄膜
基板材料	玻璃或聚合物基板	玻璃基板

喷墨打印是一种非接触、无压力、无印版的印刷技术，预先将各种不同的功能材料制成墨水灌装到墨盒，通过计算机将图文信息转化为数字脉冲信号，然后控制喷嘴移动和墨滴形成，并利用外力将墨滴从喷嘴挤出，墨滴喷射沉积到相应位置形成所需图案，实现精确、定量、定位沉积，完成最终的印刷品。无压力，说明它可以在不同材质、机械强度的介质上成像；非接触，表明它可以在曲面上成像。

1998年，美国加州大学洛杉矶分校的Yang Yang教授等率先通过喷墨打印制备出第一个PLED器件，提出通过该方法制备全彩色PLEDs的可行性[113]。同期，美国普林斯顿大学在喷墨打印制备PLED的研究中发现，喷墨打印制备的器件与旋涂法制备的器件具有相近的亮度，且基于coumarin 6与PVK掺杂体系的PLED的启动电压更低。日本的Seiko-Epson公司为实现全彩PLED设计了专用的喷墨打印设备，例如Epson CFP-Mark II。利用喷墨打印制备的全彩色PLED器件结构示意图，如图2-2-5所示。

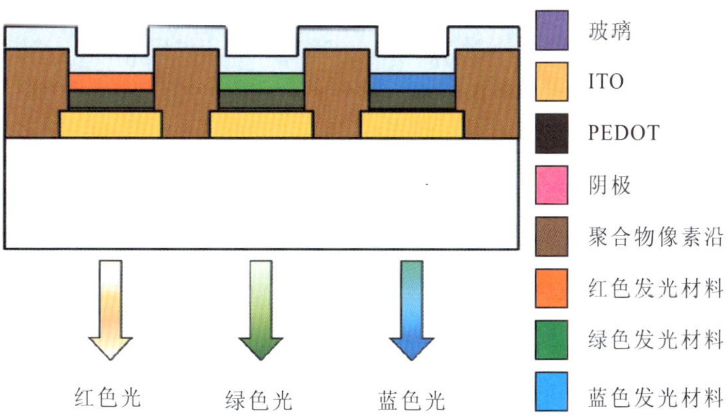

图2-2-5 喷墨打印制备的全彩色PLED器件结构的示意图

喷墨打印的高分子墨水，是使用一种高沸点的溶剂和相应的添加剂配制而成。利用液滴的自定位机制，即液滴在像素内与像素边缘的表面能存在差异，当液滴落在像素边缘，通过表面能差使液滴自动回到适当位置，进一步提到了定位精度。喷墨微粒的挥发机制完全不同于宏观液体，即使采用高沸点溶剂，喷墨微粒干燥的时间也非常短。由于液滴边缘与中心的挥发速度不同，导致液滴形成的聚合物薄膜的厚度均匀性差，需要通过制备缓冲层、多滴沉积、优化挥发条件和后续处理来提高均匀性。

喷墨打印的关键技术包括：墨水的研制、打印头与打印系统的设计、溶剂挥发控制等。其中，高分子聚合物墨水的研制最为重要，因为喷出液滴的均匀性主要取决于墨水的物理特性，如适当的黏度和表面张力。

发展喷墨打印技术制备PLED，需要综合高分子聚合物墨水材料、喷墨打印头、精确定位系统、驱动系统、封装系统，存在很高的技术门槛。CDT（cambridge display technology）、Seiko-Epson、Philips、Dupont Display、Toshiba等公司，都致力于PLED喷墨打印技术的研发，并在商品化方面初见成效。加州大学洛杉矶分校、普林斯顿大学、台湾的“工业研究院”等也投入该技术的应用基础研究。2000年，Seiko-Epson与CDT的强强联合已经利用喷墨打印制备出PLED显示面板。2004年，展示了40英寸PLED显示器，厚度仅为2.1 mm，寿命1000~2000 h。通过喷墨打印技术，首次将PLED平板显示器带入大尺寸领域。

2.2.2.4 激光热转印

激光热转印（laser induced thermal imaging, LITI），是一种全彩色AMOLED像素图形制备技术。LITI技术制备AMOLED，是通过一套供体胶片、一组高精度激光成像系统和一副衬底完成。激光成像系统，包括激光器、光波调节器、校准与光束扩张光学组件、衰减器、电流计和f-θ扫描透镜。LITI技术是一种干法工艺，不仅可用于可溶性有机小分子和聚合物材料，热蒸镀的小分子材料同样适用。并且，与供体接触的衬底即转印图案的传输层可以用湿法制备，同时，溶剂不受限制。LITI具备精度高、分辨率高、可靠性好、转印的薄膜厚度均匀、可实现多层薄膜转移、适用于大尺寸基板的优势，是制备高分辨率、大尺寸、全彩色AMOLED的理想方法。

LITI制备AMOLED的过程包括：

(1) 将热转印的供体压在衬底上，供体与衬底受体表面必须紧密接触；

(2) 用激光对供体的成像模板曝光，使成像图案从供体与受体接触的表面向受体传输层释放，最终附着在受体的传输层表面上；

(3) 将供体剥离，完成曝光区域内的高分辨率条纹的转印。

供体薄膜的结构包括三层：聚合物基板、光热转换层和OLED材料层。其中，光热转换层吸收激光能量转换为热能，使激光照射区域的OLED材料薄膜脱离供体薄膜，转印到衬底上。LITI转印是一种激光寻址高分辨率图形处理方法，要实现全彩色显示，只需顺序使用红、绿、蓝三种厚度极其均匀的供体胶片。通过真空蒸镀、旋涂、丝网印刷或喷涂等多种工艺，能够将LITI转印的发光材料涂覆到供体胶片上，提供了厚度均匀的、平直的、光滑的成像条纹。LITI 的成像精度为 ±2.5 μm，能够获得200 ppi的高分辨率图形，与150 ppi极限分辨率的传统精密掩膜版法相比，优势显著。

对比显示性能，真空热蒸镀成膜的小分子OLED要强于溶液法成膜的PLED。LITI转印虽然是在大气环境下进行，但是其制备的OLED的效率和色纯度可与小分子OLED相媲美。LITI技术对OLED材料的电子迁移率、陷阱态密度和本征载流子密度有影响，但是用包括透射电子显微镜在内的常规分析仪器，都不能发现这种影响给材料界面和膜层厚度上带来的变化。在氮气或惰性气体环境下，LITI技术制备的OLED稳定性进一步提高。

三星SDI的LITI OLED中试生产线使用尺寸为730 mm × 920 mm的第4代玻璃板，主要包括以下设备：1条玻璃清洗线，1台预处理设备，1台金属蒸镀设备，2台OLED材料蒸镀设备，1台供体薄膜处理设备，1个激光转印系统和1个封装系统。其中，OLED材料蒸镀设备可以在柔性基板上成膜。SONY公司开发的LIPWS（laser induced pattern wise sublimation）激光转印技术，将发光材料涂布在玻璃表面构成供体基板，随后激光照射供体基板使发光材料升华，通过沉积转印到对面的TFT基板表面，LIPWS技术的特点如下：

(1) 选择性激光照射薄膜，可获得无光罩的图案；

(2) 适用于大尺寸面板；

(3) 不再采用荫罩，避免了大尺寸面板制造过程中荫罩变形导致的图案精度降低；

(4) 通过采用并排多束激光枪，可有效地提高成膜速度即生产效率。

2.2.3 阴极工艺

传统的阴极制备方法，是将固体块状、条状或丝状Ag、Mg、Al等金属通过真空热蒸镀搭配金属掩膜版得到所需薄膜图形。近年来，湿法制备OLED，由于工艺简单、设备成本低而逐渐受到青睐，尤其是柔性器件中的很多聚合物基板无法承受热蒸镀的高温，进一步拓宽了湿法制备的应用范围。目前，有机功能层的湿法制备经历传统的旋涂、喷涂、刮涂到如今适合大面积基板的R2R工艺的喷墨打印、激光转印等高效方法，正不断向产业化方向的大规模生产迈进。要实现全湿法制备OLED，阴极的湿法制备工艺，需要紧跟有机功能层湿法制备的发展步伐。近年来，通过研究人员的不断努力，湿法制备阴极的工艺在各个细节均得到了优化和丰富，例如调控金属纳米颗粒在导电墨水中的浓度能有效降低烧结温度。经过配置墨水、成膜和后处理得到的阴极的电导率，正在逐步逼近真空蒸镀阴极的水平。

Ag纳米颗粒是湿法制备电极的研究热点，在Ag导电墨水成膜技术方面，传统方法是将Ag纳米颗粒的导电墨水通过喷墨打印等技术成膜，Zhen-Guo Yang等将银纳米颗粒溶胶通过中性墨水笔直接书写在称量纸片上[114]，用于制备柔性器件，如图2-2-6所示。成膜后的烧结过程用的是传统的烘箱烘烤方法，在200 ℃持续1 h，导电墨水中的$C_{12}H_{24}O_2$有机溶剂几乎全部被挥发，Ag纳米颗粒熔融结块，电极图形从最初的黑色变为银灰色并开始反射Ag光泽，经过烧结，电极电阻降低至6.8 μΩ·cm。

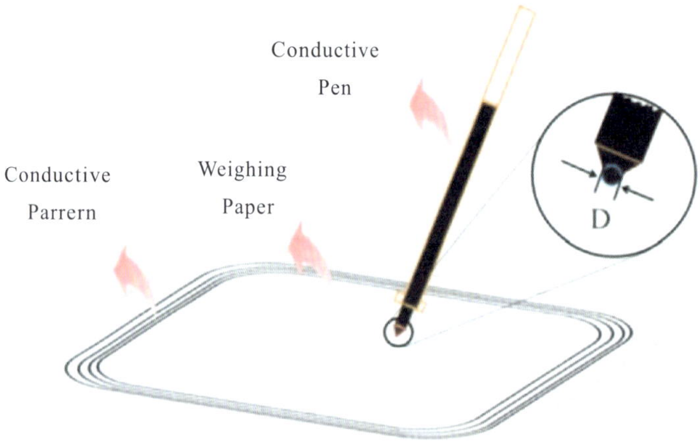

图2-2-6 填充Ag导电墨水的中性笔直接书写阴极图形的示意图

在烧结过程方面，由于传统的烘烤操作时间较长且温度过高，有可能破坏底部的聚合物功能层。Ulrich S. Schubert等研发了15 s的可见光曝光和微波曝光两步的光子快速烧结工艺，第一步将喷墨打印所成电极的电导率从不导电状态提升到热蒸镀Ag电极导电率的28%，相当于140 ℃高温烘烤，第二步提升到热蒸镀Ag电极导电率的40%[115]。具体步骤包括，先将喷墨打印所成电极置于内壁贴满反射箔的圆柱形反射器中用脉冲持续10 s，内含32个闪光的氙灯在750 W功率提供24个闪光的条件下处理14 s，再将其置于微波腔体中央，在1 W功率下微波辐射1 s，所得Ag电极蜂巢结构图形如图2-2-7所示。

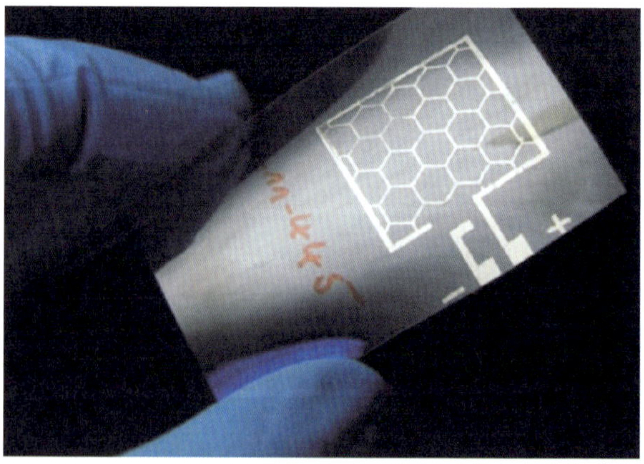

图2-2-7 喷墨打印制备、光子烧结所得Ag电极蜂巢网格

Shlomo Magdassi等报道了一种能够在室

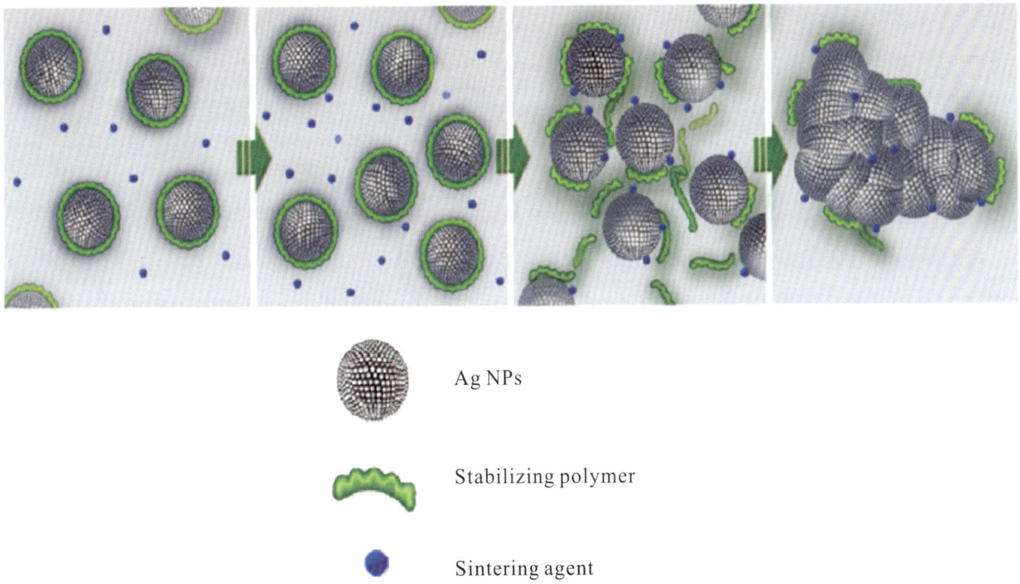

图2-2-8 自发烧结过程的示意图

温下自发烧结的Ag纳米颗粒导电墨水[116]。将喷墨打印制备的导电墨水置于室温下干燥时，含氯离子起烧结作用的组分会将包围Ag纳米颗粒的组分从纳米颗粒表面剥离。经过自发烧结过程的Ag电极的导电率达到热蒸镀Ag电极的41%，自发烧结过程如图2-2-8所示。

2.2.4 封装技术

提高OLED寿命达到商业化水平，是实现OLED产业化发展的关键问题之一。研究发现，氧气、水分子和灰尘接触电极甚至有机功能层，都会导致OLED器件电极出现气泡，工作状态下发光区域出现黑斑，器件老化加速，器件稳定性降低，因此，氧气、水分子和灰尘是器件寿命短的主要原因。

首先，OLED的多数有机功能材料对大气中的氧气和水汽敏感。氧气自身以及氧气氧化有机功能材料生成的羰基化合物均为淬灭剂，会导致器件发光量子效率显著下降。氧气氧化空穴传输材料会降低其传输能力，而水汽会降低有机功能材料导电性能，同时使功能材料发生化学反应。其次，为了有效地进行电子传输，OLED的阴极多采用功函数低的碱金属或碱土金属元素。这些活泼金属易受到氧气的侵蚀，在水氧环境下，更易发生电化学腐蚀。相比水氧的侵蚀和渗透，灰尘不与材料直接作用，但其危害亦不容忽视。如果灰尘颗粒粘附在有机功能层上，采用物理气相沉积制备阴极，极易使其产生针孔，为氧气、水汽的侵入提供通道。

通过器件封装隔绝氧气、水汽、灰尘，是提高OLED器件寿命的有效途径之一。OLED使用寿命达到10000 h是基本要求，氧气和水汽的透过率要分别小于10^{-3} cm^3/m^2/day和10^{-6} g/m^2/day。相比较而言，LCD显示器要求的氧气、水汽透过率分别为0.1 cm^3/m^2/day和0.1 g/m^2/day，因而OLED的封装要求远高于LCD显示器。目前OLED常用的封装方法，包括传统的玻璃或金属盖板封装、薄膜封装、铟封接、熔块熔接密封等。

2.2.4.1 盖板封装

传统的盖板封装，可满足基于玻璃基板OLED的密封需求。在手套箱内充满惰性气体或真空环境下，用环氧树脂紫外固化胶将玻璃基板和玻璃或金属盖板粘接，从而将夹在盖板、基板间的有机功能层和电极密封，隔绝外界大气中的氧气、水汽和灰尘。为防止密封环境中仍残留少量水氧，可提前加入干燥剂。图2-2-9是盖板式封装的示意图。相比玻璃盖板，金属盖板有效阻挡氧气和水汽的同时，进一步增强了器件的机械强度，但金属的不透光性使其无法用于顶发射器件。

目前，盖板式封装已经实现机械一体化。OLED通过集成设备制作后，通过传送带送入真空环境的手套箱，在手套箱中进行计算机编程化涂胶，完成玻璃盖板与基板的粘接，最后器件经过紫外线曝光和大约60 ℃条件下的热固化。

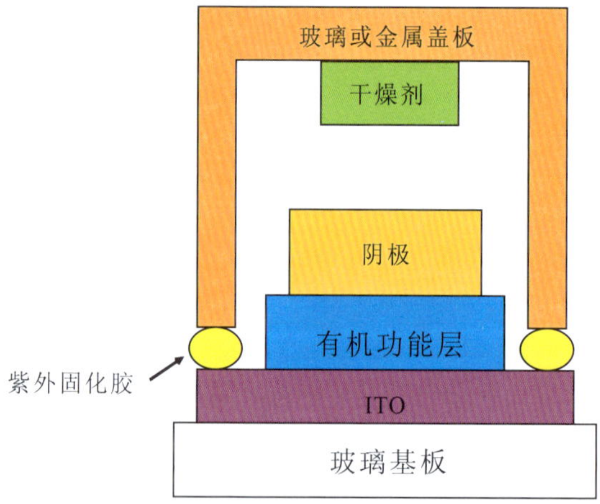

图2-2-9 盖板式封装

传统盖板封装中的玻璃和金属盖板，能很好地隔绝氧气和水汽。但是，环氧树脂紫外固化胶对水氧的低阻隔性，成为水氧渗透封装层的主要通道。为了弥补该缺陷，需要寻找阻隔性能更强的密封胶，例如真空封蜡。真空封蜡按软化点分为20号、50号和80号，其中80号软化点大于95 ℃，密封效果能保持三年，水汽透过率为3.9×10^{-1} g/m^2/day，比环氧树脂紫外固化胶的水汽透过率5.8 g/m^2/day 低一个数量级，且真空封蜡在温度急剧变化时不容易变脆、干裂。真空封蜡常温下呈固体状态，使用时加热软化涂敷即可连接基板和盖板。

2.2.4.2 薄膜封装

除了继续围绕盖板封装研究高阻隔性的密封胶，薄膜封装成为了一个新的研究方向。薄膜封装是采用真空蒸镀、等离子体增强化学气相沉积（PECVD）、热化学气相沉积聚合（TCVDP）、催化剂增强化学气相沉积（CECVD）、循环化学气相沉积（CCVD）、原子层沉积（ALD）、等离子体增强原子层沉积（PEALD）等沉积技术，制备保护层来替代盖板加密封胶的组合。目前薄膜封装包括无机薄膜封装、有机薄膜封装以及有机/无机交替的复合薄膜封装等。由于无机薄膜材料固有的脆性以及可能存在的针孔和晶粒边界缺陷易形成裂纹，层与层的粘着力差容易产生分层；单层有机薄膜的水氧阻隔性较弱无法达到封装要求。另外，聚合物材料的分子量大，降低了薄膜的均匀性。无机/有机交替的复合薄膜弥补了单一种类薄膜封装的缺陷，被视为发展潜力最大的封装工艺。

1.玻璃基板OLED薄膜封装

由于玻璃基板对水氧的高阻隔能力，应用在玻璃基板的器件的封装薄膜，只需要覆盖有机功能层和电极顶部，如图2-2-10所示。单层无机薄膜封装的研究发现，SiN_x、Al_2O_3等致密材料薄膜对水氧的阻隔性远强于多孔材料薄膜。黄卫东等将PECVD法制备氮化硅（SiN_x）薄膜的温度降低到50 ℃，解决了SiN_x薄膜沉积温度过高致使有机空穴传输材料易结晶的问题[117]。SiN_x保护层用于OLED封装，具有良好的隔离水汽的效果，使器件寿命提高了2倍。M. Creatore等比较了通过PEALD在室温下制备的Al_2O_3薄膜和PECVD制备的a-Si_x:H薄膜，20～40 nm厚Al_2O_3薄膜的水汽透过率为210^{-6} g/m²/day[118]，低于厚度高一个数量级、300 nm厚的a-Si_x:H薄膜的4×10^{-6} g/m²/day。B μ m Ho Choi等通过CCVD制备的非晶Al_2O_3封装薄膜，避免了针孔和晶界缺陷，水汽透过率为1.4×10^{-5} g/m²/day，器件寿命超过24000 h[119]。

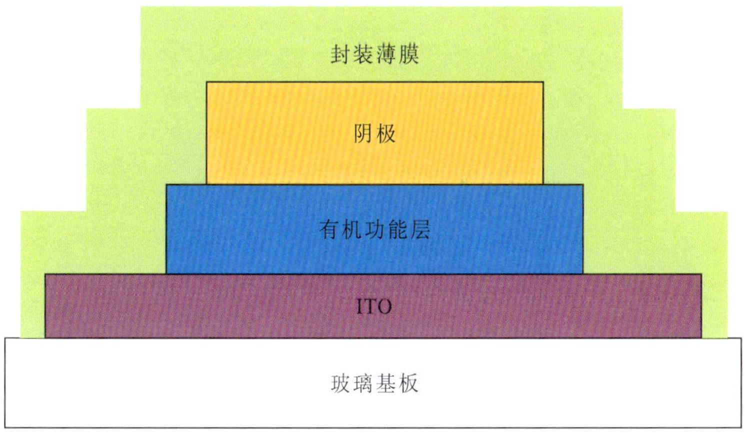

图2-2-10 玻璃基板薄膜封装

不同种类的无机薄膜多层堆叠相比单层无机薄膜，能够同时对氧气和水汽有效阻隔，J. Meyer等通过ALD方法在80 ℃温度下，在电极Al上交替沉积制备纳米级的Al_2O_3/ZrO_2多层保护膜，氧气和水汽的透过率分别是1.6×10^{-2} cm^3/m^2/day和4.7×10^{-5} g/m^2/day[120]。实现了对水氧的同时隔绝，器件寿命相比Al_2O_3薄膜封装器件的8700 h提高到超过10000 h，达到盖板式封装器件的寿命水平。

在单层有机薄膜封装的研发中，叶丹琴等通过TCVDP制备聚对二甲苯或聚溴代对二甲苯薄膜封装器件，使器件寿命从未封装的197 h分别提高到超过1215和1558 h[121]。目前，单层有机薄膜封装效果，还不能达到OLED的封装要求。

有机/无机交替的复合薄膜封装理论上能综合两类材料的优势，实际封装效果与盖板封装还存在差距。Soonil Lee等通过气相沉积聚合先制备一层聚脲（polyurea），有效降低了射频磁控溅射Al_2O_3薄膜过程对器件的损伤[122]。Al_2O_3/ polyurea堆叠的复合薄膜水汽透过率为5×10^{-4} g/m^2/day，器件寿命为2570 h，达到玻璃盖板封装的对比器件寿命的86%。Chan Eon Park等真空蒸镀SiO/pZA薄膜，再通过PEALD沉积AlO_x，水汽透过率为7.98×10^{-5} g/m^2/day，寿命达到3000 h[123]。

2.柔性OLED薄膜封装

柔性OLED的柔性基板，包括聚合物、金属薄片和超薄玻璃。由于超薄玻璃太脆和金属薄片透光率几乎为零的特点，柔性更好、透光良好的聚合物基板使用更为广泛。目前，聚合物基板材料，主要包括聚对二甲苯（parylenes）、聚对苯二甲酸乙二醇酯（PET）、聚对萘二甲酸乙二醇酯（PEN）、聚醚砜（PES）、聚丙烯酸酯（polyacrylate）、聚碳酸酯（PC）等。由于聚合物基板的表面平整度差，易导致其上沉积的电极电阻率交大，且透水氧是聚合物的致命缺陷。针对聚合物基板采用的单层或多层保护薄膜，不仅仅要覆盖有机功能层和电极顶部，更要作为聚合物基板和有机功能层的间隔层，提高聚合物基板的表面平整度和对水氧的阻挡能力，形成环状包围保护层，如图2-2-11所示。由于封装薄膜包覆有机功能层，其良好的透光性能是必需条件。

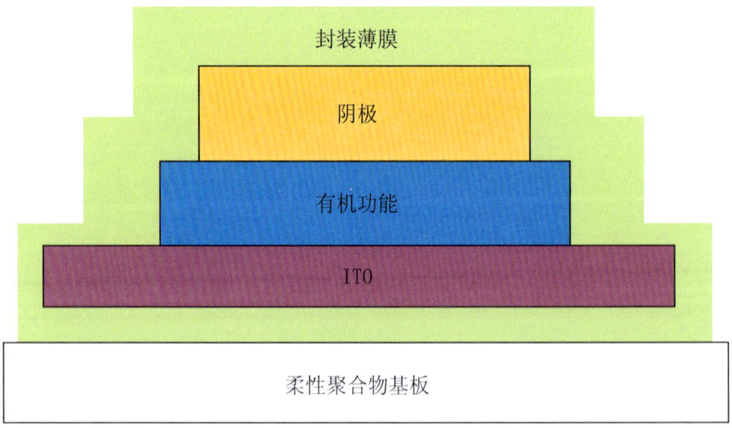

图2-2-11 聚合物基板柔性器件薄膜封装

针对柔性OLED薄膜封装的无机材料研究，依然集中在Si化合物等致密材料。D. S. Wuua等通过PECVD在PES基板上沉积了SiN_x薄膜，氧气和水汽透过率分别为1×10^{-2} cm³/m²/day和1×10^{-2} g/m²/day[124]。Han-Ki Kim等以钨为催化剂通过CECVD手段在PC基板上沉积了SiN_x保护膜，水汽透过率为2×10^{-2} g/m²/day，透射率高达87%[125]。他们通过R2R溅射在PES上沉积SiON/Ag/SiON保护层，水汽透过率为3.1×10^{-2} g/m²/day，光透过率达到87.7%。目前，单层无机材料保护膜的水汽透过率，还远远达不到柔性器件的封装要求。

在柔性OLED领域，无机/有机交替的多层复合薄膜封装，同样被视为能显著提升器件性能的方法。Vitex Systems公司作为行业先锋，开发了一种由polyacrylate和Al_2O_3薄膜交替沉积制备的Barix薄膜[126]。Barix薄膜的形成包括，先将polyacrylate液态单体材料闪蒸到气体中，单体气体随气流进入真空室，在基板上凝聚成液体，最后经过紫外固化形成polyacrylate单体薄膜，即Vitex成膜技术。相比传统的蒸镀、磁控溅射等成膜工艺，材料由气体冷却为固体沉积在基板上的成膜过程中，只能形成与基板表面粗糙度相同的薄膜。Vitex技术中材料从单体气体凝聚成单体液体具有原子级的平滑度，再经过紫外曝光、液体凝聚形成固态薄膜的过程不会破坏其表面原子级的平滑度。这种致密、平滑的单体薄膜，减少了溅射沉积Al_2O_3薄膜过程中给电极和有机功能层带来的机械损伤[127]，且同样致密的Al_2O_3薄膜能充分阻隔水氧。通常，单层polyacrylate薄膜为毫米量级，而单层Al_2O_3薄膜只有几十纳米厚，堆叠三对polyacrylate/Al_2O_3薄膜封装器件可急剧减少水汽的透过率，总厚度达到微米量级的Barix膜的氧气和水汽的透过率分别为5×10^{-3} cm³/m²/day和1×10^{-6} g/m²/day，器件寿命约为2500 h，达到了玻璃盖板封装的器件寿命的四分之一[128]。Kyung Cheol Choi等通过旋涂和紫外固化制备S-H纳米复合材料，制备的MgO/S-H纳米复合材料薄膜的透射率达到84%，水汽透过率为4.33×10^{-6} g/m²/day，封装后器件实际工作1000 h的亮度衰减与玻璃盖板封装的对比器件相当[129]。

2.2.4.3 铟封接

铟封接是电真空器件工业中常用的一种软金属真空封接方法，主要用于连接玻璃、陶瓷等材料来完成对器件的密封。铟具备熔点低、塑性好等优点，使铟封接具有诸多优势：

(1) 铟的熔点为156 ℃，铟和其他金属的合金熔点更低，例如铟锡合金的熔点为116 ℃，铟铋合金的熔点只有72 ℃，因而，铟封接温度低，兼容性好；

(2) 铟具备良好的延展性，可用于焊接不同温度下热膨胀系数差异大的材料，铟封接层能显著缓冲封接应力，即铟封接应力小；

(3) 铟比较软，在外界施压的情况下，不会发生硬化，能够通过挤压填充很小的缝隙，因而铟封接产生的位移误差小精度高；

⑷ 铟在室温大气环境下很难与氧气反应，对氮气的渗透率也极低，铟封接气密性良好；

⑸ 不同于一般软金属的填料式密封可能存在机械强度差、界面处易受到湿气和腐蚀性成分侵蚀的缺陷，无法满足大气环境下气密性要求。在真空条件下，铟在干净的玻璃、金属表面用力摩擦，或者加热铟使其熔化，铟能与玻璃、金属层良好地润湿，形成有效的化学键合，达到良好的封接效果。并且，铟能与铝、金、银、铜、镁、铁等金属膜以及玻璃、陶瓷、氧化铝、氧化镁、氧化铁的非金属层润湿，前提是避免玻璃、金属等表面污染，保证表面的抛光；

⑹ 铟封接连接的部件经过加热可以拆开，用于组装其他器件。

目前，铟封接有两种，冷压铟封接和热铟封接，详述如下。

1.冷压铟封接

冷压铟封接是在外加机械压力作用下，固态铟与封接面形成润湿、发生反应后达到真空密封，具体工艺如下：

⑴ 铟封接面需要仔细抛光、清洗，保存在干净干燥条件下，防止存放过程被污染；

⑵ 真空熔化过的纯铟具备良好的延展性，处理形成固定环后，作为封接材料。随后保存在干净干燥条件下，防止铟表面被氧化或被其他有机成分污染，导致封接过程铟不能与封接表面形成良好的润湿；

⑶ 将处理过的铟置于两个玻璃封接面之间，开始施加一定压力，使得管壁外侧和基板一侧切入铟。继续施压过程中，由于铟的外侧受到固定环的限制，因此铟只能向内侧延展扩散。在压力作用下，铟与管壁和基板润湿并发生化学键合，形成良好的真空密封。冷压铟封接结构的示意图，如图2-2-12所示。

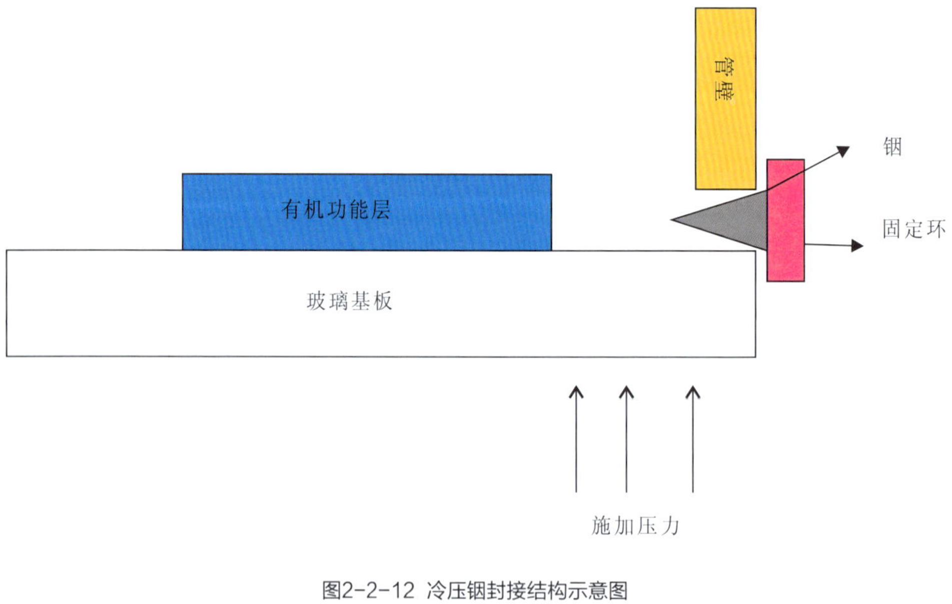

图2-2-12 冷压铟封接结构示意图

2.　**热铟封接**

热铟封接，是在真空条件下加热升温使温度超过铟的熔点。铟熔化后与器件形成润湿，并扩散填满与器件接触形成的空隙，达到良好的气密性。典型的热铟封接结构，如图2-2-13所示。

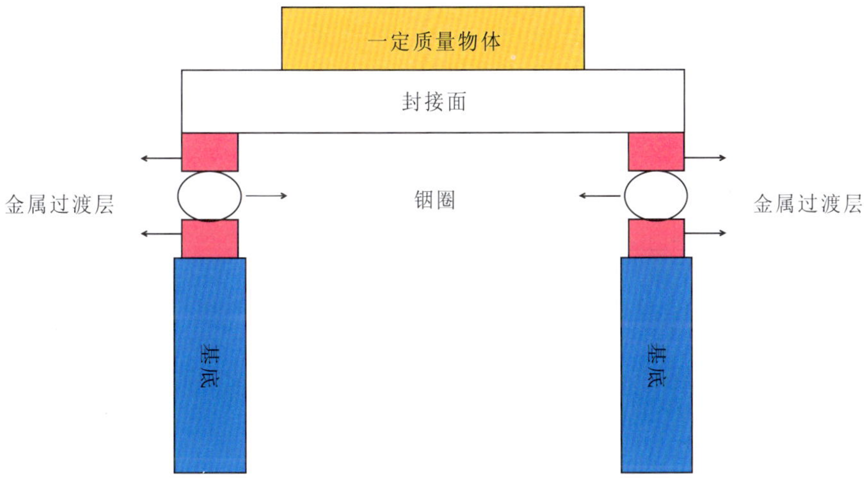

图2-2-13　热铟封接结构示意图

虽然铟封接已经广泛应用于激光器、微光器件、红外探测器和光电阴极等电真空器件领域，但是其应用于OLED的封接目前还处于探索阶段。针对实际过程遇到的问题，人们提出了相应的解决办法。

(1) 上文提到铟的熔点为156 ℃，与OLED功能层材料的承受温度接近，因而铟封接过程可能会破坏有机功能层。为了使OLED封接不局限于冷压铟封接，可以使用高热量、光斑半径小的激光来快速、定点加热铟封接层，实现热铟封接。或者，采用熔点更低的铟锡或者铟铋合金，可实现热铟封接；

(2) 铟具备良好的导电性，作为封接材料，必须避免封接层与OLED器件的导通，尤其是造成阳极和阴极的短路。为了杜绝以上问题，在铟封接层中加入SiO等材料的过渡绝缘层，隔绝铟封接层和电极。

2.2.4.4　熔块熔接密封

在OLED的封装中，熔块熔接密封（frit seal）得到越来越广泛的应用。无源OLED（passive matrix OLED, PMOLED）没有在底部添加TFT驱动，可采用传统的底发射器件结构。报道的frit seal的PMOLED一种底发射器件，结构如图2-2-14所示。在底层基板上制作有机电致发光二极管像素阵列，在顶层基板上制作面积相当的不透明的熔块（frit）层，随后将顶层基板和底层基板面对面放置，中间留有间隙，最后用激光或红外射线通过掩膜版定点照射frit密封部件，使其熔融连接frit层和底层基板，同时环状包围电致发光阵列。Frit密封部件再固化后和frit层以及底层基板形成密封区域，将其中的发光阵列保护。

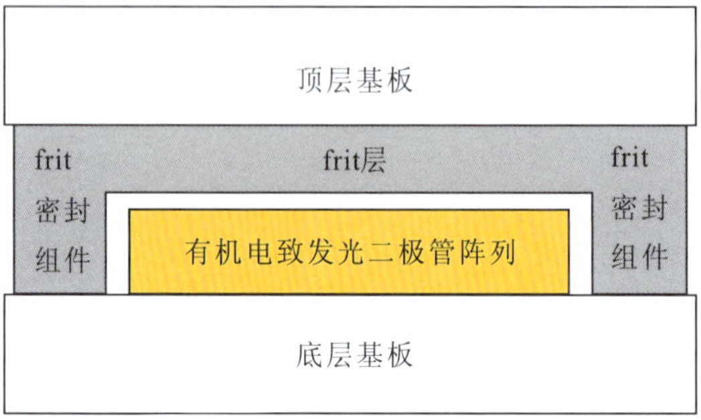

图2-2-14 PMOLED frit seal 结构的示意图

由于下方的TFT驱动阵列的反射和吸收会对出光造成损耗，AMOLED通常为顶发射结构。图2-2-15是一种报道的frit seal的AMOLED顶发射器件结构的示意图，在底层基板上制作有机电致发光二极管像素点以及保护层，保护层主要用于防止树脂层成分的扩散，在顶层封装基板制作起加固作用的与发光二极管上表面面积相当的树脂层；随后，将顶层基板压和底层甲板面对面放置；接着，同样地利用激光或红外射线通过掩膜版定点照射frit密封部件，使其熔融后连接上下两块基板，同时环状包围电致发光二极管像素点形成密封区域；最后，在两层基板间frit密封部件外围插入起加固作用的树脂层，增强器件的机械强度。同样的结构覆盖整个有机电致发光二极管像素阵列。顶发射结构，为了保证出光率，在OLED像素点上方采用对可见光透明的保护层和树脂层。通常地，保护层材料采用氧化硅和氮化硅中的一种或二者的组合。

Frit层和frit密封部件的组分相同，至少包含有一种玻璃材料和分别调节吸收特性和热扩散特性的两种填充材料，包括氧化镁、氧化钙、氧化钡、氧化锂、氧化钠、氧化钾、氧化锌、氧化铝、氧化锡、氧化铁、氧化铜、氧化钨、硼铅玻璃、磷酸锡玻璃、钒酸盐玻璃等金属氧化物和玻璃材料。

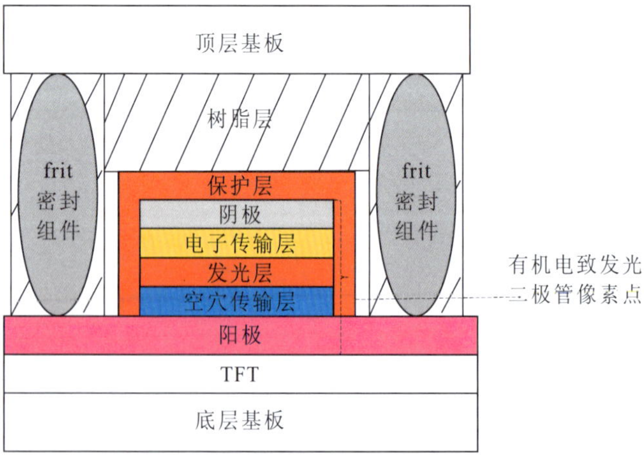

图2-2-15 AMOLED frit seal 结构示意图

2.3 TFT技术

发明于上世纪60年代的TFT技术，已经在LCD行业得到非常广泛的应用，也成为了平板显示行业为人熟知的一个名词。有关TFT的工作原理、结构、制程工艺等方面的教材、专著颇多，在这里不再重复共通性的介绍，重点与读者分享随着AMOLED及高分辨率显示技术的出现，应运而生的TFT新技术、新特点以及隐藏在熟悉的名词术语后比较含混陌生的一面。

在平板显示行业，根据TFT沟道材料的不同，主要有非晶硅TFT（amorphous silicon TFT, a-Si TFT）、低温多晶硅TFT（low temperature poly-silicon, LTPS TFT）、氧化物TFT（oxide TFT）和有机TFT（organic TFT, OTFT）等类别之分，不同类别的TFT既有一定的共性，又各有优劣，并且都各有不同的最适合的应用对象。对AMOLED而言，目前尚没有哪一种TFT技术堪称完美无缺的。三种已量产的TFT技术的主要特点对比，如表2-3-1所示。

其中，a-Si TFT虽然均匀性好、生产成本低，但是，存在稳定性和载流子迁移率的问题，因而被业界普遍认为不适合驱动AMOLED；LTPS TFT最能满足AMOLED对TFT性能稳定性和载流子迁移率的要求，但是LTPS TFT的均匀性相对较差，制造工艺复杂，生产成本高；氧化物TFT是在综合性能和制程工艺方面是a-Si TFT与LTPS TFT二者的折中；OTFT虽然研究很热，目前技术还不成熟，不能用于量产。然而，OTFT是最值得期待用于柔性AMOLED的TFT技术，2007年，日本索尼公司已经研制成功了基于OTFT的柔性OLED显示屏。当然，为了降低功耗、提高响应速度，尤其对于高分辨率显示器件，LTPS TFT和oxide TFT也是近几年LCD显示领域开始备受青睐的新技术。

表2-3-1 三种TFT技术的对比

	a-Si	LTPS	Oxide
沟道类型	NMOS	PMOS、NMOS	NMOS
迁移率	＜1cm2/Vs	50-150cm2/Vs	＞5cm2/Vs
稳定性	×	◎	○
均匀性	◎	×	◎
开口率	×	◎	○
光罩数	4～5	7～9	5～7
成本	◎	×	◎
大尺寸化	◎	×	◎
技术成熟性	◎	○	△
主要问题	迁移率与稳定性	均匀性与大尺寸化	稳定性
应用	小/大尺寸 LCD	小尺寸 OLED/LCD	小/大尺寸 LCD/OLED

注：◎最好　○好　△一般　×不好

2.3.1 非晶硅TFT技术

在LCD行业应用最为广泛的TFT技术，是a–Si TFT技术。a–Si TFT的制程短、工艺简单，只需要4~5次光罩（photo mask），生产技术成熟、稳定性好、良率高、生产成本低，目前已经能在10世代线（3130 mm × 2880 mm）的玻璃基板上制造a–Si TFT，且a–Si TFT的均匀性良好。但是，a–Si TFT的缺点是沟道载流子迁移率低，通常低于1 cm^2/Vs，尤其是a–Si TFT的稳定性差，存在阈值电压（threshold voltage, V_{th}）随工作时间和温度发生漂移的问题。这些缺点，对于电压驱动型且只需TFT工作在开关状态的LCD而言，几乎没有太大影响。但是，对于电流驱动型且要求TFT工作在线性放大状态的AMOLED而言，这些缺点是无法回避甚至是致命的缺陷，这也是目前业界普遍的观点认为a–Si TFT不适合驱动AMOLED的根本原因。正是由于a–Si TFT存在的不足，随着智能手机及平板电脑显示屏分辨率的提高，并且为了降低显示屏功耗、提高响应速度，甚至在玻璃上集成周边驱动电路及部分信号处理电路，高端LCD显示屏也不得不弃用a–Si TFT，而采用后面将介绍的LTPS TFT或oxide TFT。a–Si TFT的结构示意图，如图2–3–1所示。

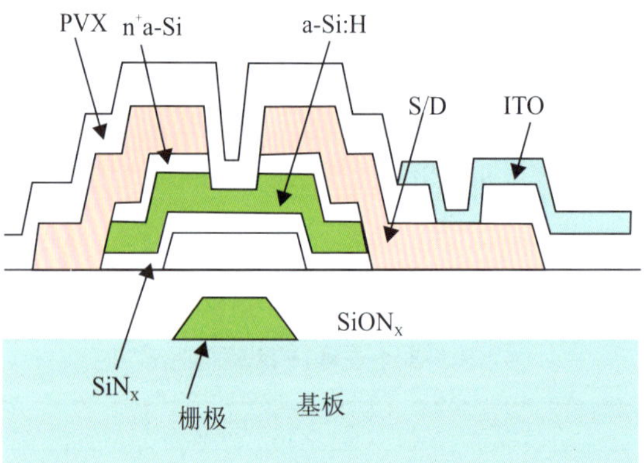

图2–3–1 a–Si TFT的结构图

2.3.2 低温多晶硅TFT技术

载流子迁移率，是表征TFT器件最核心的技术指标。该数值越高，表示半导体结构中电子和空穴的通过越顺畅，TFT的驱动能力越强。为提高TFT的载流子迁移率，对于硅基TFT来说，需要提高沟道层硅基材料的结晶程度。最直接的结晶工艺就是热熔结晶，但是，通常需要将非晶硅膜加热至700 ℃以上，这种方法被业界称为高温多晶硅技术。而平板显示器件由于是做在玻璃基板上的，玻璃不能承受如此高的工艺温度。因此，为了能够使用大尺寸的价格低廉的玻璃基板，同时让玻璃基板上的硅膜能有较高的结晶程度，人们开发了能在700 ℃以下结晶的技术，称为LTPS技术。采用顶栅和底栅设计的LTPS TFT结构的示意图，如图2-3-2所示。LTPS可以制作N型和P型沟道的TFT，并且易于实现CMOS电路的集成。

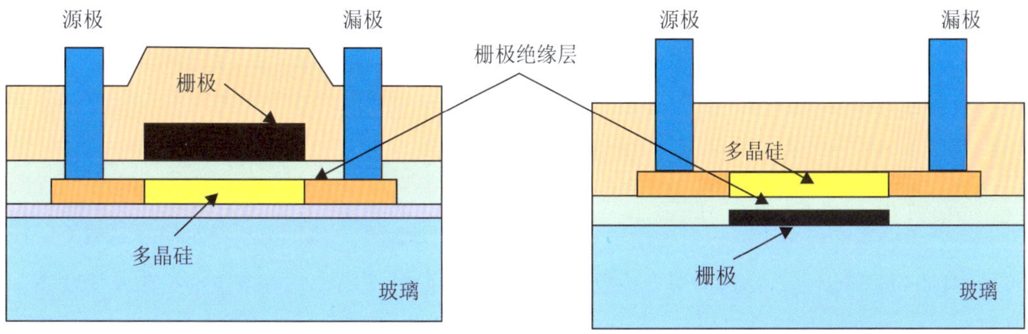

（a）顶栅结构　　（b）底栅结构

图2-3-2 LTPS TFT的结构示意图

虽然低温多晶硅理论上也可以采用直接沉积的成膜方式，但是直接沉积的工艺温度较高、晶粒尺寸较小。因此，平板显示行业目前均采用再结晶的方式得到多晶硅膜。再结晶方式，是通过在玻璃基板上首先生长非晶硅，然后再以热处理的方式进行晶化，使非晶硅的无序晶体构造在热作用下形成局部长程有序的晶体构造，从而大幅度减少非晶硅内部的缺陷，提升载流子的迁移率。采用再结晶方式的LTPS TFT，仅仅需要在a-Si TFT的基础上增加对TFT沟道材料的热处理（结晶化）制程即可。但是，结晶化技术却是LTPS TFT的核心，并且是目前显示行业尤其是AMOLED行业面临的共性技术难题。按照热处理方式的不同，结晶化可以分为激光结晶化和非激光结晶化两大类。

2.3.2.1 激光结晶化技术

激光结晶化，全称为准分子激光结晶化（excimer laser crystallization，ELC）或准分子激光退火（excimer laser annealing，ELA），最初使用的是在硅吸收率较高波段的准分子激光（excimer），如XeCl激光，它是利用激光能量集中的特点，将激光脉冲产生的高能量瞬间入射到非晶硅薄膜表面，并仅在薄膜表层100 nm厚的深度产生热能效应，使基板发热很小的情况下a-Si薄膜在瞬间达到1000 ℃左右的高温，从而实现a-Si快速熔融并再结晶后转变为多晶硅（polycrsyalline silicon, p-Si）。激光结晶化的示意图，如图2-3-3所示。

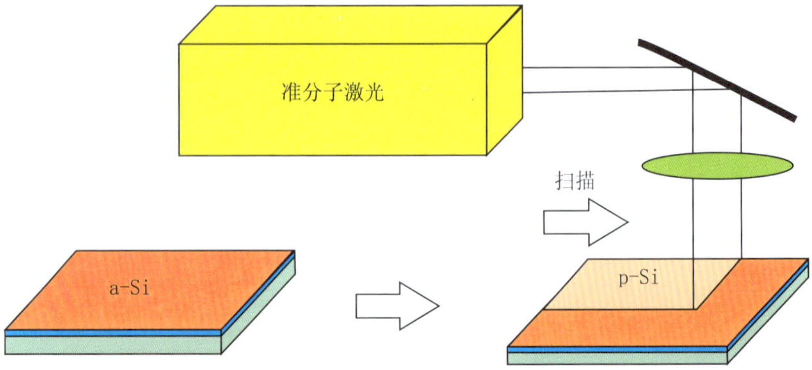

图2-3-3 激光结晶化的示意图

ELA制备的多晶硅薄膜晶粒大、掺杂效率高、晶格内缺陷少、阈值电压稳定性好、载流子迁移率可高达100 cm^2/Vs以上，是目前综合性能最好的低温多晶硅薄膜，并且该技术工艺成熟度高，几乎是目前LTPS TFT量产所采用的唯一技术。但是，ELA的缺点也很突出：由于非晶硅膜是按区域（激光束尺寸有限）顺序晶化，不可避免地在相邻两个晶化区域之间会有一个晶化程度不同的“接缝”，加上激光脉冲的稳定性、扫描的均匀性等问题，会导致结晶化不均匀的问题，表现为TFT载流子迁移率、阈值电压等特性不一致（不均匀）；相邻晶粒之间由于熔融状态的非晶硅和固体状态的多晶硅之间的密度差异，会造成晶粒之间的挤压，导致晶界处出现尖峰，影响多晶硅的表面粗糙度，从而影响TFT的性能；ELA技术需要昂贵的激光器、复杂的光学与机械系统，设备成本高、维护复杂，而且ELA制备LTPS TFT约需9道光罩制程，良率提升困难，导致制造成本大大增加；同时，由于激光器功率、光学元件尺寸等限制了激光束的尺寸（目前用于量产的最大的激光设备的扫描光束宽度为750 mm），ELA技术很难做到高世代基板线，限制了大尺寸显示屏的设计。

如以多晶硅品质为因变量，ELA技术中影响多晶硅品质的各主要因素为自变量，可作出函数关系式如图2-3-4所示。其中的自变量，则包括激光脉冲的能量稳定性、能量密度、激光脉冲的形状、脉冲扫描的步进大小、激光脉冲重复照射的次数、相邻脉冲扫描的重叠率、N_2或O_2等环境变量的控制、激光光学系统的抗微震能力等，这些因素都将对多晶硅表面粗糙度、载流子迁移率、TFT阈值电压等品性造成不良的影响。我们知道，影响的因素越多，工艺控制难度就越大。因此，ELA技术获得大面积性能一致的多晶硅TFT是比较困难的，这也是采用ELA技术难以提升良率的根本原因。

LTPS TFT的不均匀性，虽然对只需要其工作在开关状态的LCD的正常显示没有太大的影响，但是对AMOLED却会造成严重的图像MURA现象（亮度不均匀），且这种不均匀性随着TFT基板尺寸的增加而放大。因此，ELA技术制造大尺寸TFT基板的难度较大，难以用于6代以上的AMOLED生产线。即使在6代以下的生产线，改善不均匀性仍旧是非常大的技术难题。目前，5.5代线（1300

mm × 1500 mm）的玻璃基板是分为2个区块进行激光扫描处理、8代线（2200 mm × 2500 mm）的玻璃基板是分为3个区块进行激光扫描处理，方能完成整张玻璃基板的结晶化。光束宽度1200 mm的激光设备研发成功后，8代线的玻璃基板也需要分为两个区块进行激光扫描才能处理完成，而由于同一张显示屏不能跨越激光分区块扫描形成的“接缝”边界，因此，这也限制了ELA技术所能生产的显示屏的最大尺寸。

品质= f（
激光脉冲的能量稳定性
激光脉冲的能量密度
激光脉冲形状
激光脉冲扫描间隔
激光脉冲重复照射次数
相邻脉冲扫描的重叠率
N_2或O_2等环境变量的控制
激光光学系统的抗微震能力
）

图2-3-4 ELA技术决定多晶硅品质的因素

针对ELA技术的不足，除了从电路驱动的角度对非均匀性进行补偿外（见第2.4.4节），从设备和工艺的角度也开发出了不同的改进技术。例如，通过改善光学系统扩展激光束的TCZ技术；使用较为便宜的连续波二极管泵浦的固态激光器（CW-DPSS）技术；采用多路二极管激光器（diode laser thermal annealing, dLTA）技术；以及称为SLS（sequential lateral solidification）的连续横向固化技术等。其中，SLS技术是通过使用掩膜板限制激光束的尺寸，使玻璃基板一次只显露出约4 mm × 15 mm的区域，以保证扫描区域激光束能量密度的空间均匀性，然后配合玻璃基板移动，逐个区域进行加工以完成非晶硅膜的结晶化。

2.3.2.2 非激光结晶化技术

非激光结晶化，是采用高温炉直接对玻璃基板加热进行热处理的技术。在一定的温度下，非晶硅薄膜的内部组织在热的作用下重新构造再结晶。在这个处理过程中，高温炉对整个玻璃基板上的非晶硅薄膜是均匀加热的，因此可以比较均匀地结晶，并且对玻璃基板尺寸的扩展性更好。相比激光结晶化，非激光结晶化更容易提升量产的良率，设备投资和维护费用也更低。但是，非激光结晶化的TFT载流子的迁移率略低，一般在30~80 cm^2/Vs左右；同时，由于非激光结晶化的基板要长时间经受约600 ℃的高温，因此该技术不能用于采用塑料基板的柔性显示器件的制备。具体而言，非激光结晶化又可分为固相结晶化（solid phase crystallization，SPC）和金属诱导结晶化（metal induced crystallization，MIC）等。

SPC技术是在直接加热晶化的基础上，采用增加温度变化梯度以及一些辅助外场手段，在较低的温度（620 ℃左右）下，通过均匀成核的方式得到晶粒较大的多晶硅膜。SPC结晶化的过程，如图2-3-5所示。将沉积了SiN_x、SiO_2缓冲层和a-Si膜的玻璃基板放入620 ℃左右的高温炉，促使a-Si熔化。在温度稍低的时候，再在SiO_2和a-Si界面生成晶核，随着温度的进一步降低，熔融的硅在晶核上继续晶化，从而使晶粒增大转化为多晶硅薄膜。使用这种方法，多晶硅薄膜的晶粒大小依赖于薄膜的厚度和结晶温度，在700 ℃以下的退火温度范围内，温度越低，成核速率越低，退火时间相等时所能得到的晶粒尺寸越大。SPC的优点是，可以大面积制备薄膜，晶粒尺寸大于直接沉积的多晶硅，也可以进行原位掺杂，工艺简单，易生产，TFT均匀性好。但是，SPC技术需要在600 ℃左右的环境中长时间连续结晶，因此，生产效率低，热成本相当高；并且，在苛刻的热环境下，该方法需要采用价格昂贵的石英玻璃。

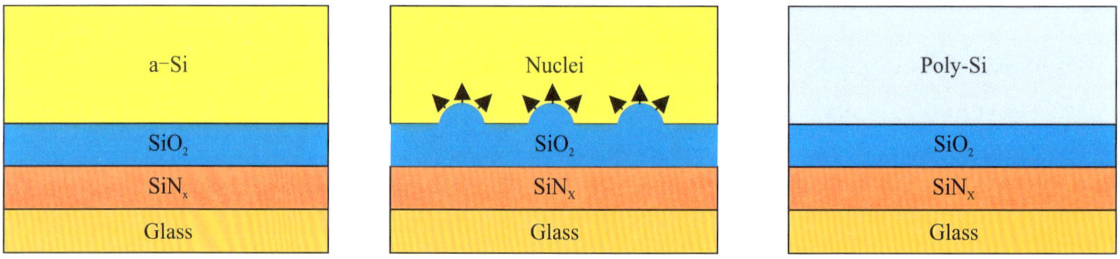

图2-3-5 SPC结晶化过程

MIC是通过在a-Si薄膜上沉积一层金属薄膜作为催化剂，在一定的气氛下，用金属催化剂进行500 ℃以上的高温诱导晶化，退火时间与薄膜厚度有关。金属催化剂一般用Ni（镍），因为Ni和Si的晶格匹配度较高。首先，Ni与a-Si在界面处形成$NiSi_2$的硅化物，并以Ni的硅化物在界面处形成籽晶，之后$NiSi_2$层被破坏，Ni原子逐渐向a-Si层的底层迁移，再形成$NiSi_2$硅化物。如此反复，直到将a-Si层基本上全部转变为结晶态。MIC技术无需昂贵的设备投入，工艺温度较低，基本上也不受基板尺寸的限制，容易得到大面积的特性均匀的多晶硅晶粒。但是，金属诱导法在a-Si中引入金属原子，即便晶化后通过溶解、萃取等方法去除，也会有残留金属导致TFT较大的漏电流。此外，仅有原子层厚度的Ni膜的均匀沉积，也是MIC技术的难点。为了尽量减小TFT的漏电流，在MIC的基础上，人们开发了两种改进型的技术，即MICC（metal induced crystallization using a capping layer，使用盖层的金属诱导结晶化）技术和MILC（metal induced lateral crystallization，金属诱导侧向结晶化）技术。

MICC技术的结晶化处理过程，如图2-3-6所示。首先，在a-Si薄膜上通过蒸镀氮化硅膜以形成盖层，并在盖层上沉积Ni膜，然后，经600 ℃左右的高温快速热处理，使部分Ni原子经盖层扩散到a-Si膜表面生成Ni的硅化物$NiSi_2$，$NiSi_2$逐渐聚集并形成籽晶（种子），最后，在较低温度下进行长时间的结晶化处理，以种子为核心，随着晶粒尺寸的生长，相邻晶粒互相扩展挤压形成晶界。由于盖层的隔离，MICC技术大大减少了金属污染，因此可以改善TFT的漏电流，得到的多晶硅薄膜的表面平整度也较好。但是，该技术的结晶化处理过程很长，需要长达约20个小时，并且结晶化后还需去除盖层的工序。因此，生产效率较为低下。

MILC的结晶化原理，如图2-3-7所示。该技术是将金属镍只沉积在TFT的源极和漏极处，当在约550 ℃的高温炉中进行退火处理时，首先在源、漏区域发生金属诱导竖向结晶，然后从源、漏区分别向中间发生侧向结晶，从而形成多晶硅沟道薄膜。这种方法由于在TFT沟道区并没有沉积金属镍，因此沟道金属污染较小，可有效降低TFT的漏电流，是非激光结晶化技术中结晶品质最佳的一种。但是，侧向结晶在沟道中间会存在一个分界线，影响了载流子迁移，且目前MILC晶化速率仍然有待提高，作为量产技术也尚有待改进和完善。

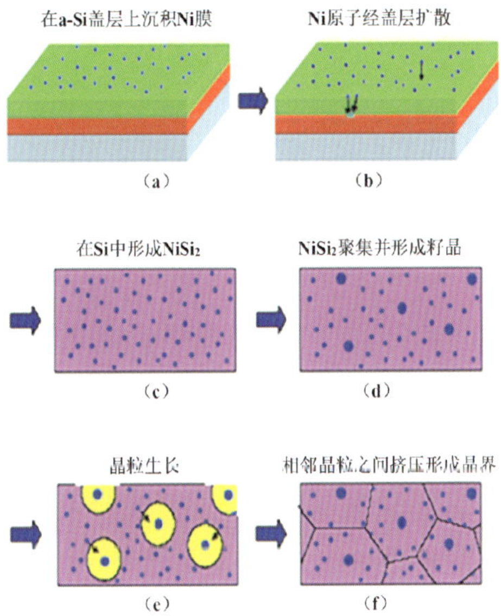

图2-3-6 MICC技术的结晶化处理过程

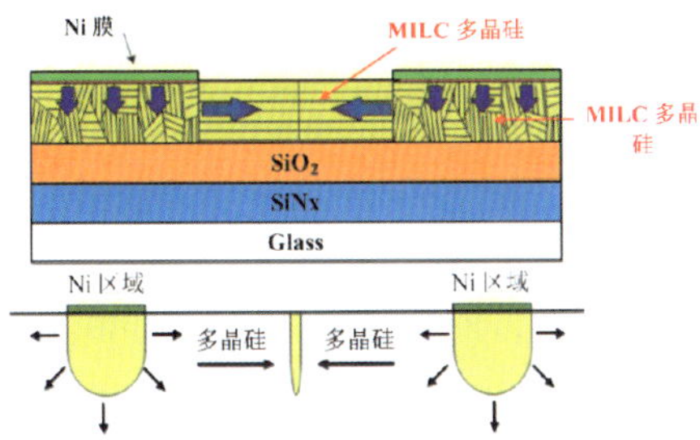

图2-3-7 MILC的结晶化原理

2.3.3 氧化物TFT技术

由上述可见，LTPS技术具有诸多优点，不仅器件的稳定性好，而且具有高的载流子迁移率，可以减小TFT的尺寸、提高器件的开口率，进而可以提高屏幕亮度，降低功耗。同时，还可以将驱动电路整合到玻璃基板，甚至实现玻璃基板上电路系统的集成，借此减少显示屏与外部的连接点，提高系统可靠性，并可以缩小显示屏外框的尺寸以实现窄边框。但是，LTPS工艺复杂，生产成本高，大面积均匀性较差。

因此，LTPS技术目前主要用在高端中小尺寸的平板显示上，而在高世代线、大尺寸显示面板上，oxide TFT更有潜力作为a-Si TFT的升级换代技术。Oxide TFT的载流子迁移率虽不如LTPS高，但也可达到10 cm^2/Vs以上的数量级。同时，相比LTPS TFT，oxide TFT的生产工艺更加简单，光罩数目较少，尤其oxide TFT与a-Si TFT的很多工艺设备可以通用，设备升级更新的代价较低，而oxide TFT的均匀性很好，可以用于高世代线、大尺寸显示。因此，oxide TFT不仅有潜力替代低迁移率的a-Si TFT，而且对LTPS TFT形成了较强的竞争压力。

按结构分类，oxide TFT可分为刻蚀阻挡型（ESL）、背沟道刻蚀型（BCE）、共面型（Coplanar）三种，如图2-3-8所示。其中，共面型oxide TFT由于需要7张光罩进行制作，且TFT器件的稳定性和均匀性也难于控制。因此，工艺复杂，其产业化前景不被看好；BCE型oxide TFT与a-Si TFT工艺的兼容性最高，在设备改造方面的需求最低。但是，BCE型TFT中的半导体材料容易被刻蚀液破坏，制约了BCE工艺的应用；相比较而言，ESL型TFT是目前应用最广泛的oxide TFT，工艺容易控制，性能也较稳定。

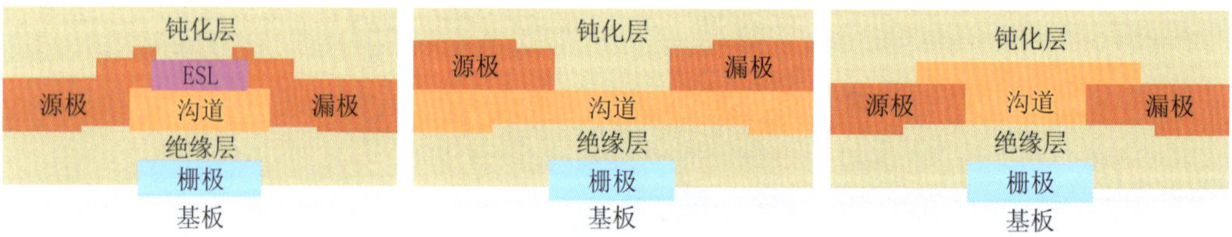

图2-3-8 Oxide TFT的三种结构

Oxide TFT的半导体材料包括In、Zn、Ga、Mg、Sn等金属的氧化物或多种过渡金属氧化物的混合物，目前最具代表性的材料，是非晶态的铟镓锌氧InGaZnO（amorphous indium gallium zinc oxide, a-IGZO），即通常所说的IGZO TFT。IGZO TFT的结构，如图2-3-9所示。IGZO TFT可在室温下采用通常的物理沉积方法生长，不受基板尺寸限制，TFT特性大面积均匀性好，基板表面平整度佳，同时TFT载流子迁移率可达10~40 cm^2/Vs，而且其开关比也较大；此外，IGZO TFT具有透明及非晶态沟道的优点，可以使其应用于一定程度的柔性和透明显示。

但是，oxide TFT由于其载流子为氧空位，因此，其性能容易受到环境中的水、氧等因素的影响，TFT特性的稳定性存在一定问题，如何控制外界环境以及TFT制作工艺对氧化物半导体的影响，是改善oxide TFT特性至关重要的环节，也是量产需要解决的一大难题；此外，为了突破IGZO的专利垄断，也为了减少贵金属的使用，降低材料成本，许多厂商正在不断的开发其他新型金属氧化物半导体材料。

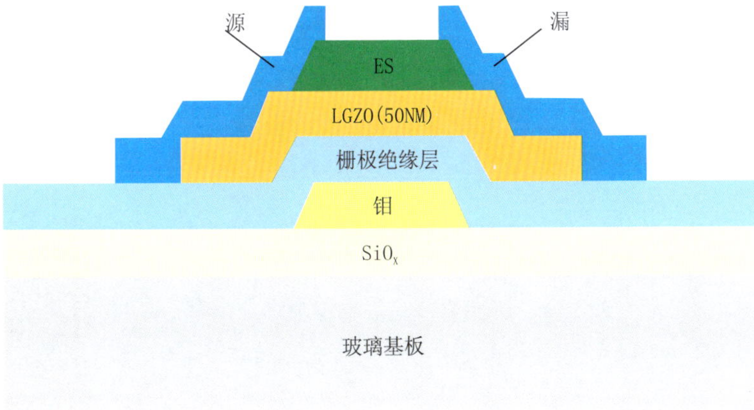

图2-3-9 IGZO TFT的结构图

2.3.4 有机TFT技术

OTFT技术，是采用有机半导体材料作为TFT的沟道。其中，采用小分子系列的有机半导体材料的OTFT，一般使用真空热蒸镀方式制备TFT基板，而采用高分子系列的有机半导体材料的OTFT一般使用印刷或旋涂工艺来制备TFT基板，二者的制程温度都可控制在80 ℃以下。因此，适合塑料基板的低温制程，该技术是将来与OLED结合实现全固态柔性显示和R2R印刷式电子制程最值得期待的TFT技术。目前，用于TFT器件的有机半导体材料，虽然载流子迁移率可达到a-Si的水平，但是器件的稳定性仍然有待突破，均匀性也有待改善，且OTFT的驱动电压较高、漏电流较大。

2.3.5 TFT制备工艺流程

图2-3-10所示为三种量产TFT技术的制备工艺流程对比，同时，TFT的生产设备对比，如图2-3-11所示。

图2-3-10 三种TFT技术的制备工艺流程对比

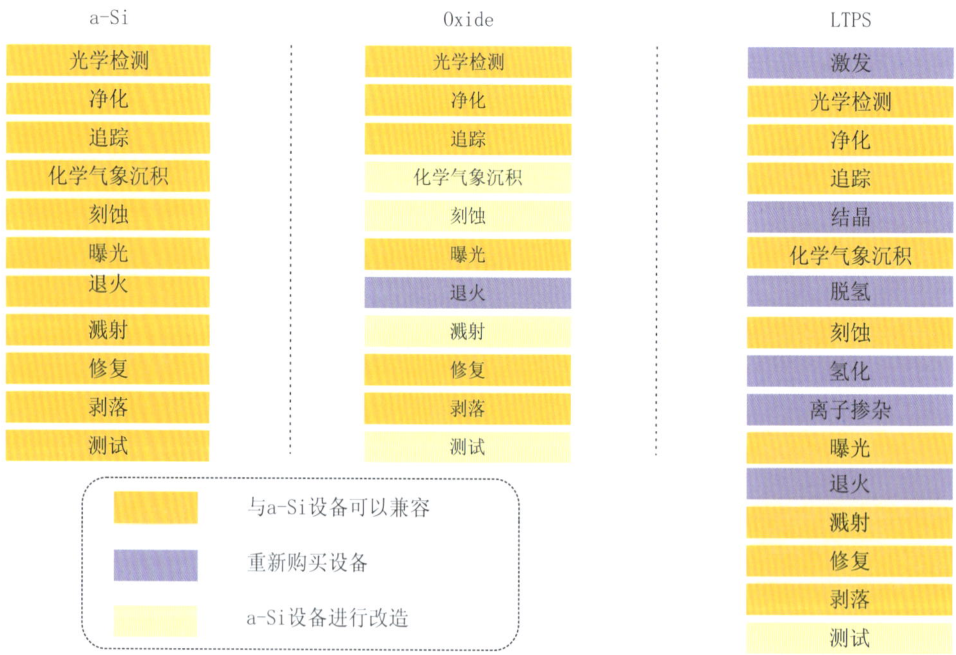

图2-3-11 三种TFT技术的制程设备对比

其中，a-Si TFT的工艺流程最为简单，应用也最为广泛，相关设备在各种不同世代的TFT LCD生产线中已经实现成熟运转。Oxide TFT与a-Si TFT相近，只有少数设备需要改造或重新购买，加之oxide TFT比a-Si TFT性能优异，因此，oxide TFT在未来大尺寸面板或高世代生产线中，将占据重要的一席之地。但是，oxide TFT目前在三种技术中的成熟度最低；LTPS TFT工艺最复杂，与a-Si TFT不兼容的工艺和设备也更多，但是，LTPS TFT在中小尺寸面板及6世代线以下的应用已比较成熟。从光罩的数量来看，a-Si TFT最少，一般来说LTPS TFT的光罩最多。但是，所有TFT的制程都并非是通用工艺，不同制造商所开发出来的制程技术可能截然不同，因此所用光罩的数量也会有所差异。需要特别指出的是，我们不能得出的结论是，因为oxide TFT或LTPS TFT有大部分的工艺及设备均与a-Si TFT兼容，所以我们认为只要有了a-Si TFT技术就可以轻易掌握oxide TFT或LTPS TFT技术。这其中不太多的差异之处，正是oxide TFT或LTPS TFT技术难度远高于a-Si TFT的关键所在，也是夏普、三星、LGD等行业领先企业在a-Si TFT量产技术上游刃有余，但是，它们在oxide TFT或LTPS TFT的量产上至今仍举步维艰的原因。

无论哪种TFT技术，光刻工艺都是其制程中最基本的工艺技术，在工艺流程中的每一道光罩制程都是通过一次光刻工艺完成的。因此也可以说，TFT制程就是通过多次重复光刻工艺来完成的。当然，由于每次光刻所采用的光罩不同，因此每次光刻后可以得到不同的图案。平板显示行业所采用的光刻工艺是与半导体行业是类似的，一个完整的光刻工艺一般包括光刻胶涂布、曝光、显影、蚀刻、脱膜等五大步骤，光罩就用于其中的曝光工序。鉴于a-Si TFT技术已经非常成熟，相关的介绍书籍也很多，因此下面将略过a-Si TFT的制程，重点介绍oxide TFT和LTPS TFT的制备工艺流程。

2.3.5.1 Oxide TFT制备工艺流程

由于IGZO为oxide TFT最有代表性也是目前量产的技术，因此我们以采用底栅、ESL结构的IGZO TFT为例，介绍其制备工艺流程。首先，在玻璃基板溅射栅极（Gate）金属膜，并经第一道光罩制备出栅极线，然后，通过PECVD（plasma enhanced chemical vapor depositon，等离子增强化学气相沉积）在栅极上沉积绝缘层SiN_x，并在栅极绝缘层上制备IGZO薄膜；随后，通过第二道光罩制备有源层（active layer）形成TFT沟道，之后再沉积SiO_2膜，并通过第三道光罩制备出刻蚀阻挡层ESL，然后溅射源漏极（source/drain）金属，再经过第四道光罩工序制备源漏电极线；源漏极制备完成后，随后在其上覆盖SiNx作为保护层，并通过第五道光罩工序在保护层的源极或漏极位置制备出接触孔（via hole），以使源极或漏极与随后制备的ITO相连；最后，溅射ITO薄膜并经第六道光罩制备出ITO层。至此，oxide TFT的制作方才完成。上述6次光罩的工艺顺序及TFT层结构示意图，如图2-3-12所示。在IGZO TFT的制程中，其中的关键和难点在氧化物薄膜的制备环节，即如何控制IGZO TFT的阈值电压变化量ΔV_{th}，使其处在较小的范围内（△Vth < ±1V）以及如何控制外界环境和TFT制程工艺对氧化物半导体的影响，以改善IGZO TFT的特性。这是决定IGZO TFT能否大范围应用尤其能否用于AMOLED的至关重要的因素。氧化物薄膜的制备方法，主要有溅射（sputter）、溶胶－凝胶（sol-gel）、脉冲激光沉积（pulse laser deposition, PLD）、分子束外延等，目前比较成熟的工艺是sputter和PLD。其中，与PLD相比，sputter更容易快速沉积均匀的大面积薄膜，二者所用靶材多为高纯陶瓷烧结靶，薄膜的氧空位浓度可以通过控制沉积气氛中的氧含量、气压及溅射功率等加以调整。

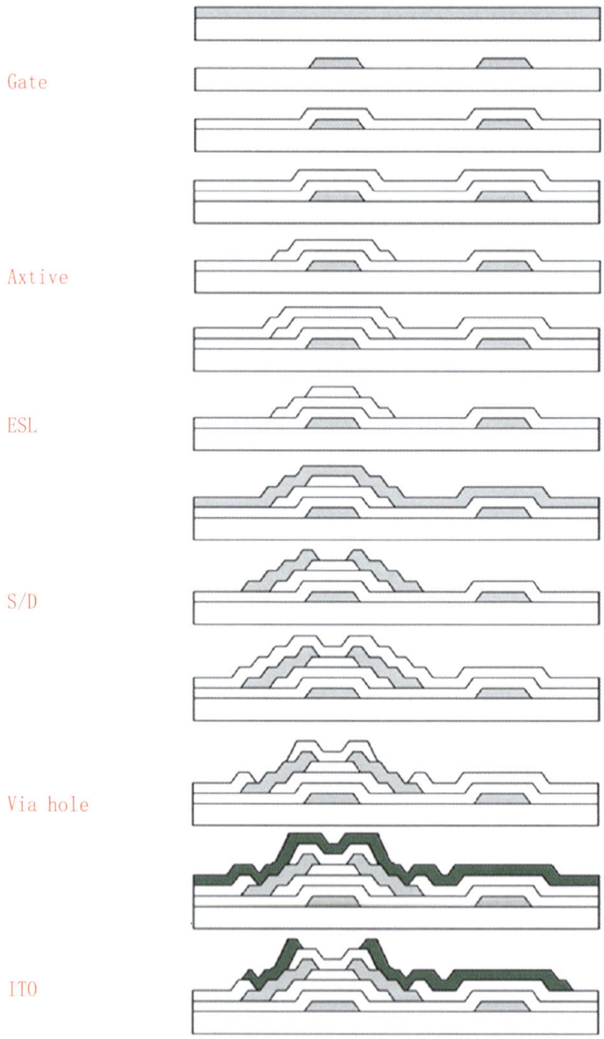

图2-3-12 IGZO TFT的光罩制备流程

2.3.5.2 LTPS TFT制备工艺流程

具有代表性的LTPS TFT的制备工艺流程，如图2–3–13所示。

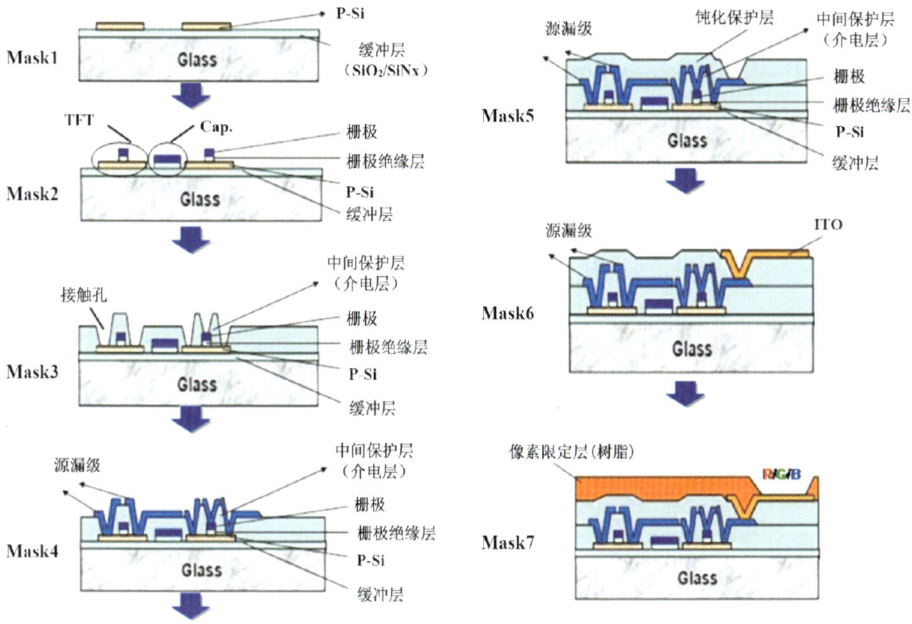

图2–3–13 LTPS TFT的制备流程

首先，在玻璃基板上，通过PECVD手段，依次沉积缓冲层和非晶硅层。其中，缓冲层可以采用SiO_2或SiN_x/SiO_2双层结构，作用是阻挡玻璃中的杂质扩散到有源层中，避免影响元件的临界电压，非晶硅层需要进行高温脱氢处理以防止在结晶时出现氢爆现象。然后，采用前述结晶化技术使非晶硅转变为p–Si，并进行第一道光罩工序形成TFT沟道有源层；由于p–Si层与栅极绝缘层之间的界面将形成TFT沟道通路，界面的清洁处理有利于降低界面能从而提高TFT的性能；因此，对有源层进行界面清洁处理后，再依次沉积栅极绝缘层SiN_x和溅射栅极（gate）金属膜，并进行第二道光罩工序制备出栅极线。随后，进行离子注入并在高温环境下将注入的离子活化，以确定TFT沟道的多数载流子和在源漏极金属与多晶硅之间形成欧姆接触。之后，再沉积SiN_x/SiO_2薄膜作为中间保护层（ILD），并通过第三道制备出接触孔；然后溅射源漏极（source/drain）金属并经第四道光罩工序制备源漏电极线。源漏极制备完成后，再在其上覆盖SiN_x作为钝化保护层，并通过第五道光罩工序在驱动管的漏极位置刻蚀出与随后制备的ITO相连的接触孔，最后再溅射ITO薄膜并经第六道光罩制备出ITO层，至此TFT的制备就算完成。但是，对用于AMOLED的TFT而言，一般还需增加一道光罩工序制作像素限定层（bank）以形成后续OLED工序的有机材料蒸镀区域。图2–3–13为采用2T1C（两个晶体管和一个电容）像素驱动电路的AMOLED的TFT层结构及上述LTPS TFT的光罩工艺顺序。

2.3.5.3 LTPS TFT的三个关键工序

从上述制备工艺流程可见，LTPS TFT的制程区别于a-Si TFT和IGZO TFT的主要特征是结晶化、离子注入、活性化，这也是LTPS TFT的关键工序和难点所在。为了实现这三个特征，LTPS TFT的制程更加复杂，成本更高，并且提升产品良率更困难。其中，结晶化工序是TFT性能的决定性因素，虽然前面已介绍了目前多种主要的结晶化方法，但是为了改善多晶硅品质并得到大面积低温多晶硅，平板显示行业仍在持续研究各种结晶化改良技术或新技术；同时，由于结晶化过程是一种高温工艺，因此LTPS的玻璃基板，除了需要满足a-Si TFT的要求外，还需要耐高温和良好的热稳定性，要求玻璃的热应变温度应当远高于600 ℃，具有良好的抗热形变性能。

离子注入，是为了在TFT的源漏极金属和多晶硅之间形成欧姆接触，并且决定TFT的沟道类型。离子注入的基本原理，是用能量为100 KeV量级的离子束射入到材料中，离子束与材料中的原子或分子将发生一系列物理和化学的相互作用，入射离子逐渐损失能量，最后停留在材料中，并引起材料表面成分、结构和性能发生变化，从而优化材料表面性能，或获得某些新的优异性能。离子注入的稳定性与均匀性，是LTPS驱动电路做到高精确度的关键。平板显示行业用于LTPS的离子注入技术，包括具有质量分离器的离子植入（ion implanter，I/I）、不具有质量分离器的离子云注入（ion shower，I/S或I/D）、电浆注入与固态扩散等，几种离子注入技术的特点如表2-3-2所示，其中以离子植入和离子云注入为主。

表2-3-2 LTPS的离子注入技术比较

分类	TFT 特性	均匀性	产能	成本	设备体积
离子植入	○	○	×	×	×
离子云注入	△	△	△	△	△
电浆注入	×	△	○	○	○
固态扩散	×	×	○	○	○

注：○好△中×差

离子植入，是将气体源BF_3或者PH_3在热丝的作用下电离，通过电场加速及狭缝整形而形成B^+、P^+掺杂离子和H_x、BF_x、PH_x等杂质离子的离子束，这些混合离子束通过质量分离系统，在磁场的加速作用下，利用不同杂质具有不同的偏转曲率半径的关系，过滤掉H_x、BF_x、PH_x等杂质离子后，只留下纯净的P^+或者B^+离子轰击到多晶硅表面进行掺杂，质量分离系统可以精确控制被植入杂质的计量与种类，从而提高TFT的性能。同时，还可以避免过多的氢离子使光刻胶碳化，以及避免对多晶硅造成损伤。离子云注入与离子植入的区别在于质量分离系统，离子云注入的电流束包含$B_2H_X^+$或

PH_X^+、H_1^+、H_2^+、H_3^+。其中，氢含量约为其他植入离子的数倍，因此准确度不高，但是当氢离子一起注入多晶硅时，活性化温度可以降低到450 ℃以下。不过该工艺也存在缺点，即光刻胶容易焦化难以彻底去除。

活性化，是在对多晶硅进行离子注入处理后，为了使掺杂离子进入到合适的晶格位置，在高温下使其具备一定的能量与硅之间进行替位，同时修复多晶硅内部缺陷的工序，这个工序的温度一般要求在500 ℃以上。

2.4 OLED驱动技术

除有机功能材料技术以外，驱动技术是包括TFT技术、有机成膜技术、器件封装技术等AMOLED最核心的四大关键技术之一。由于OLED是依靠载流子复合而发光的电流驱动型器件的根本特点，决定了AMOLED的驱动技术有别于LCD等其他显示面板的驱动技术；同时，由于驱动晶体管的阈值电压及其载流子迁移率的非一致性、阈值电压随时间的漂移、电源线阻抗导致的电压降以及OLED自身的老化等因素导致的AMOLED图像质量劣化，除了在制程工艺、设备、原材料及器件结构设计上进行优化改进外，最重要的措施是需要在驱动方法及驱动电路设计上进行改善，因此这也是AMOLED驱动的又一特点，同时也大大增加了OLED驱动技术的难度。

2.4.1 OLED驱动技术分类

一般来说，驱动技术可以分为不同的种类，如图2-4-1所示。其中，直接寻址法（direct addressing）具有简单、无串扰的特点，但是只能用于驱动发光单元数量较少的情况，如LED状态指示灯等，而不能用于驱动发光单元较多的显示器；矩阵寻址法（matrix addressing）可显著减少驱动端口数，因此适用于LCD、OLED等所有平板显示器的驱动，但是相对复杂且容易出现串扰。矩阵寻址法，又分为被动矩阵（passive matrix，也称为无源矩阵）和主动矩阵（active matrix，也称为有源矩阵）两种，其中被动矩阵适用于驱动制作流程简单、画质较差的低分辨率、小尺寸显示器，主动矩阵可用于驱动高精细、高画质、大尺寸显示器。被动矩阵驱动，又可分为电压驱动和电流驱动两种，其中电压驱动是将图像数字信号转变为模拟电压输出，具有电路结构简单的特点，电流驱动是将图像数字信号转变为模拟电流输出，需要高精度的电流源，驱动电路较复杂。无论电压驱动还是电流驱动，它们都可进一步分为脉冲幅度调制（pulse amplitude modulation，PAM）驱动和脉冲宽度调制（pulse width modulation，PWM）驱动。PAM驱动，是在一定的时间周期（通常为图像帧周期）内保持驱动信号的脉冲占空比不变，而用不同的脉冲幅度代表不同的图像灰度等级，这种驱动方法允许较长的充电时间，但需要多个精密的电压源或电流源。PWM驱动，是在一定的时间周期（通常为图像帧周期）内保持驱动信号的脉冲幅度不变，而用不同的脉冲占空比，也就是不同的脉冲宽度代表不同的图像灰度等级；这种驱动方法只需要一个参考电压源或电流源，但是图像有闪烁感，且对寄生阻抗较大的显示面板难以实现低灰阶。主动矩阵驱动又可分为数字驱动和模拟驱动两种，其中，模拟驱动一般采用前述PAM驱动方式，数字驱动一般采用子帧驱动（sub-frame driving，SFD）方式。

SFD数字驱动方式的示意图，如图2-4-2所示。它是将一帧图像分为若干子帧，各子帧的点亮时间，取决于该子帧所代表的图像数据位的位权及该位是0还是1，所有子帧的点亮时间的总和决定了图像灰阶。以图像数据为6 bit为例，可以将一帧图像分成6个子帧SF1~SF6，其中SF1对应图像数据的最低位bit0，SF6对应图像数据的最高位bit5，每个子帧中TU为不亮的时间，TL为亮的时间，数据位为0则TL为零，数据位为1，则SF1~SF6的TL的长度按二进制位权设定为1:2:4:8:16:32，这样6个子帧就可显示64灰阶的图像；SFD数字驱动的好处是每次点亮都是固定电流或电压输出，不受驱动晶体管阈值电压和迁移率非一致性的影响，但驱动信号的频率将随子帧数量成倍增加，且这种驱动方式存在所谓的图像伪轮廓现象。

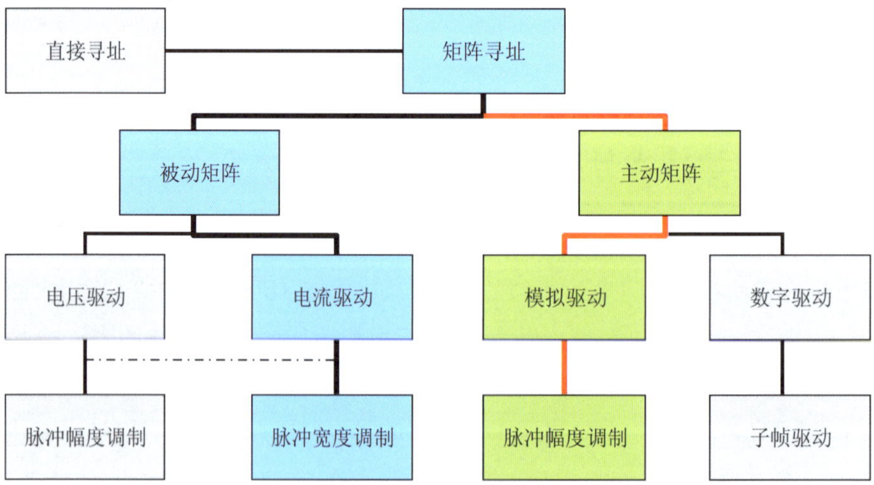

图2-4-1 驱动技术分类

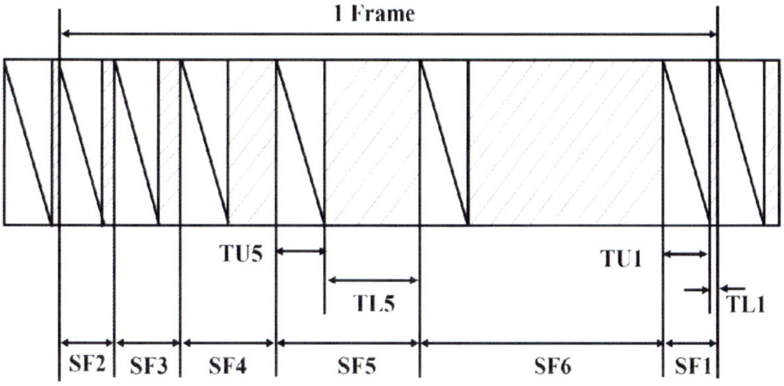

图2-4-2 SFD驱动方式示意图

需要说明的是，上述驱动技术的分类并不是绝对的，比如主动矩阵的模拟驱动，也可分为电流驱动和电压驱动两种方式，在实际应用中，PAM驱动和PWM驱动也有可能是结合在一起的。一般来说，PMOLED采用PAM方式的被动矩阵驱动，AMOLED则采用PAM方式的主动矩阵驱动。

2.4.2 PMOLED驱动技术

2.4.2.1 PMOLED驱动原理

PMOLED显示面板的等效电路，如图2-4-3所示。每个像素单元对应一个二极管，由于像素单元是由纵横交错的阳极金属（通常为ITO）与阴极金属（通常为Al）并在其间包夹有机材料形成的。因此，每个像素单元均有寄生电容效应，相当于每个二极管两端的并联等效电容，其中的R_D则是阳极数据线的等效电阻，R_S为阴极扫描线的等效电阻。

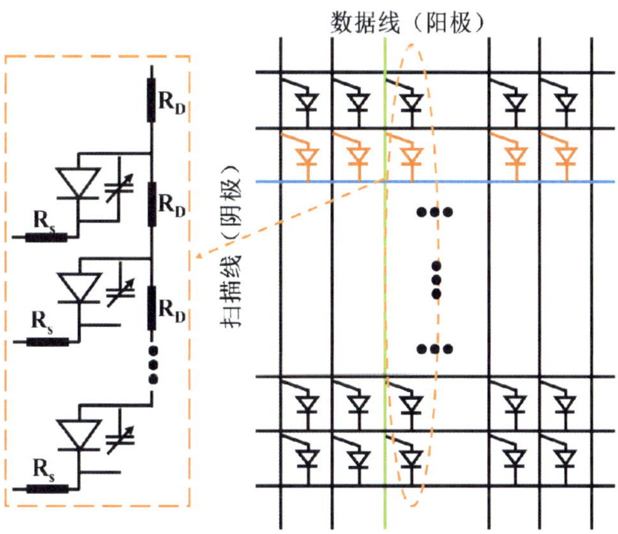

图2-4-3 PMOLED面板的等效电路图

PMOLED的驱动原理是，在某一时刻给某一行电极施加选通脉冲（低电平），其他行电极施加非选通脉冲（高电平），同时所有列电极给出驱动脉冲（数据信号），从而实现一行所有像素的驱动；接着把选通脉冲施加到下一行电极，再给所有列电极施加驱动脉冲；这样按顺序逐行扫描，就可以在显示屏上呈现稳定的图像效果。由于PMOLED是通过每行像素瞬间高亮发光并经视觉平均而呈现的图像效果，面板平均亮度可由以下公式计算：

$$L_a=L_p \times D=L_p \times t_d \times f_r=L_p/N$$

其中，L_a为面板平均亮度，L_p为像素峰值亮度，D为像素驱动占空比，t_d为像素驱动时间，f_r为帧频，N为扫描电极数或每帧行数。因此，PMOLED对像素单元的发光亮度要求很高，以一个100行的显示屏为例，欲使面板的平均亮度达到100 cd/m^2，则要求每个像素单元的峰值亮度要达到10000 cd/m^2，这对发光材料的效率和稳定性提出了较高的要求；此外，由于OLED是电流驱动型器件，PMOLED电极阻抗R_D和R_S对电力的消耗也不容忽视。这就是PMOLED只适合制作小尺寸、低分辨率显示器件的根本原因。

2.4.2.2 PMOLED驱动电路

PMOLED显示屏驱动电路的功能框图，如图2-4-4所示，主要包括MPU接口模块、指令寄存器模块、图像RAM模块（graphic data RAM）、时序控制模块及数据驱动模块（data driver，也称之为列驱动器或segment driver）和扫描驱动模块（scan driver，也称之为行驱动器或者common driver）等。其中，MPU接口模块用于在系统控制器与PMOLED显示屏之间传输图像显示数据和控制命令，一般可以支持8080/6800系列MPU并行总线接口和SPI串行总线接口；图像RAM模块用于缓存将要显示的图像数据，RAM容量的大小取决于所支持的PMOLED显示屏的分辨率及每个像素数据的位数。

以分辨率为128×128、每个像素数据为18位（RGB各6位）的全彩色PMOLED为例，图像RAM的容量为128×128×16 bit；列驱动器的每条数据线一般可以提供从0可调、最大约150~200 A的驱动电流，可调阶梯数为图像最大灰度等级，而行驱动器每条扫描线一般可以消耗最大约50~100 mA的电流，其大小取决于列驱动器数据线的总数及每条数据线的电流。

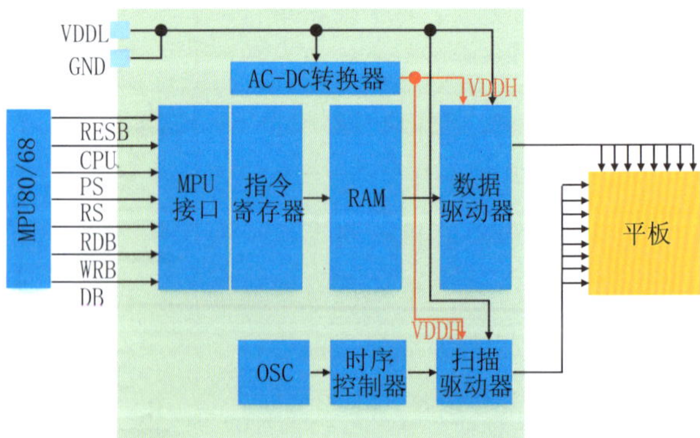

图2-4-4 PMOLED驱动电路的功能框图

图2-4-5为PMOLED一种行、列驱动器的输出级电路框图，其中与OLED二极管阳极相连的为列驱动器，与二极管阴极相连的为行驱动器。列驱动器，包括与PMOLED面板的像素列数相等的驱动电流源I_{SEG}，并且每个电流源的电流大小，可以从零到最大值按数据信号分为若干阶梯进行调节，每个阶梯的电流值决定了图像的灰度，即OLED的发光亮度；行驱动器产生逐行扫描电压，用以依次选通PMOLED各行。当某行未被扫描选通时，该行所有二极管均通过行驱动器将其阴极接到高电平V_{COMH}而反偏截止；当某行被扫描选通时，该行所有二极管的阴极均通过行驱动器接到低电平V_{LSS}，此时，该行二极管的通断，取决于列驱动器输出到各个二极管的数据驱动电流。如果驱动电流为零，则二极管截止不发光，如果驱动电流为I_{SEG}，则二极管导通并发出相应亮度的光。列驱动器中的复位MOS管，用于泄放前一扫描周期存储在二极管并联电容中的电压。

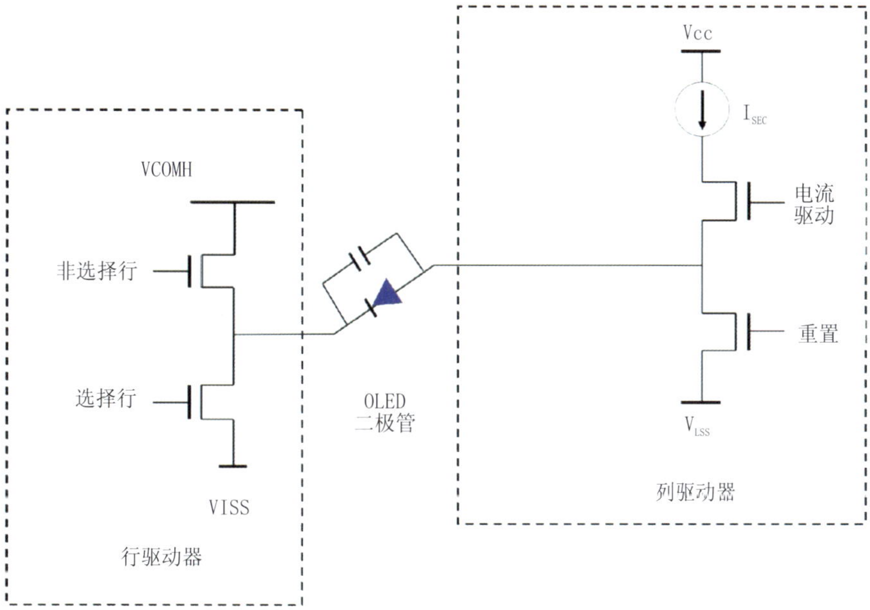

图2-4-5 PMOLED行列驱动器的输出级电路框图

2.4.2.3 PMOLED驱动时序

PMOLED行、列驱动器输出的一种驱动时序图，如图2-4-6所示。

在一帧图像周期内，行驱动器逐行输出选通脉冲，当输出为高电平V_{COMH}时，该行不被选通；当输出为低电平V_{LSS}时，该行则被选通。每一个行选通时间（行周期），又可以分为四个时段，当第四个时段结束后将回到第一个时段，以便于开始下一行图像数据的显示；以四个时段为行周期，依次连续点亮每一行像素，从而形成一幅OLED图像。

第一个时段为复位期，此时列驱动器输出低电平V_{LSS}，用于泄放存储在二极管并联电容中的前一数据电压，OLED像素电容越大，所需复位期越长；第二时段为第一预充电期，给并联电容充电，使二极管电压从V_{LSS}被充到临界导通电压V_P，OLED像素电容越大，所需充电时间越长；第三时段为第二预充电期，使二极管达到目标驱动电压，该时段的充电速度，也就是电压上升时间是可以控制的；第四时段为发光期，此时，列驱动器输出与图像数据对应的恒定电流或电压，二极管发出所期望亮度值的光。

在预充电期，虽然驱动电路向OLED提供了驱动电流，但是，这个时段的电流全被电容充电所消耗，因此OLED并不发光。为了准确地控制图像灰阶，一般在实际的PMOLED驱动IC中，综合采用了PAM和PWM两种驱动方式。

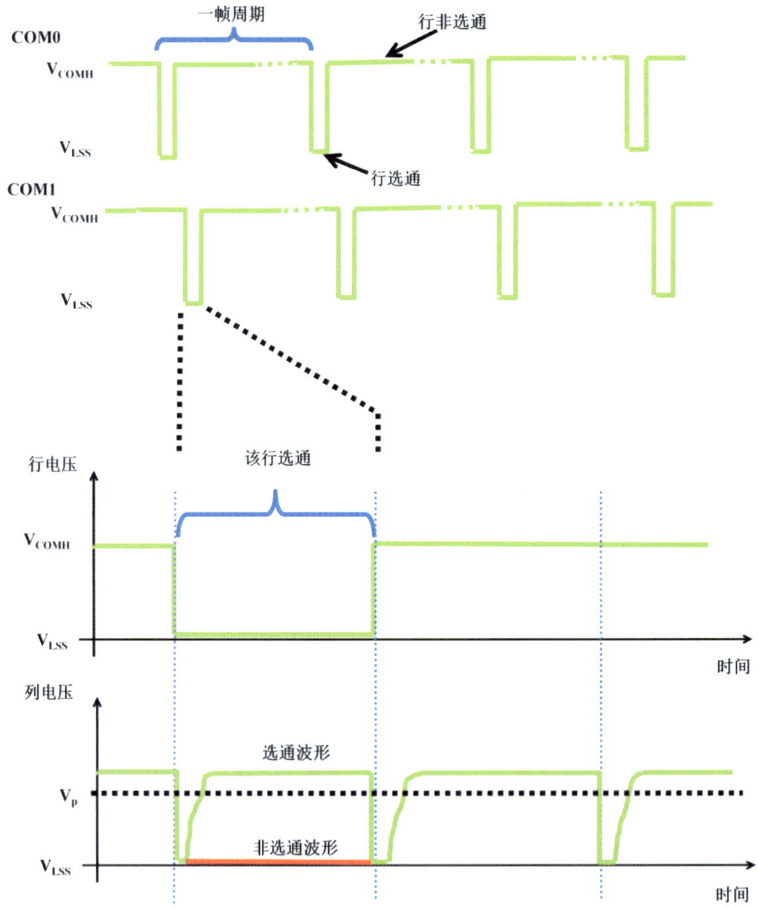

图2-4-6 PMOLED行列驱动时序图

2.4.2.4 PMOLED预充电技术

PMOLED驱动之所以需要一个预充电过程，是因为如前所述在PMOLED器件结构中，纵横交错的阴阳极在交叉处形成二极管的同时，阴阳电极之间也会产生一个电容，也就是如图2-4-5中所示的二极管两端的并联电容。此外，在阳极数据线之间以及数据线与地之间还存在寄生电容，如图2-4-7所示。这些电容的存在，将影响OLED的正常显示，而预充电则是为了减小电容的影响。

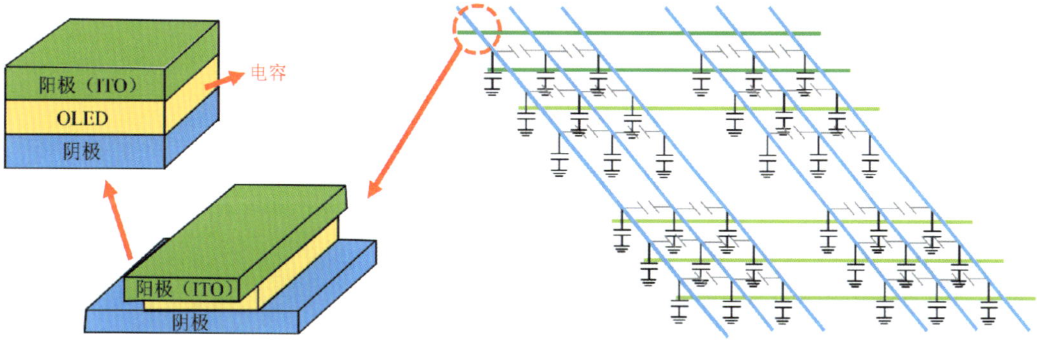

图2-4-7 PMOLED寄生电容

由于如图2-4-8所示PMOLED寄生电容的存在，当驱动扫描到某行时，二极管两端的电压将随着电容的充电而缓慢上升，在这个时间段二极管并没有电流流过，或者只有逐渐增加但低于目标值的电流流过。因此，在这个时间段OLED不能正常发光，因而在驱动时间内OLED正常发光的时间被缩短，这将导致PMOLED不能发出与图像数据对应的所期望的亮度。更有甚者，由于PMOLED存在较大的寄生电容，以阳极数据线寄生电容C_{data}为600 PF，充电电压ΔV为10 V，充电电流为100 μA为例，所需充电时间计算如下：

$$\Delta Q = C_{data}\Delta V = I \bullet \Delta t$$

$$\Delta t = \frac{C_{data}\Delta V}{I} = \frac{600\ pF \bullet 10\,V}{100\ \mu A} = 60\,\mu\,\sec$$

而PMOLED每行像素的驱动时间是有限的，以图像刷新频率（帧频）为60Hz、分辨率为QVGA（320×240）的显示屏为例，行驱动时间只有约69 μS，这意味着行驱动时间内几乎都在充电而不能正常发光，甚至可能出现充电时间大于驱动时间，而这种情况是绝对不允许的。为了解决这个问题，PMOLED驱动采用了预充电技术，也就是说，在扫描寻址到某行的刚开始时段，用一个远大于图像数据的电流给电容快速充电，使二极管电压迅速达到目标值，从而使OLED几乎在整个行驱动时间都能正常发光，如图2-4-8中红色虚线所示。

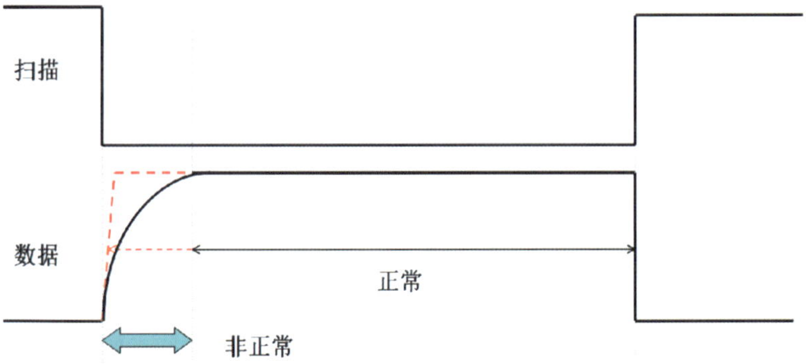

图2-4-8 PMOLED预充电示意图

2.4.3 AMOLED驱动技术

2.4.3.1 AMOLED驱动原理

AMOLED显示面板的等效电路，如图2-4-9所示。与PMOLED的不同之处，是在每一个像素单元布置了2个晶体管及一个电容（即2T1C，这是AMOLED最基本的像素驱动电路形式，考虑到亮度均匀性等性能补偿，也可以设计更多的晶体管及电容）。

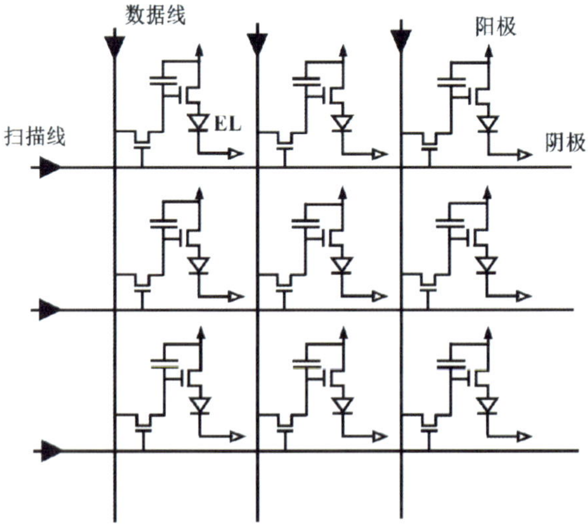

图2-4-9 AMOLED面板的等效电路图

其中，一个晶体管作为开关寻址用，另一个晶体管则为OLED提供驱动电流，而电容可以存储寻址期间输入该像素单元的图像数据电压，以维持该单元在帧周期内持续发光。显示驱动时，扫描线施加选通脉冲将开关晶体管打开，数据线上的数据写入存储电容进行存储；存储电容上的电压控制驱动晶体管的工作状态，并实现流过OLED的电流控制；在扫描线施加非选通信号期间，由存储电容来维持驱动晶体管的工作，直到下一个扫描周期到来。由于AMOLED使用存储电容来进行信息储存，并对每个像素进行点亮/熄灭操作，每个像素在一个帧周期内是持续发光的。因此，相比PMOLED，AMOLED对发光材料的效率及稳定性要求更低，电力消耗也低。这一特性为AMOLED制作大尺寸、高分辨率显示器件在技术原理方面提供了可能。

图2-4-10为AMOLED面板的驱动IC功能框图，包括系统接口电路、命令译码电路、图像RAM、灰阶发生器、矫正电路、时序控制电路以及列驱动电路（也称之为数据驱动电路，data driver）和行驱动电路（也称之为行扫描电路，scan driver）等。其中，系统接口电路、命令译码电路、图像RAM、灰阶发生器、γ矫正电路及时序控制电路等模块，与PMOLED驱动IC中对应的电路模块的功能基本相同。但是，由于AMOLED采用有源矩阵驱动，面板的每个像素都内置有TFT，而TFT因一致性和稳定性问题还需要进行校正补偿，并且数据驱动电路模块的源极驱动电路（source driver）以及行驱动电路模块的栅极驱动电路（gata driver）一般采取从驱动IC分离并设计在玻璃基板上的方式。因此，AMOLED的驱动技术要比PMOLED的驱动技术复杂，已经超越了驱动IC本身的范围。所以，以下我们从AMOLED驱动的四项关键技术分别进行介绍，并重点分析其中的驱动补偿技术。

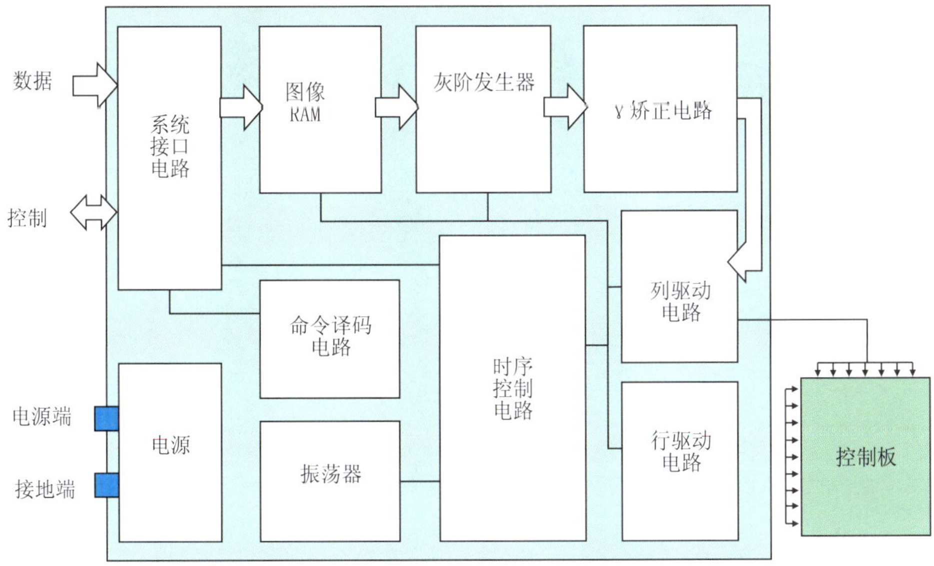

图2-4-10 AMOLED驱动IC的功能框图

AMOLED驱动的四项关键技术，包括AMOLED像素驱动、栅极驱动、源极驱动及驱动补偿等，如图2-4-11所示。基于OLED属于电流驱动器件的这一特点，驱动AMOLED的TFT通常采用LTPS或IGZO，具有较高的载流子迁移率，这为在基板玻璃上集成栅源驱动电路等提供了可能性；同时，也由于OLED电流驱动的特点，过长的电极引线将大大增加电极阻抗产生热量，从而消耗的电力，而EMI（电磁干扰）的问题也将更加突出，这为在基板玻璃上集成栅源驱动电路等提出了必要性要求。

另一方面，AMOLED像素驱动电路为模数混合电路的特点，使得原本在驱动LCD时无关紧要的TFT性能问题却成了驱动AMOLED的致命缺陷，需要AMOLED驱动电路对这些缺陷进行补偿，以改善AMOLED的画质。因此，AMOLED驱动技术远比TFT LCD的驱动技术复杂。但是，栅源驱动电路等集成在玻璃基板上后，原本由半导体企业解决的问题也转移到了需由面板企业自身解决。当然，这也会带来系统可靠性更高、系统成本更低的好处。这种在玻璃基板上与TFT制程一并集成栅、源驱动电路的技术，称之为GSOP（gata and sourse driver on panel）驱动技术。

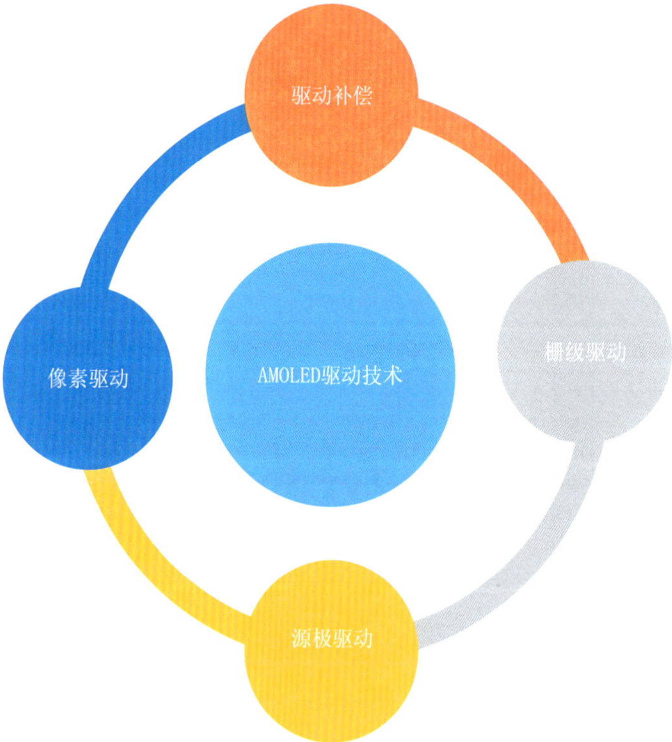

图2-4-11 AMOLED驱动的四项关键技术

2.4.3.2 AMOLED像素驱动电路

AMOLED最基本的像素驱动电路，如图2-4-12所示。其中M1为驱动管，M2为开关管，CST为存储电容，OLED代表一个发光子像素。当扫描电极线Sel为低电平时，M2导通，数据电压data经M2储存到电容C_{ST}；当Sel为高电平时，M2断开，C_{ST}由于没有放电路径，所存储的电压将保持不变，直到M2下一次导通时才被新的数据电压更新；CST存储的电压，也就是加在M1栅源极的电压，决定了流过M1源漏极的电流大小，OLED在该电流的驱动下将发出相应亮度的光。M1源漏极电流可由以下公式给出。

$$I=\frac{1}{2}\times \mu \times \frac{W}{L}\times C_{GI}\times (ELVDD-V_{data}+V_{TH1})^2$$

其中，μ为载流子迁移率，W为沟道宽度，L为沟道长度，C_{GI}为栅极电容，V_{TH1}为阈值电压，V_{data}为输入的数据电压，ELVDD为电源电压。W、L在TFT设计时就已确定，而C_{GI}由栅极绝缘层厚度及材料决定，因此影响驱动电流的大小，也就会影响OLED发光亮度的主要可变参数有、V_{TH1}、ELVDD和V_{data}等，其中的前两项均是衡量TFT性能的关键参数。

在AMOLED像素驱动电路中，对驱动管M1最重要的要求是迁移率高、均匀性好，对开关管M2最重要的要求是导通电阻低、漏电流小；对存储电容C_{ST}的要求，是能保持M1的栅极电压在图像帧周期内不变，所以，电容量不能太小。

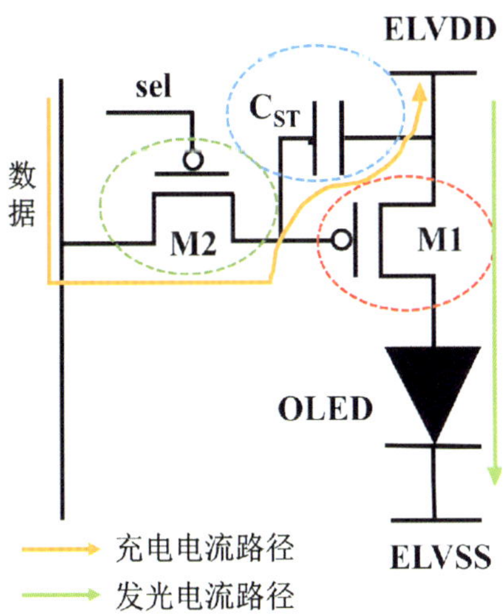

图2-4-12 AMOLED像素驱动电路

2.4.3.3 AMOLED栅极驱动电路

AMOLED栅极驱动电路为行驱动电路的一部分，集成在玻璃基板上采用线与逻辑的译码方式的栅极驱动电路，如图2-4-13所示。其中，SA、SB、SC为AMOLED面板与外部连接的行扫描线端口，SA、SB、SC各选一条线经“与非”逻辑后产生SCAN1~SCANn行扫描信号，SCAN1~SCANn分别与AMOLED各行像素驱动电路的开关管的栅极相连。以SA、SB、SC分别为8条线（8bit）计算，经译码后可得到512条行扫描线，也就是说，一个有512行像素的AMOLED面板，只需要24条与外部连接的扫描线即可。这样，AMOLED面板的外接端子数量将会大大减少。

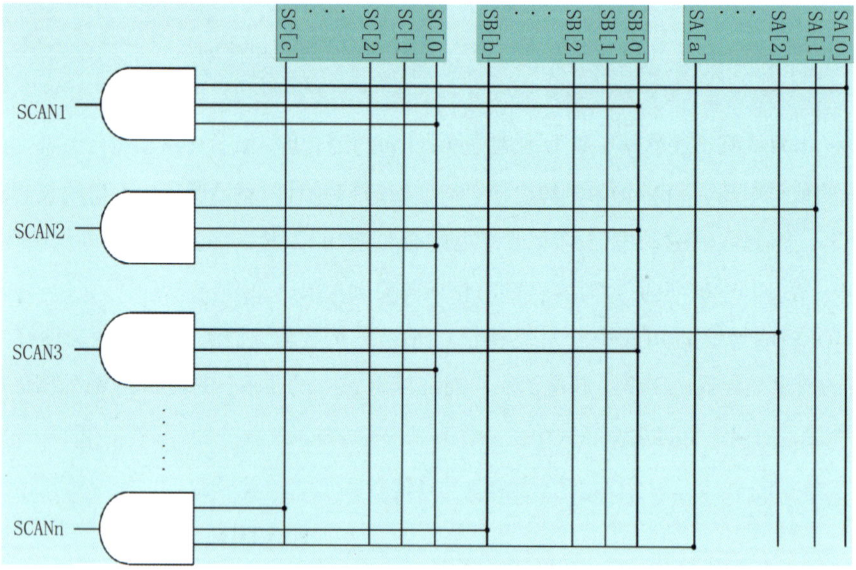

图2-4-13 AMOLED栅极驱动电路

2.4.3.4 AMOLED源极驱动电路

AMOLED源极驱动电路，为列驱动电路或数据驱动电路的一部分，图2-4-14为一种集成在玻璃基板上采用3：1 DEMUX的源极驱动电路图。外部驱动IC将各像素的RGB三个子像素的数据，分别通过一条数据线在时钟信号的同步下顺序输入AMOLED面板上集成的源极驱动电路。当CLK3有效时输入R信号，当CLK2有效时输入G信号，当CLK1有效时输入B信号，这样，AMOLED面板的外接数据线端子的数量可以减少到1/3，进一步减少了外接FPC的引脚数量，有利于提高产品的可靠性。但是这种方式将成倍地提高图像数据信号的时钟频率。

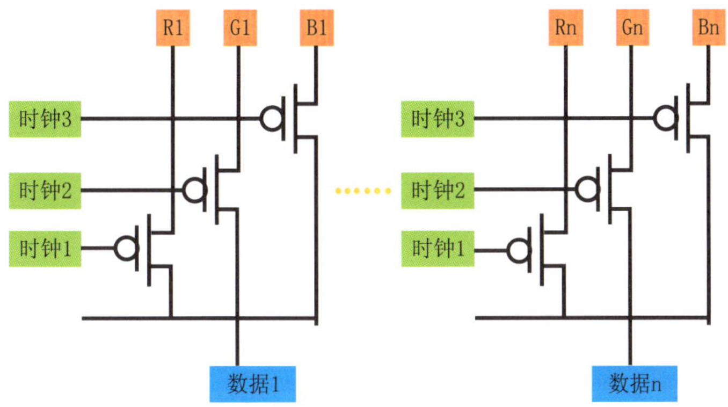

图2-4-14 AMOLED源极驱动电路op

2.4.4 AMOLED驱动补偿技术

由于导致AMOLED图像质量劣化的因素较多，并且相对于工艺技术和设备技术的改进，往往采用电路改进的手段来得更快捷。因此，驱动补偿技术是AMOLED驱动的关键和难点，这也是AMOLED驱动相比TFT LCD驱动的特别之处。

2.4.4.1 AMOLED驱动补偿的原因分析

为更好地理解AMOLED驱动补偿技术的重要性及补偿的难点，在介绍驱动补偿技术之前，我们首先需要讨论一下AMOLED为何需要进行驱动补偿，或者说，存在哪些导致AMOLED图像质量劣化的因素需要通过驱动补偿技术来解决。

其一，TFT特性的非均匀性导致的AMOLED亮度不均

前面已经述及，尤其是LTPS TFT，无论是其阈值电压V_{th}还是载流子迁移率μ，均存在非均匀性问题，而这两个参数是影响TFT驱动电流从而决定OLED发光亮度的重要参数。因此，这将导致AMOLED所谓的MURA现象，如图2-4-15所示，屏幕上明显可见亮暗不均的线或点。

其二，TFT阈值电压漂移导致的AMOLED图像亮度变化

TFT的阈值电压V_{th}将随工作时间而发生漂移，图2-4-16是在环境温度为50℃、TFT源漏极电流为10 μA的情况下，对a-Si TFT和LTPS TFT的阈值电压随工作时间变化而进行测试结果的比较。其

中，标注点为实际测试数据，线条为根据测试数据拟合的变化趋势线，蓝色线为日本SONY公司采用多路dLTA技术的激光结晶化方式的LTPS TFT的情况。由图可见，LTPS TFT的阈值电压的稳定性要比a-Si TFT高很多，是目前各种TFT中阈值电压最稳定的。但是，尽管如此，实际应用中仍会对AMOLED的图像亮度产生较明显的影响。a-Si TFT阈值电压的稳定性太差，这也是a-Si TFT不能用于AMOLED的重要原因之一。

图2-4-15 TFT非均匀性导致的AMOLED图像MURA

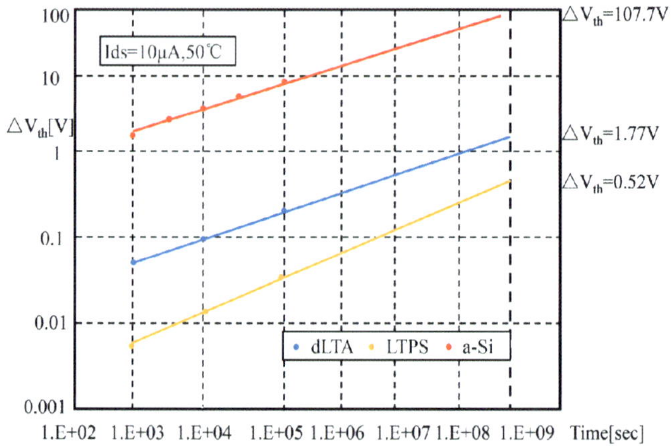

图2-4-16 TFT阈值电压随工作时间的变化

其三，电源线阻抗压降导致的AMOLED图像亮度不均

图2-4-17给出了同一列相邻两行像素单元的驱动电路，其中，R表示驱动晶体管的电源供电线在该行的等效电阻，I_{OLED}表示流过驱动晶体管为OLED提供的驱动电流。由此可见，每经过一行像素，电源电压V_{DD}就要降低I_{OLED}*R。由于驱动电流的大小与驱动晶体管的电源电压密切相关。因此，在其他条件不变的情况下，提供给OLED的驱动电流，也就是与之相对应的OLED发光亮度将逐行发生变化，从而导致不均匀的AMOLED图像亮度。当屏幕尺寸越大、像素行数越多时，电源线阻抗压降引起的AMOLED图像亮度不均的问题越严重。

其四，TFT迟滞特性导致的AMOLED残像

AMOLED出现图像残像的原因可分为两类，一种是因有机发光材料老化所导致的永久性

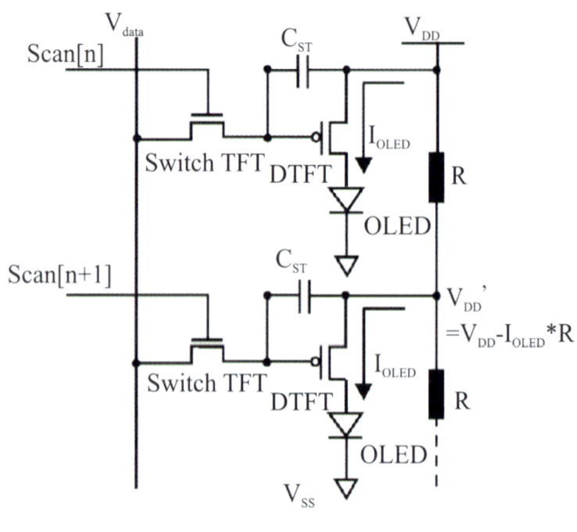

图2-4-17 AMOLED电源线阻抗压降

图像残像，具有不可恢复性；另一种是暂时的可恢复性的图像残像。前一种图像残像在器件寿命期内不会出现，对正常使用影响不大，且可通过改进器件结构设计及提高材料的稳定性加以改善；但是，后一种将在正常使用期间影响图像显示质量，目前研究证实TFT的迟滞特性是产生可恢复性图像残像的主要原因。以PMOS TFT为例，其转移特性曲线的示意图如2-4-18所示。由图可见，栅源电压V_{GS}沿不同方向变化时，相应的漏源电流I_{DS}的变化曲线并不重合，这就是TFT的迟滞特性。

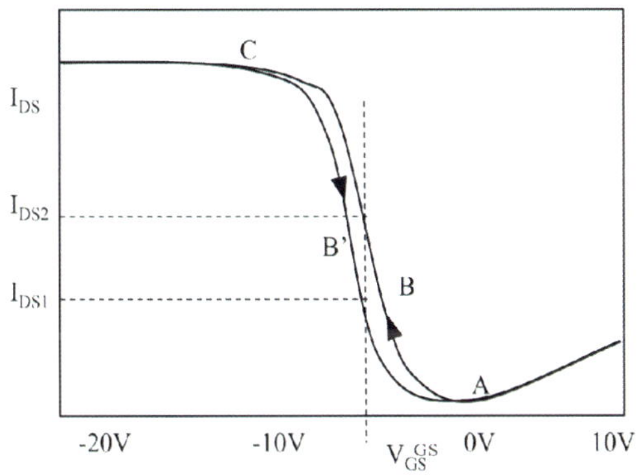

图2-4-18 TFT的迟滞特性

由于TFT固有的迟滞特性，当AMOLED显示如图2-4-19左边所示黑白相间的图像时，比如其中黑色方块A的亮度为0 nit，白色方块B的亮度为200 nit，经过较长时间以后再显示亮度为100 nit的全屏图像，将会发生什么情况呢？此时，虽然加到TFT栅源极的电压V_{GSB}相同，但原来图像较亮的B区域，相应TFT的漏源电流I_{DS}沿C→B'→A曲线段方向变化，电流值I_{DS1}较小；原来图像较暗的A区域，相应TFT的漏源电流I_{DS}沿A→B→C曲线段方向变化，电流值I_{DS2}较大。由于OLED亮度与漏源电流I_{DS}成正比，因此最终显示的图像将不是亮度为100 nit的全屏均匀的图像，而是如图2-4-19右边所示亮暗相间的图像，比如A'区域的亮度为100 nit，而B'区域的亮度只有90 nit。这就是所谓的前一幅图像的残像，这种残像是暂时的可恢复性的图像残像。

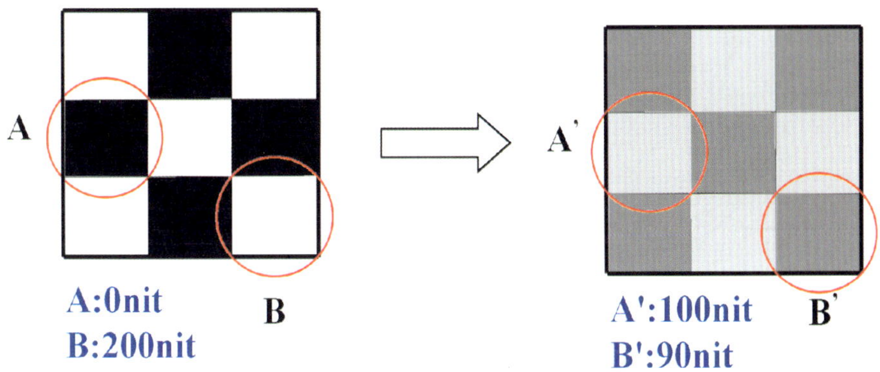

图2-4-19 TFT迟滞特性导致的图像残像

其五，OLED自身存在的老化问题

也就是说，OLED的工作电压及发光效率随工作时间而变化，其发光亮度将随时间衰减，这也是目前OLED的寿命不及LCD的主要原因。OLED的老化特性，如图2-4-20所示。由图可见，在恒定电流驱动下，OLED阴阳极两端的压降随着时间变化而增加，发光亮度随着时间变化而降低。对由若干个成矩阵排列的OLED像素单元组成的AMOLED显示面板来说，OLED的这种老化特性，不仅会造成整个面板亮度下降而影响使用寿命，而且OLED老化特性的非一致性也将会导致整个AMOLED显示面板在长期使用后产生发光亮度不均匀的现象。

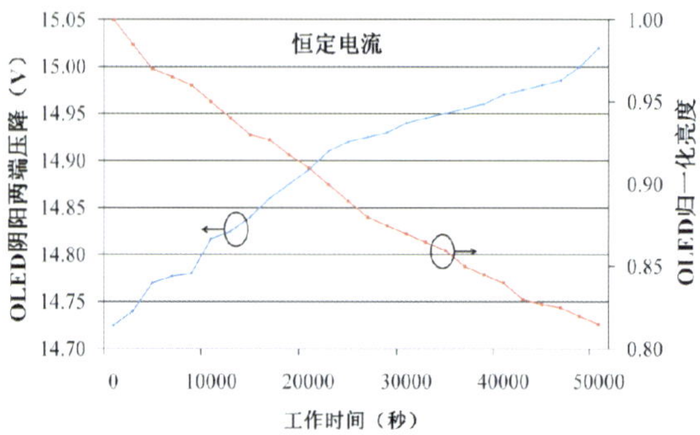

图2-4-20 OLED老化特性

其六，OLED存在色彩漂移的问题

这是OLED老化的另一种表现形式，如图2-4-21所示。对采用RGB三基色独立发光方式的OLED显示面板，由于RGB三种有机发光材料的老化速度存在差异，其中红色材料的老化衰减较慢，蓝色材料的老化衰减最快。因此，OLED面板长期使用后原本正常的图像“褪色”为偏黄色，即肉眼可观察到的OLED色彩漂移现象。

图2-4-21 OLED色彩漂移

其七，OLED工作电压存在非一致性

由于在大面积制备中，OLED膜厚难免会存在一定的差异性，加上材料界面特性的些微差异及不纯物的影响，AMOLED面板不同位置的OLED像素单元的工作电压会不一致，也就是OLED两端的电压会有差异。尤其是对如图2-4-22所示采用IGZO技术的NMOS TFT像素驱动电路的AMOLED，将导致面板亮度不均匀的现象，这从驱动电流的以下公式便可推知：

$$I=\frac{1}{2}\times\mu\times\frac{W}{L}\times C_{GI}\times(V_{data}-V_{OLED}-V_{TH})^2$$

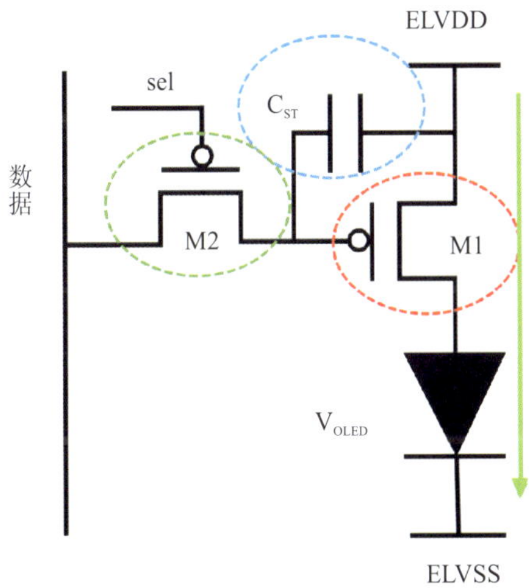

图2-4-22 OLED工作电压对NMOS驱动电路的影响

2.4.4.2 AMOLED驱动补偿方法

在实际产品中，各种影响AMOLED图像质量的因素更复杂，有的是某一种因素起主导作用，有的可能是多种因素共同影响的结果，业界针对上述导致AMOLED图像质量劣化的因素研究了各种驱动补偿技术及相应的补偿电路，可大致分为电压补偿法、电流补偿法、数字驱动补偿法、外部补偿法等。不同补偿方法各有优劣，其对比如表2-4-1所示。

表2-4-1 驱动补偿方法比较

	电压补偿法	电流补偿法	数字驱动补偿法	外部补偿法
优点	➢ 可补偿 V_{th}、VDD ➢ 充电速度快 ➢ 可用传统源驱动器（Source Driver）	➢ 可补偿 V_{th}、VDD 和迁移率	➢ 像素电路简单 ➢ 功耗较低 ➢ 充电速度快 ➢ 能很好地解决 V_{th} 和迁移率的影响	➢ 可补偿 V_{th}、迁移率、VDD、OLED ➢ 充电速度快 ➢ 像素电路简单
缺点	➢ 不能对迁移率和 OLED 进行补偿	➢ 不能对 OLED 进行补偿 ➢ 充电速度慢 ➢ 受各驱动通道的电流一致性影响	➢ 对 VDD 敏感 ➢ 不能补偿 OLED ➢ 需要较高刷新频率 ➢ 彩色镶边或图像伪轮廓线	➢ 数据驱动电路复杂

下面，我们将分别阐述几种有代表性的驱动补偿方法，如图2-4-23所示是两种补偿AMOLED残像的方法。其基本原理都是在每次更新像素数据时，先在驱动晶体管的栅极施加复位电压使其预先回到截止工作点。这样，无论当前显示图像与前一幅图像在亮度上有何变化关系，驱动晶体管的栅极电压均沿同一方向变化，相应的源漏电流也只可能沿同一曲线段方向变化。从而，避免了因TFT迟滞特性而可能存在的相同栅极电压不同源漏电流的情况，也就解决了图像残像的问题。所不同的是，图a是通过在像素驱动电路增加复位晶体管T2、复位控制线SCAN2和复位参考电压V_{REF}实现的，即在每行写入显示数据前，经开关管T2输入足够高的电压V_{REF}使驱动管T3的栅极电压复位并截止；图b是在不改变像素驱动电路的情况下，通过在驱动时序中增加复位时间T_{rst}并同时在数据线输出复位电压V_{off}实现的，即在每行写入显示数据前，从数据线输入足够高电压V_{off}使驱动管T2的栅极电压复位并截止。图b所示的方法，由于不需额外增加TFT及控制线和复位电源，因此有利于保证像素发光面积及提高生产良率。

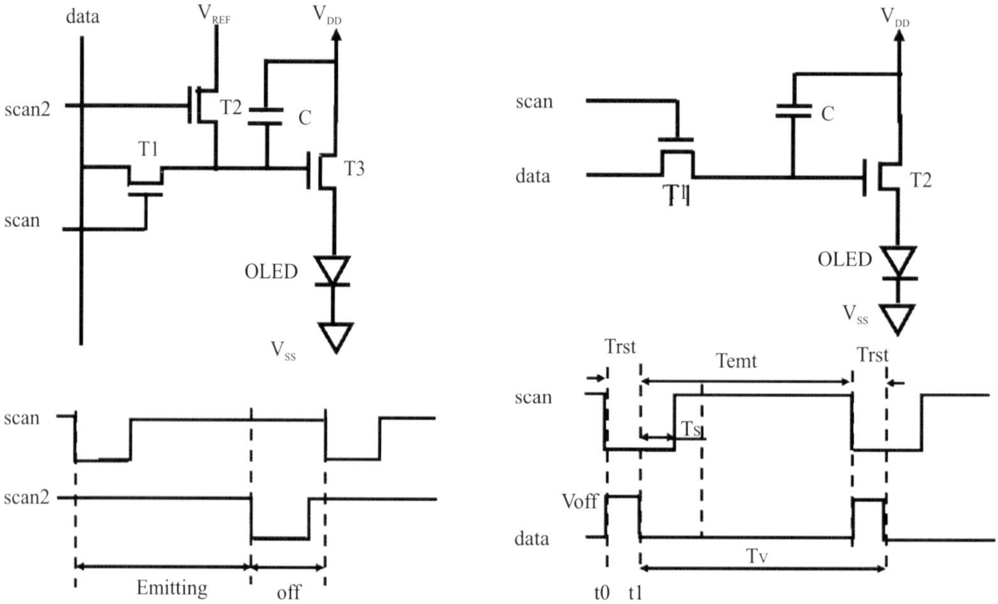

图2-4-23 AMOLED残像补偿

图2-4-24为一种具有驱动晶体管V_{th}补偿功能的AMOLED像素电路和驱动时序图。其工作原理可以分解为三个时序段：首先是初始化阶段，此时扫描信号$SCAN_{n-1}$为低电平，扫描信号$SCAN_n$和发光控制信号EMI_n为高电平，因此晶体管T4导通，其他晶体管均截止，电容C_{st}通过T4放电使T1栅极被初始化为一个低于VDATA的电压（即扫描低电平）；其次是数据写入、V_{th}取样阶段，此时$SCAN_n$为低电平，$SCAN_{n-1}$和EMI_n为高电平，T2导通使T1呈二极管连接，由于在前一阶段T1栅极已被初始化为低于VDATA 的电压，因此，T1导通，V_{DATA}通过T3、T1、T2对C_{st}充电，直到T1栅极电压为：V_{G1}=

$V_{DATA}+V_{th}$；最后是发光期，此时$SCAN_n$和$SCAN_{n-1}$为高电平，EMI_n为低电平，电源电压经T5、T1、T6向OLED提供驱动电流，电流大小为：

$$I=\frac{\beta}{2}(V_{DATA}+V_{TH}-V_{DD}-V_{TH})^2$$
$$=\frac{\beta}{2}(V_{DATA}-V_{DD})^2$$

其中，$\beta=\frac{W}{L}\mu C_{GI}$，以下同。由此可见，在提供给OLED的驱动电流公式中已抵消掉了变量V_{th}。也就是说，OLED发光亮度，将不再受驱动管T1阈值电压V_{th}变化的影响。

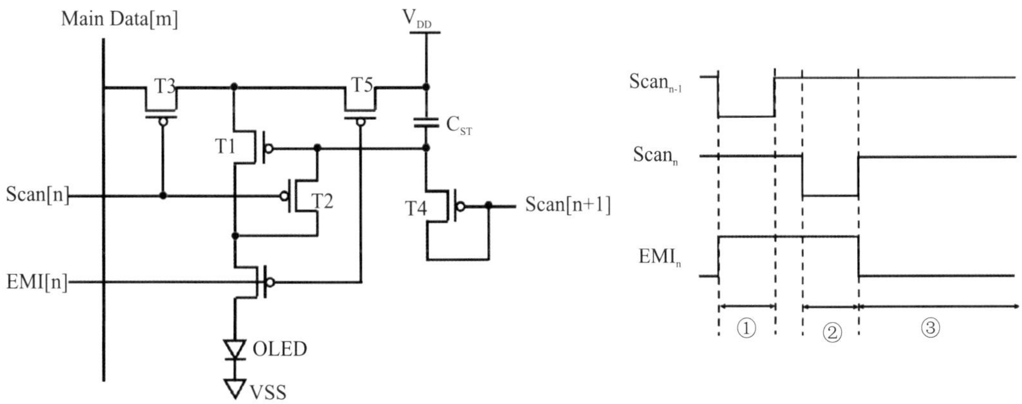

图2-4-24 驱动管V_{th}补偿

图2-4-25为一种同时具有驱动晶体管V_{th}和电源电压VDD补偿功能的AMOLED像素电路和相应驱动时序图。

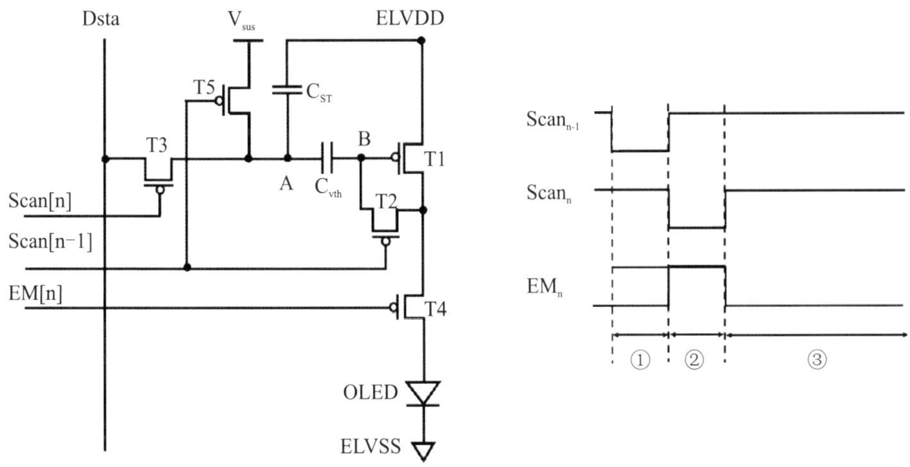

图2-4-25 V_{th}和VDD补偿

其工作原理也可以分解为三个时序段：首先是V_{th}取样期，此时扫描信号$SCAN_{n-1}$为低电平，扫描信号$SCAN_n$和发光控制信号EM_n为高电平，因此，晶体管T1、T2、T5导通，其他晶体管截止，电容C_{vth}被充电，充电结束时A、B两点及电容C_{vth}两端的电压分别为：

$$V_A = V_{SUS}\ ,\ V_B = V_{DD} + V_{th}$$

$$V_{Cvth} = V_A - V_B = V_{SUS} - V_{DD} - V_{th}$$

然后是数据写入期，此时$SCAN_n$为低电平，$SCAN_{n-1}$和EM_n为高电平，T3导通，其他晶体管截止，数据信号data经T3输入使A点电压等于V_{DATA}，由于电容电压不能跃变，B点电压随之变为：

$$V_B = V_A - V_{Cvth} = V_{DATA} - V_{SUS} + V_{DD} + V_{th}$$

最后是发光期，此时$SCAN_n$和$SCAN_{n-1}$为高电平，EM_n为低电平，电源电压经T1、T4向OLED提供驱动电流，电流大小为：

$$\begin{aligned} I &= \frac{\beta}{2}(V_B - V_{DD} - V_{th})^2 \\ &= \frac{\beta}{2}(V_{DATA} - V_{SUS} + V_{DD} + V_{th} - V_{DD} - V_{th})^2 \\ &= \frac{\beta}{2}(V_{DATA} - V_{SUS})^2 \end{aligned}$$

由此可见，在提供给OLED的驱动电流公式中已抵消掉了变量V_{th}和电源电压VDD，也就是说，OLED的发光亮度，将不再受驱动管T1阈值电压Vth和因电源线阻抗压降而导致的电源电压VDD的变化的影响。

图2-4-26为一种同时具有驱动晶体管V_{th}、载流子迁移率μ和电源电压VDD补偿功能的AMOLED像素电路和相应驱动时序图。前面例子均为电压补偿法，这里是电流补偿法，且采用CMOS电路设计。其工作原理可分解为四个时序段：首先是复位期，此时扫描控制线erase scan为高电平，write scan为低电平，T3截止，T4导通，T1、T4构成二极管连接，电源V_{DD}经T1、T4向电容C充电，当A点电压达$V_{dd}+V_{th1}$时充电结束，T1（T2）截止；然后是数据电流写入期，此时erase scan和write scan均为高电平，T3、T4均导通，电容C放电，A点电压逐渐下降，随着A点电压的下降，T1（T2）再次导通，且当T1源漏极电流随着A点电压的降低而增加到等于I_{data}时，T1、T2、T4形成镜像电流源，此时有关系式：

$$(V_{gs} - V_{th1})^2 = \frac{2I_{data}}{\beta_1} \approx \frac{2I_{oled}}{\beta_2} = (V_{gs} - V_{th2})^2$$

将$\beta = \frac{W}{L}\mu C_{GI}$代入上式，可得如下关系式：

$$I_{OLED} \approx \frac{\beta_2}{\beta_1} I_{data} \approx \frac{W_2}{W_1} I_{data}$$

之后是栅极电压保持期，此时erase scan为低电平，T4截止，T1、T2的栅极电压V_{gs}通过电容C保持。最后是发光期，由于电容C保持了镜像电流源时的V_{gs}，故经T2提供给OLED的驱动电流如上式，只与输入的数据电流I_{data}有关（W1、W2为T1、T2沟道宽度，在TFT设计时已确定，可视为常数），而与驱动管T2的阈值电压V_{th}、载流子迁移率和电源电压V_{DD}没有关系。

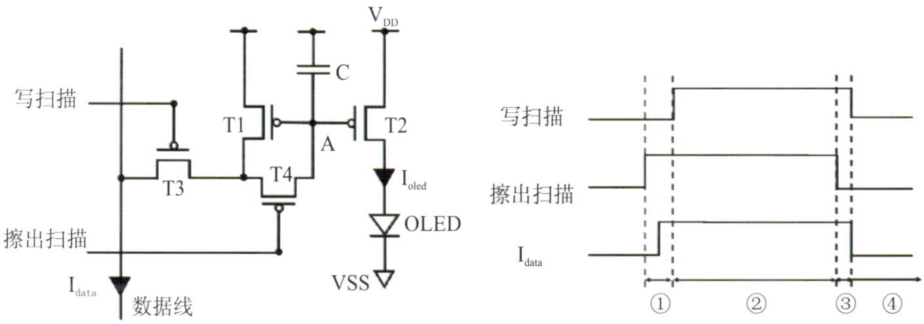

图2-4-26 阈值电压Vth、迁移率和电源电压VDD补偿

图2-4-27为一种外部补偿法的例子，可对驱动晶体管的阈值电压V_{th}、载流子迁移率μ、电源电压VDD和OLED老化等进行补偿，其中，像素驱动电路主要完成对补偿参数的检测，并为OLED提供驱动电流，外部数据驱动器主要完成补偿算法并向像素驱动电路提供经补偿校正后的驱动数据。

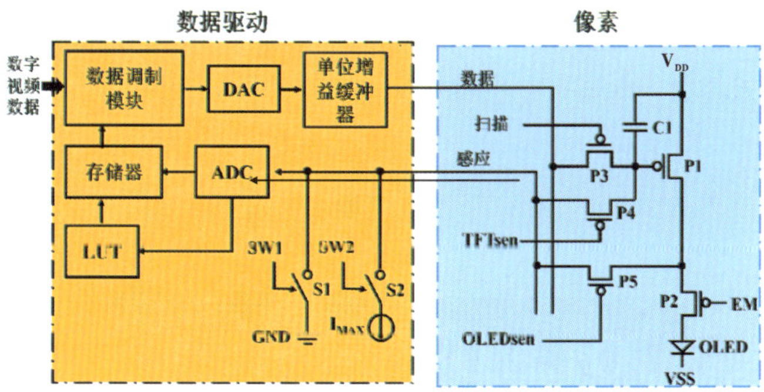

图2-4-27 阈值电压V_{th}、迁移率μ和OLED老化补偿

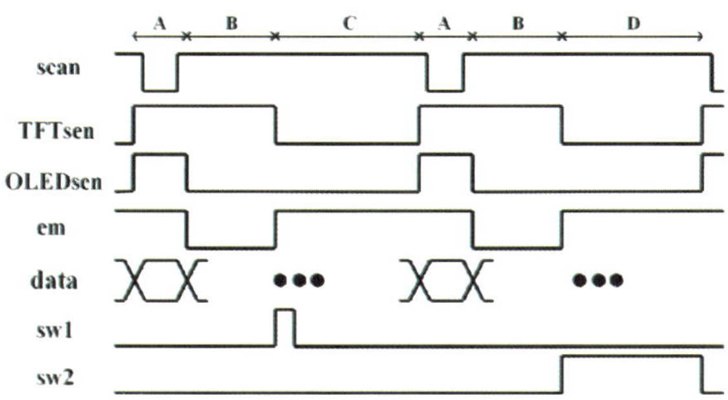

图2-4-28 外部补偿的驱动时序

驱动时序的工作原理也可以分解为四个时序段，但是包括连续两帧图像周期：在第一个图像帧，首先是数据写入期，此时扫描信号scan为低电平，检测控制信号TFT_{sen}和$OLED_{sen}$以及发光控制信号em均为高电平，晶体管P3导通，电压V_{data}经P3写入P1栅极；其次是OLED老化检测和发光期，此时$OLED_{sen}$和em为低电平，scan和TFT_{sen}为高电平，开关S1、S2断开，P1、P2、P5导通，OLED发光，反映 OLED老化程度的OLED阳极电压经P2、P5输入外部数据驱动器的ADC并存储在存储器中；第三个时序段是VDD、V_{th}检测期，此时，TFT_{sen}和$OLED_{sen}$均为低电平，scan和em均为高电平，S1先闭合使G点电压为零，然后S1、S2均断开，VDD经P1、P5、P4向C1充电，直至G点电压为（$V_{DD}+V_{th}$），此电压经P4输入ADC并存储在存储器中；第三个时序段结束后进入第二个图像帧，在第二个图像帧首先重复上述第一、第二时序段，然后进入第四个时序段，即迁移率检测期，此时TFT_{sen}和$OLED_{sen}$均为低电平，scan和em均为高电平，S2闭合，P1经P5流出的电流为I_{MAX}，因P1栅极在第一个时序段写入电压V_{data}，故有如下关系式：

$$\beta=\frac{2I_{MAX}}{(V_{data}-V_{DD}-V_{th})^2}$$

其中的可反映出载流子迁移率。通过上述连续两帧四个时序段，反映OLED老化程度的阳极电压、阈值电压V_{th}、载流子迁移率μ、电源电压V_{DD}均被检测并存储到了外部数据驱动器。按照特定的算法，就可以得到图像数据的修正值，通过预先对输入图像数据的修正，从而达到补偿驱动管阈值电压V_{th}、载流子迁移率μ、电源电压V_{DD}和OLED老化的目的。

2.5 OLED技术演进

2.5.1 底发射与顶发射

按照光的出射方式的不同，OLED可分为底发射型和顶发射型两种，如图2-5-1所示。

由于底发射型器件（bottom-emitting OLED, BEOLED）通常以生长在玻璃衬底上的透明的ITO作

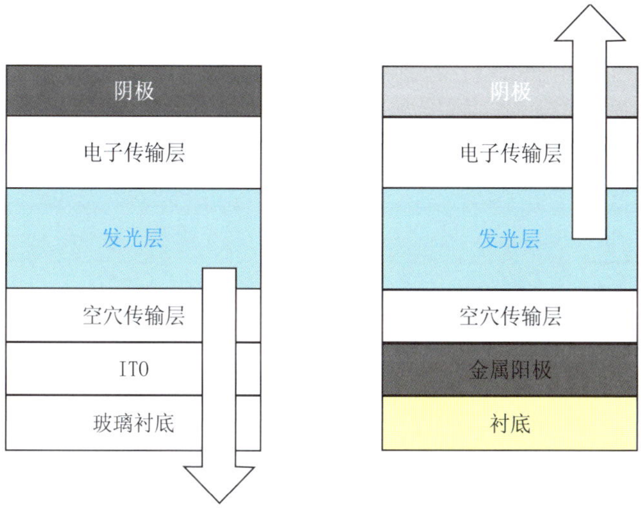

图2-5-1 有机电致发光器件结构示意图，底发射（左）顶发射（右）

为阳极，光从ITO/玻璃衬底一侧出射，如果采用有源驱动的方式来驱动显示器件，那么，像素的发光面积与驱动电路之间将会存在竞争，从而降低显示屏的开口率，不能达到较高的显示亮度。相反地，顶发射型的有机电致发光器件（top-emitting OLED, TEOLED）的光是由顶端的阴极出射的。这样，就可以将像素驱动电路制作在OLED器件下方，从而解决了器件像素驱动电路和显示发光面积相互竞争的问题，对开口率几乎没有影响，有利于实现大尺寸、高信息含量、高显示亮度、高分辨率的OLED平板显示器。由于TEOLED的光是从顶端射出，那么，为了使器件的效率得到提高，我们需要降低底部电极的吸收同时提高其反射率，所以器件一般采用反射率较高的金属作为底部反射电极，而顶端则为便于光出射的透明或半透明电极。由于ITO透明电极在制作过程中会对有机功能层造成损坏，所以顶电极通常使用半透明的金属电极。这样一来，则容易在两电极之间形成光学微腔，我们可以通过调节微腔参数来改变出射光的空间分布，从而改善器件的性能，如色纯度、效率、对比度等。顶发射OLED与普通的底发射的器件相比，具有如下优势：

(1) 可以实现光谱的窄化，提高器件发光所发光的色纯度；

(2) 对发射波长具有选择，可以调谐器件的发光颜色；

(3) 谐振波长（垂直方向）可由F-P微腔谐振条件确定，可通过调节微腔参数，实现所需特殊波长的发射。

顶发射白光对于实现基于滤光膜的高分辨率、高亮度、全彩色显示是必不可少的，其性能的优劣直接影响了显示的效果。另一方面，在大面积固态照明的应用上，底发射白光器件中使用的ITO透明电极价格昂贵，而且对大面积来说，其高的电阻也会影响器件的发光均匀性。对于顶发射白光，可以制作在任何平整度好的衬底上，以金属作为电极，其价格要比ITO低很多，且可以实现柔性器件的制作。然而，微腔效应（microcavity effect）给顶发射白光的制作带来了难以克服的困难。所以，顶发射白光逐渐受到人们的广泛关注。由于微腔效应的存在，普通的器件结构只能实现单模共振。若要增大腔长实现多模共振，则要增加有机功能层的厚度。如此一来，器件的工作电压随之增加，从而增大了功耗，与其他平板显示器件相比，OLED将丧失其竞争力。

2.5.2 透明OLED

透明OLED显示器件要求构成器件的衬底，电极的材料均为透明材料，器件关闭时透光率达到85%以上，而开启时，从两侧均能观察到发光，其关键之处在于采用高透光率的透明电极和透明TFT。ZAO薄膜具有较低的电阻率和较高的透光率，采用磁控溅射法制备的ZAO薄膜，其可见光透过率已超过85%，已达到了产业化的需求，并且由于不含有稀有元素铟，其作为透明电极的竞争力更优于传统的ITO。在TFT方面，虽然人们正在积极研究基于纳米结构等新型的TFT，但是目前仍以传统的多晶硅和非晶硅作为透明OLED的驱动电路。

本质上而言，透明OLED仅仅是在常规OLED基础上的改进。因此，一些OLED亟待解决的问题，同时也是制约透明OLED发展的因素，如器件的发光效率、寿命、全彩色等方面的难题。另外，在可见光区高透过率的金属电极和透明TFT，则是今后透明OLED研发的两个重要方向。

对于AMOLED，如果要实现透明显示，有两个关键的问题亟需解决，即面板的透明度与稳定性。目前，主要有两种方法来增加面板的透明度，一是改变电极结构，使用透明材料制作电极增加面板透明度，二是改变电极排布，增加透射窗口面积，提高面板透明度。

改变AMOLED电极结构实现透明显示，主要有两种工艺方法，一种是采用顶部发射结构，采用Mg:Ag材料制作阴极电极，另一种是用银材料作为阴极电极和n型掺杂材料制作电子传输层。第一种方法带来的问题，是阴极电极的薄层电阻很高，造成面板亮度不均匀；对于第二种方法，必须要考虑到n型掺杂电子传输层的热不稳定性。因此，这两种方法都不适合用于透明显示。

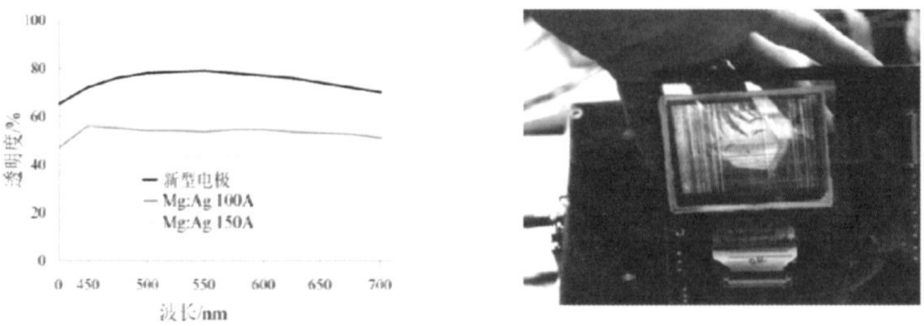

图2-5-2 新型OLED透明显示板透明度曲线图

2010年，韩国大田的一个氧化物电子研究小组提出了一种新型的器件结构，将AMOLED面板的透明度提高至80%。该面板对于不同波长的透明度曲线，如图2-5-2所示。该面板采用底部发射型结构，为了使光线都从底部发射而增加面板的亮度，需要增加阴极电极的反射率，但同时也会造成面板透明度下降。因此，除了电极结构的优化，该研究小组还使用了透明消气剂和新型防反光涂层技术，以提高面板的透明度。透明消气剂，不仅可以消除玻璃与玻璃盖间隙中的空气从而提高面板透明度，同时也将面板的抗压强度提升了50%。增加面板透明度的另一个措施，是降低玻璃的反光率。由于反射的原因，普通玻璃的透明度为92%左右。该研究小组使用了防反光涂层技术来减少反射，这种技术利用玻璃与空气的光学匹配，将玻璃的透明度提高到了98%。

2011年，清华大学的研究小组提出了一种OLED透明显示面板，使用新型电极结构制作了一块1.9 英寸的透明显示屏。该研究小组采用20 nm厚的银薄膜制作阴极电极，Li_3N材料制作电子注入层，并只用与银薄膜连接的Alq_3作为外部耦合层。透过改变Alq_3的厚度，可以调节光从底部或顶部发射的比率。图2-5-3是该OLED透明显示板底部与顶部发射亮度与电压关系图。从图中可以看出，当驱动电压为5 V时，底部与顶部的发射亮度分别是5000 cd/m^{2}和1500 cd/m^2。

Li_3N的引入，使面板在使用银薄膜作为阴极电极的情况下，也可以拥有较低的驱动电压。通过在Alq_3与Ag之间加入Li_3N，使得面板具有较高的电流效率。由图2-5-3可见，当电流密度为1000 A/m^{2}时，面板底部与顶部的电流效率分别为14.5 cd/A和2.7 cd/A。图2-5-4是OLED透明显示面板工作时的照片，面板的分辨率为12864，对于550 nm波长光线的透明度为52%。

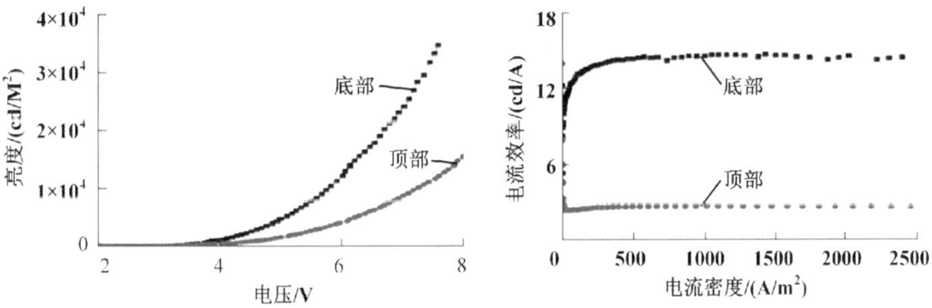

图2-5-3 OLED透明显示板底部与顶部发射亮度与电压关系图（左），电流效率与电流密度的关系图（右）

图2-5-4 OLED透明显示面板工作时的照片

2010年，SID会议上Jinkoo Chung等提出了一种基于底部发射的透明OLED显示技术。这种透明显示AMOLED屏在底部显示图像，而在其背面通过透射窗口观察图像。面板像素的排布情况，如图2-5-5所示。由图可见，在这种面板的像素布局里，发射区域与透射区域是分开排布的。

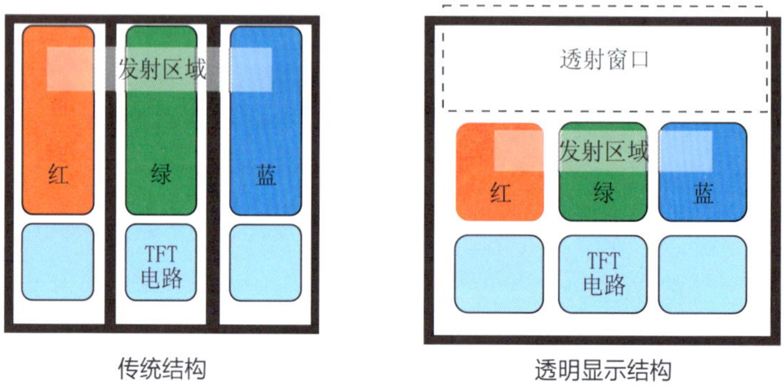

图2-5-5 底部发射型透明显示OLED屏像素排布的示意图

为了提高面板的透明度，在像素布局设计时应使透射窗口面积越大越好。双面显示OLED面板中的发射区域比传统OLED面板要小很多，取而代之的是面积更大的透射窗口。面板工作时的状态，如图2-5-6所示。

图2-5-6 底部发射型透明显示OLED屏的实物图

与这种技术类似的，还有Young W. Song等在SID会议上提出的一种基于低温多晶硅的透明显示OLED屏，其像素排布如图2-5-7所示。

图2-5-7 基于低温多晶硅的透明显示OLED屏像素排布的示意图

图2-5-8是该低温多晶硅透明显示屏在笔记本电脑上的一个应用实例，该显示屏有较宽的色彩范围，高亮度和高透明度，可以满足日常信息显示的需求。

图2-5-8 基于低温多晶硅的透明显示OLED屏的实物图

2.5.3 倒置式IOLED结构

倒置式OLED（Inverted OLED, IOLED）器件是先在基板上制作阴极，在阴极金属上蒸镀有机薄膜后在再生长阳极导电膜，与一般传统器件的制作流程刚好相反，二者的结构如图2-5-9所示。IOLED的主要优点，在于适合于同n沟道a-Si薄膜晶体管的集成，作为大面积、高效率的主动矩阵驱动的元器件。关于IOLED的研究，最早是由Baigent等在硅芯片上生长聚合物薄膜后，再溅射ITO薄膜作为阳极。欲在有机分子上溅射ITO薄膜，必须预先在有机薄膜上添加溅射保护层。Forrest等于1997年首次提出小分子的IOLED，并发现CuPc或3,4,9,10-perylenetetracarboxylicdianhydride（PTCDA）可作为溅射保护层，相比较而言，PTCDA的效果比CuPc好。2003年，Dobbertin等使用具有高空穴传导率和高热稳定性的有机半导体材料并五苯作为溅射保护层，并采用低功率与较高功率两个阶段溅射ITO。但是采用该方法，并五苯与ITO界面间的空穴注入效率有待改善。同年，Dobbertin等又利用旋涂法在有机小分子材料上沉积聚合物材料PEDOT作为溅射保护层。2004年Miyashita等改以MoO_3取代有机材料，作为溅射保护层兼空穴注入层。

对于IOLED，另一个需要注意的问题是，载流子从电极的有效注入。因为阴极生长在基板上，需要进一步刻蚀形成适当的图形，因此不能使用反应活性高的低功函数金属，如Li、Ca、Mg等。另外，新溅射的ITO阳极功函数不够高，因此，无法达到与传统OLED组件一样的效果。Jung等用N_2等离子轰击处理铝阴极的表面，使得电子更容易注入电子传输层；Wu等则是使用薄的Alq_3/LiF/Al层作为倒置型OLED的电子注入层，并且比较了Al和Ag作为阴极的差异；另外，台湾交通大学的OLED研究小组也提出以ITO/Mg/BPhen:Cs_2CO_3来解决从ITO电极注入电子的问题。

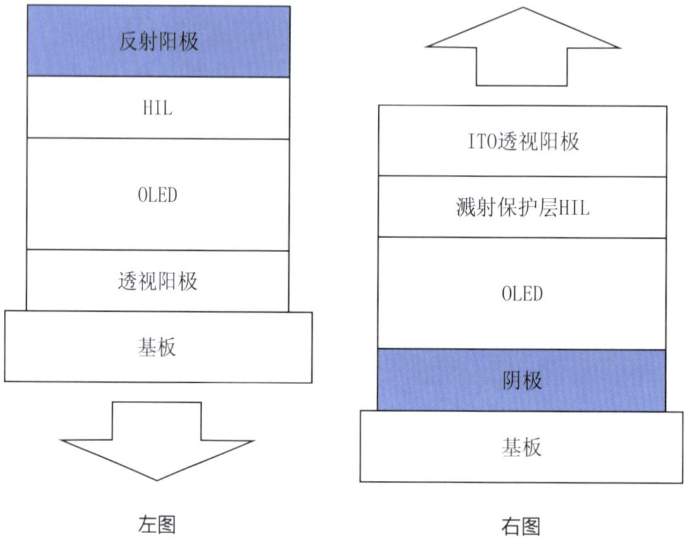

图2-5-9 传统OLED结构（左图）和倒置式OLED结构（右图）

2.5.4 叠层结构

叠层OLED器件的概念，是由日本山形大学Kido教授首先提出的。他们利用Cs:BCP/V_2O_5作为内部连接层，将数个发光元件串联起来。叠层OLED与Kodak发表的传统OLED技术比较，如图2-5-10所示，具有较高的发光效率，其发光效率随着串联元件的个数，成倍增加。同时，在相同的电流密度下，虽然叠层OLED与传统OLED的老化特性是一样的，但是叠层OLED的初始亮度比较大。因此，换算成同样的初始亮度时，叠层OLED的寿命将比较长。但是，叠层OLED也有其缺点，即器件的驱动电压也会随着元件串联数而成倍增加。

鉴于此，2004年，廖良生教授与邓青云教授共同研制了以n-type Li:Alq_3/p-tpyc NPB:$FeCl_3$作为内部连接层的叠层OLED。虽然叠层OLED由于总厚度增加，使得在相同驱动电流下的电压变大，但是，由于在相同的驱动电流下，发光亮度的增加使得发光功率效率也随之增加。在其器件中，如果以多个磷光绿光元件互相堆叠，当堆叠的元件数为3时，可达到130 cd/A的高效率。但是他们发现，如果直接以n-掺杂层/p-掺杂层作为连接层，器件的电压会随着时间延长而增加，这可能是n-掺杂层与p-掺杂层界面相互扩散而破坏所致，因此必须加入一中间层（如氧化物或金属）加以改善、调节。由此可见，如何选择、设计、制备适合的内部连接层是叠层OLED的关键所在。

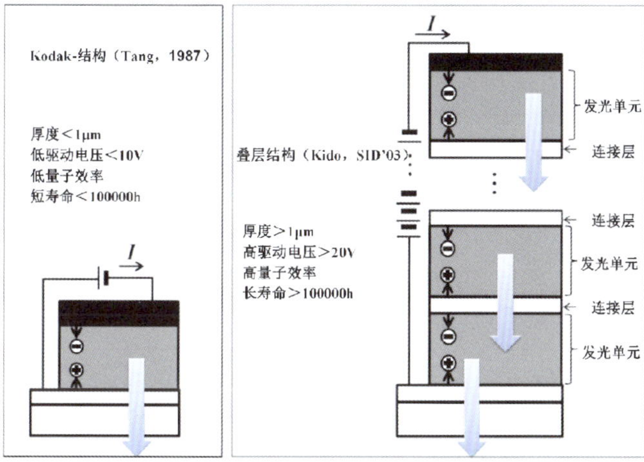

图2-5-10 传统与叠层OLED技术比较

另外，2004年，台湾国立交通大学的OLED研究小组发表了以Mg:Alq$_3$/WO$_3$为内部连接层的叠层器件。在调整WO$_3$的厚度时，他们发现了增幅现象，即当WO$_3$厚度为30 nm时，两元件串联的叠层器件的发光效率刚好是传统器件的两倍。但是，随着WO$_3$厚度的减小，发光效率可以增加到传统器件的四或五倍，同时，也发现这些增幅器件在各个角度的发光强度接近Lambertian光源，而进一步的研究表明，这种增幅效应与多层介质中的微共振腔效应有关。

内部连接层，在叠层器件中起着至关重要的作用，也是提高器件性能的关键。在外界电场作用下，内部连接层产生电子和空穴，注入到相邻的发光单元，并与反向注入的空穴和电子复合、激发、迁移，最后电致发光。因此，内部连接层的选择，必须满足以下条件：

(1) 合适的载流子传输通道；

(2) 高的光透射率，减少光吸收损失；

(3) 良好的导电性，否则驱动电压过高，影响器件的实用性；

(4) 所用连接层材料与有机半导体材料体系具有良好的兼容性。

为了满足以上四个条件，我们总结、归纳了相应的解决方案，具体如下，

(1) 载流子传输通道：内部连接层一方面将产生的电子传输到相邻一侧发光单元的电子传输材料的LUMO能级；另一方面，将产生的空穴传输到相邻另一侧发光单元的空穴传输材料的HOMO能级，否则无法形成邻近两个发光单元的有效发光。因此，合适的导电通道直接取决于材料的特性，比如合适的功函数，匹配的分子能级等。

(2) 透光性：通过调节内部连接层的厚度，可以提高其在可见光区域的透光性，但是如果厚度太薄，会影响其导电性能。

⑶ 导电性：电阻与长度成正比，厚度越薄，电流传输距离越短，电阻越小，反之亦然。

⑷ 兼容性：主要使用可真空蒸镀的材料，比如有机小分子材料、熔点较低的金属或金属氧化物。

典型的内部连接层是一个p-n结双层结构，如金属—金属、金属—金属氧化物、有机—金属氧化物、有机—金属、有机—有机双层等结构。p型部分，通常由金属氧化物（如ITO、WO_3、MoO_3、V_2O_5等），或者由空穴传输材料掺杂路易斯酸（如$FeCl_3$:NPB，F4-TCNQ:NPB）组成。而n型部分，主要由低功函数的碱金属或碱土金属掺杂在电子传输材料中组成，如Li、Cs、Mg等。叠层OLED内部连接层常用的结构和材料，如表2-5-1所示。

表2-5-1 叠层OLED内部连接层常用结构和材料

n-type/p-type	
Cs:BCP/V_2O_5	Mg:BPhen/MoO_3
Li:BCP/V_2O_5	Cs:BPhen/F_4-TCNQ:NPB
Li:Alq_3/$FeCl_3$:NPB	Mg:Ag/ITO
Li:TPBI/$FeCl_3$:NPB	Mg:Alq_3/F_4-TCNQ:m-MTDATA
Mg:Alq_3/WO_3	Li:BPhen/HAT-CN
Mg:Alq_3/V_2O_5	CuPC/F_{16}CuPC
Li:BPhen/MoO_3	Rb_2CO_3:Bphen/ReO_3:NPB
Cs_2CO_3:Alq_3/MoO_3	

2.5.5 柔性OLED

柔性OLED（Flexible OLED, FOLED），是指在塑料、金属薄片、玻璃薄片等柔性基材上，制备的具有可挠曲性的OLED显示器件。近几年，作为全固态的平板显示器件，FOLED已有较大的发展，随着相关技术瓶颈的逐步突破，产业链的逐渐完善，已有不少国内外公司推出了FOLED的量产计划。柔性OLED采用柔性基底材料作为显示终端的载体，器件结构中阳极采用透明ITO薄膜功能层，然后在ITO表面用旋涂或真空蒸发等方法制备，再在有机薄膜功能层上制备器件阴极，阴极材料多为低功函数的金属，器件发光从透明ITO膜的基底一侧输出。FOLED显示具有画面质量高、响应速度快、加工工艺简单、抗挠曲性优良、驱动电压低等优点，且已初步实现了产品的量产化。

未来的FOLED的研发方向主要集中在以下几个方面：⑴更高效率的电致发光材料及更高电子、空穴迁移率的载流子传输材料等有机半导体材料的研究与开发；⑵封装基板及相关封装材料的研究与开发；⑶显示器件的结构设计与优化；⑷器件寿命的进一步提高；⑸低成本封装工艺及设备的研发；(6)驱动电路的优化设计与提高等。

在柔性OLED显示器中，衬底的选材决定显示屏的工艺路线、生产成本、显示画质及产品可靠性，是开发柔性显示器件的基础。目前，柔性显示衬底主要有聚合物基片、金属基片及超薄玻璃等。这三种衬底的优缺点，如表2-5-2所示。

表2-5-2 柔性显示三种衬底具备的不同特性

衬底	优点	缺点
聚合物	柔性好、透明、超轻、可实现 Roll-to-Roll 工艺	可承受的温度低；高水氧透过率，需要水、氧阻挡层；制备难度高
金属片	低水氧透过率、加工过程中不易膨胀、可承受高加工温度、耐久性好	表面粗糙，需要平坦化处理；不透明，需要顶发光的 OLED，制备难度高
超薄玻璃	低水氧透过率、加工过程中不易膨胀、透明	易碎；柔性差；成本高；制备难度高

玻璃通常是刚性材料，但是当其厚度下降到50~200 μm时，也能够弯曲，但是要达到任意弯折的柔性仍有一定距离，同时薄玻璃在应用中很容易破裂，增加了器件制备的难度。相对于玻璃来说，聚合物和金属薄片都具有较好的柔韧性，在应用上更符合柔性OLED显示器的性能需求。

聚合物衬底的水氧阻隔能力和在高温下的稳定性都不好，因此，制备聚合物衬底的OLED，其关键问题在于提高聚合物衬底对水氧的阻隔能力，提高聚合物衬底的热稳定性，以及改善在低温下沉积的ITO薄膜的性能和OLED器件的封装。

与聚合物衬底相比，金属衬底耐高温制程，热膨胀系数更接近玻璃；具备良好的阻水、阻氧的性能；成本低廉且获取方便，不需要水氧阻隔层的制备，实际应用成本有望比聚合物更低。但是，由于金属衬底具有不透光和表面粗糙的缺点，在金属衬底上制备OLED重点需要解决以下几个技术难点：（1）高平整度的柔性金属衬底开发及在衬底上高反射率阳极的制备工艺；（2）开发性能稳定的半透明阴极技术；（3）高效的顶发光有机发光器件结构优化，特别是有机功能层厚度的优化与控制。

在SID 2008展会上，SONY展出了柔性、全彩、有源驱动的2.5英寸OLED显示器件，分辨率为120×160，1680色。2008年底，台湾工研院展示了0.2 mm的超薄FOLED显示器件。同期，电子科技大学也开发出了厚度仅为0.1 mm的4.3英寸单色柔性OLED显示屏，分辨率为160×128，实物如图2-5-11所示。2012年，美国亚利桑那州立大学开发出7.4英寸柔性OLED显示屏。在CES 2013展会上，韩国三星展出了使用柔性OLED屏的曲面（bending）手机原型，该屏为5英寸，高宽比16∶9，实物图如图2-5-12所示。2013年初，韩国LG率先推出了全球第一款曲面的55英寸OLED电视产品，这是全世界第一款得以量产的曲面、大屏幕OLED显示器件，如图2-5-13所示。2013年8月，韩国三星也正式推出了55英寸的曲面OLED电视。2013年8月，华南理工大学发布了4.8英寸全彩柔性OLED显示器件。在IFA2013展会上，韩国LG展出了曲面77英寸OLED电视，而韩国三星则展出了曲面98英寸OLED电视，如图2-5-14所示。高分子电致发光显示（polymer LED, PLED）方面，由于其材料优秀的可加工性能，更易实现大屏化、柔性化。英国CDT公司一直致力于PLED显示技术的研发工作，相继展出了多款PLED样品；飞利浦已将其研发的PLED应用于其剃须刀上。

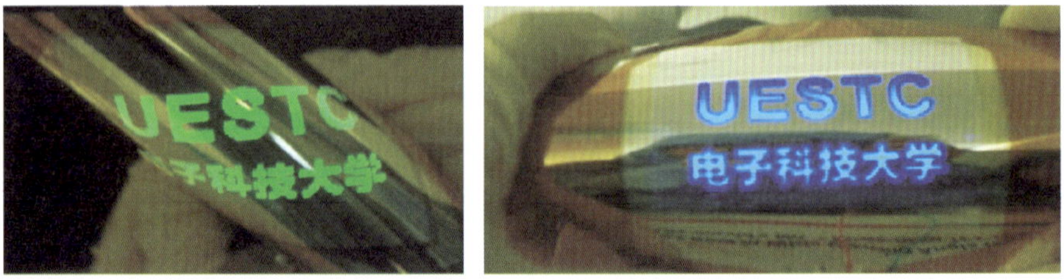

图2-5-11 电子科技大学的柔性OLED显示屏

图2-5-12 三星5英寸可弯曲OLED手机屏

图-2-5-13 LG 55英寸可弯曲OLED电视

图2-5-14 三星98英寸可弯曲OLED电视

目前，OLED柔性显示技术的主要研发机构有，三星、LG、Philips、SONY、柯达、CDT、日本精工爱普生、台湾工研院、电子科技大学、华南理工大学、香港城市大学、清华大学、南京邮电大学、南京工业大学、上海大学等。

2.5.6 微显示OLED

微显示技术的核心，是把显示图像或计算机图像的全部像素集成到一片集成电路上。从不同的角度出发，可以对微显示器给出很多不同的定义。传统的微显示器定义为对角线尺寸小于1英寸（2.54厘米）的显示器。微显示器又称为微型平面面板，常在光学引擎中生成图像，而光学引擎即指光学系统图像的来源。光学引擎分为两大类，一类用于投影显示系统，一类用于虚拟现实系统。微显示器用于投影显示系统时，光学系统有两个作用，一是将微显示器上的微小图像放大，二是在屏幕上产生实际的投影图像。正投影机的配置特征是，光学放大系统装在图像生成屏幕的背后，这些机器可以直接和手提式电脑互联。投影显示系统的用途，还包括家庭娱乐系统、专业和商用投影系统、数据监视器、仿真系统及数字影院等等。微显示器用于虚拟显示时，光学系统生成的是虚拟图像，这些图像出现在观察器的内部，观看者在观察器内部某处，可看到与实物显示屏相同的虚像，但看起来非常大。这类微显示器主要用于头戴式或手掌式电脑监视器、移动设备的视频显示器、数码照相机view finder以及CAD/CAM和游戏机等视觉显示环境，如图2-5-15所示。

最早的硅基OLED微显示器出现于2001年，美国eMagin公司开发了一款分辨率为640×480的硅基OLED微显示器，像素点距34.3 μm，740 ppi，最高亮度为500 cd/m^2。该款微显示器起初用于手表，随后用于穿戴式计算机。目前，该公司是全球制造硅基AMOLED微显示器（OLED-on-silicon）的主要公司。基于该公司的专利性材料、器件结构、工艺和加工技术，以及来自Eastman Kodak公司的OLED专利授权，eMagin开发了多种新型OLED技术和硅上电路设计。2001年，eMagin公司首个SVGA+OLED微显示器开始商业化供样，如图2-5-16所示。2002年初，开始交付SVGA-3D OLED微显示器。2005年中，推出世界首例集OLED技术、头盔技术和3D立体视像技术于一体的个人显示系统Z800 3DVisor。2006年，该公司推出了高亮度、长寿命、高效率的OLED-XL技术，并且该公司生产的OLED微显示头盔已被美国空军F-15E战斗机及美军“陆地勇士计划”所选用。

图2-5-15 美国eMagin公司的OLED显示产品系列

图2-5-16 eMagin OLED微显示产品（SXGA）

eMagin公司可以提供的产品包括：SVGA OLED-XL微显示器、WFO5光学棱镜，以及Z800 3DVisor浸没式3D产品。此后，硅基OLED微显示不断取得突破，并于2011年开发出分辨率达1920×1200的OLED微显示器，像素面积为3.2 μm × 9.6 μm，2600 ppi，采用0.18 μm CMOS工艺制程。美国成为当今世界上最主要的硅基OLED微显示器技术方案提供者，无论基础研究还是实际应用都处于世界前列。

2011年，索尼发布了0.5英寸及0.7英寸OLED微显示屏产品。0.5英寸OLED屏的分辨率达1024×768，像素尺寸为9.9 μm；0.7英寸OLED屏，分辨率则为1024×720。这两款OLED微显示屏的色域（NTSC）都超过90%，对比度高达10000:1，响应时间为10 s。该超高显示密度OLED微显示屏，是专门设计用于数码相机电子取景器等领域，NTSC可高达97%，采用白色OLED彩色滤光片全彩化技术。

我国从事OLED微显示的研究机构和公司并不多，且大都集中在像素驱动电路的研究上，主要有中科院微电子所、北京大学、中电集团55所等。对于OLED微显示芯片的研究只有电子科技大学和上海大学。目前，在国内开发生产的公司只有中电集团55所和云南北方奥雷德光电科技股份有限公司，其他涉及微显示的公司主要为系统集成商，本身并不生产和制作微显示芯片，主要有四川虹视、爱视代、亿思达等。

国内研究机构和厂商已在OLED技术上投入了大量的人力、物力和资金，在OLED技术领域有着坚实的基础，有许多成果也达到了国际先进水平，如何将OLED技术应用于OLED微显示技术，将是国内研究机构和厂商涉足OLED微显示领域的课题所在。

2.5.7 白光照明OLED

目前，世界上还没有大规模量产OLED照明产品的企业，但是欧盟和美、韩、日等从国家战略高度出发，已经制定相关发展计划和攻关课题，大力资助OLED照明的技术研究和产品开发。近年来，在OLED照明方面取得了明显的进步。最新的研究表明，在2940K的色温下，OLED室内照明灯具的光效达到了52 lm/W，这已经与LED室内照明灯具相当。在商用照明的高端市场上已经出现了OLED照明灯具。

与传统的照明技术不同，基于有机半导体材料的OLED固态照明是平面光源，工作电压低，仅为3~6 V，它可以自由调节色彩、色调的深浅及强度，显色指数接近100%，能够发出天然的白光或阳光色，可以像窗户一样透明，像镜子一样反射。与传统的照明技术相比，OLED具有厚度薄、重量轻、全固体结构、抗震抗冲击性能好的特点。OLED照明拥有照明器具所具有的一切优点，随着柔性基板的使用，OLED照明将给照明领域带来一场革命性的技术创新，如可卷曲的照明屏幕，可发光壁纸等。表2-5-3列出了常见照明光源的性能及优缺点对比。

表2-5-3 常见照明光源的性能及优缺点

照明光源	灯具光效（lm/W）	寿命 h	主要优点	主要缺点
白炽灯	10~20	1000	最接近日光光谱	发光效率低、亮度低、寿命短、易破碎
荧光灯	80~100	1000~10000	发光效率高、省电、适用于室内照明	含汞、易破碎，易产生环境的污染
白光 LED	60~120	10000~100000	寿命长、亮度高、亮度可调、体积小、环保	点光源、成本高、需进行散热设备
白光 OLED	30~60	1000~2000	面光源、超薄、省电、可卷曲、亮度可调节	寿命短、发光效率待提高，尚未大规模生产

从2011年至2015年，全球OLED市场规模将以成倍的速度持续增长，预计到2015年底全球OLED照明市场规模将达到42亿美元。近年来，日本OLED照明产业发展迅速，包括三菱、夏普、KANEKA、松下、东芝等众多著名企业都在OLED照明供应链中取得先机。韩国的LG、三星两大巨头的实力也不容忽视。美国的能源部已设定了OLED的发展目标，规划到2015年OLED面板发光效率达到105 lm/W，到2020年OLED面板发光效率达到157 lm/W。而我国的OLED照明也已经获得了政府政策的积极支持。

2011年底，国家发改委发布了“十二五”期间取消白炽灯路线图，并计划五年内30%的通用照明使用固态照明。室内照明占整个照明领域的74%之多，因此，要实现“十二五”固态照明规划，进入室内照明领域是关键。固态照明的LED要成为室内通用照明至今存在两大挑战，一是由于其白光大多是通过蓝光与荧光粉复合而得，光质差，难与白炽灯媲美；二是由于需要散光、导光及散热等通用但较为昂贵的辅助器件制成灯具，即使芯片价格逐年减低，其灯具价格也高居不下，无法与现有的节能灯和白炽灯相抗衡。与LED照明相反，OLED光质好，接近自然光，不需要配光，其本身即是灯具。因此，LED照明面临的挑战给同属固态照明的OLED提供了绝佳的机会。实质上而言，OLED与LED是一种应用领域互补的关系而非竞争关系，市场定位方向不同，室内照明强调的是接近自然光、护眼，这都是OLED的优点，而在室外照明领域，OLED在亮度上先天不足。建筑市场是OLED照明最佳起始市场。我国正处于城市化加速期，新建筑占全球50%以上，未来10年新增建筑面积超过2亿平米。按现有OLED照明能效和国家住建部对室内照明的要求计算，若10%的新建筑使用OLED照明，每年大约需要OLED照明面板1000万平米（相当于10条一百万平米面板生产线的年产量）。按同样的方法计算，若3%的已有建筑使用，OLED照明，则需要OLED照明面板1亿平米（相当于100条百万平米面板生产线的年产量）。由此可见，中国发展OLED照明产业的前景广阔，OLED照明产业的希望在中国。

参考文献

[1]Peisert H, Petr A, Dunsch L, et al. Chem. Phys. Chem., 2007, 8: 386.

[2]Zhao Y B, Chen J S, Chen W, et al. J. Appl. Phys., 2012, 111: 043716.

[3]Vanslyke S A, Chen C H, Tang C W. Appl. Phys. Lett., 1996, 69: 2160.

[4]Xiao L X, Xing X, Chen Z J, et al. Adv. Funct. Mater., 2013, 23: 1323.

[5]Chen C H, Shi J, Tang C W. Macromol Symp., 1997, 125: 1.

[6]Adachi C, Nagai K, Tamoto N. Appl. Phys. Lett., 1995, 66: 2679.

[7]Sun Y, Forrest S R. Appl. Phys. Lett., 2007, 91: 236503.

[8]Eom S H, Zheng Y, Chopra N, et al. Appl. Phys. Lett., 2008, 93: 123309.

[9]Agata Y, Shimizu H, Kido J. Chem. Lett., 2007, 36: 316.

[10]Tsai M H, Ke T H, Lin H W, et al. Appl. Mater. Interface, 2009, 1: 567.

[11]Wu M F, Yeh S J, Chen C T, et al. Adv. Funct. Mater., 2007, 17: 1887.

[12]Park M S, Lee J Y. Chem. Mater., 2011, 23: 4338.

[13]Park M S, Choi D H, Lee B S, et al. J. Mater. Chem., 2012, 22: 3099.

[14]Cho Y J, Lee J Y. Adv. Mater., 2011, 23: 4568.

[15]Tanaka D, Agata Y, Takeda T, et al. Jpn. J. Appl. Phys., 2007, 46: L117.

[16]Lee K, Kim J Y, Park S H, et al. Adv. Mater., 2007, 19: 2445.

[17]Luo J, Xiao L, Chen Z, et al. Appl. Phys. Lett., 2008, 93: 133301.

[18]Brinkmann M, Gadret G, Muccini M, et al. J. Am. Chem. Soc., 2000, 122: 5147.

[19]Yeh S J, Wu M F, Song C T, et al. Adv. Mater., 2005, 17: 285.

[20]Zhen Y, Eom S H, Chopra N, et al. Appl. Phys. Lett.,2008, 92: 223301.

[21]Tsai M H, Lin H W, Su H C, et al. Adv. Mater., 2006, 18: 1216.

[22]Su S J, Chiba T, Takeda T, et al. Adv. Mater., 2008, 20: 2125.

[23]Su S J, Gonmori E, Sasabe H, et al. Adv. Mater., 2008, 20: 4189.

[24]Xiao L, Su S J, Agata Y, et al. Adv. Mater., 2009, 21: 1271.

[25]Tanaka D, Takeda T, Chiba T, et al. Chem. Lett., 2007, 36: 262.

[26]Jeon S O, Jang S E, Son H S, et al. Adv. Mater., 2011, 23: 1436.

[27]Kwon S, Wee K R, Kim A L, et al. J. Phys. Chem. Lett., 2010, 1: 295.

[28]Ren X, Li J, Homes R J, et al. Chem. Mater., 2004, 16: 4743.

[29]Adachi C, Baldo M A, Thompson M E, et al. J. Appl. Phys., 2001, 90: 5048.

[30]Tokito S, Lijima T, Suzuri Y, et al. Appl. Phys. Lett., 2003, 83: 569.

[31]Kawamura Y, Goushi K, Brooks J, et al. Appl. Phys. Lett., 2005, 86: 71104.

[32]Lei G T, Wang L D, Duan L, et al. Synth. Met., 2004, 144: 249.

[33]Whang D R, You Y, Kim S H, et al. Appl. Phys. Lett., 2007, 91: 233501.

[34]Fukagawa H, Watanabe K, Tsuzuki T, et al. Appl. Phys. Lett., 2008, 93: 133312.
[35]Wu M F, Yeh S J, Chen C T, et al. Adv. Funct. Mater., 2007, 17: 1887.
[36]Tsuboi T, Liu S W, Wu M F, et al. Org. Electron., 2009, 10: 1372.
[37]Inomata H, Goushi K, Masuko T, et al. Chem. Mater., 2004, 16: 1285.
[38]Jeon S O, Jang S E, Son H S, et al. Adv. Mater., 2011, 23: 1436.
[39]Ding J, Wang Q, Zhao L, et al. Mater. Chem., 2010, 20: 8126.
[40]Jeong S H, Lee J Y. J. Mater. Chem., 2011, 21: 14604.
[41]Jeong S H, Seo C W, Lee J Y, et al. Chem. Asia J., 2011, 6: 2895.
[42]Su S J, Sasabe H, Takeda T, et al. Chem. Mater., 2008, 20: 1691.
[43]Ren X, Li J, Holmes R J, et al. Chem. Mater., 2004, 16: 4743.
[44]Lin J J, Liao W S, Huang H J, et al. Adv. Funct. Mater., 2008, 18: 485.
[45]Shih P I, Chien C H, Chuang C Y, et al. J. Mater. Chem., 2007, 17: 1692.
[46]Ye S, Liu Y, Di C, et al. Chem. Mater., 2009, 21: 1333.
[47]Shih P I, Chiang C L, Dixit A K, et al. Org. Lett., 2006, 8: 2799.
[48]Shih P I, Chien C H, Wu F I, et al. Adv. Funct. Mater., 2007, 17: 3514.
[49]Tang C W, VanSlyke S A. Appl. Phys. Lett., 1987, 51: 913.
[50]Tang C W, VanSlyke S A, Chen C H. Appl. Phys. Lett., 1989, 65: 3610.
[51]Kijima Y, Asai N, Kishii N, et al. IEEE Trans. Electron. Devices, 1997, 44: 1222.
[52]Hamada Y, Kanno H, Tsujioka T, et al. Appl. Phys. Lett., 1999, 75: 1682.
[53]Liu T H, Iou C Y, Chen C H. Appl. Phys. Lett., 2003, 83: 5241.
[54]Feng J, Li F, Gao W, et al. Appl. Phys.Lett., 2002, 81: 2935.
[55]Burrows P E, Forrest S R, Silbey S P, et al. Appl. Phys. Lett., 1996,69: 2959.
[56]Yu J S, Shirota Y. Chem. Lett., 2002, 31: 984.
[57]Yu J S, Chen Z J, Sone M, et al. Jpn. J. Appl. Phys., 2001, 40: 3201. [58]Toguchi S, Morioka Y, Ishikawa H, et al. Synth. Met., 2000, 111: 57
[59]Thomas K R J, Lin J T, Velusamy M, et al. Adv. Funct. Mater., 2004, 14: 83.
[60]Okumoto K, Kanno H, Hamaa Y, et al. Appl. Phys. Lett., 2006, 89: 063504.
[61]Jabbour G E, Kawabe Y, Shaheen S E, et al. Appl. Phys. Lett., 1997, 71: 1762.
[62]Liu S J, He F, Wang H, et al. J. Mater. Chem., 2008, 18: 4802.
[63]Baldo M A, Brien D F, You Y, et al. Nature, 1998, 395: 151.
[64]Li C, Sun P, Yan L, et al. Thin Solid Films, 2008, 516: 6186.
[65]Tsuboyama A, Iwawaki H, Furugori M, et al. J. Am. Chem. Soc., 2003, 125, 12971.
[66]Xu M L, Wang G Y, Zhou R, et al. Inorg. Chim. Acta, 2007, 360: 3149.
[67]Zhou G, Wong W Y, Yao B, et al. Angew, Chem. Int. Ed., 2007, 46: 1149.
[68]Lamansky S, Djurovich P, Murphy D, et al. J. Am. Chem. Soc., 2001, 123: 4304.
[69]Kawamura Y, Goushi K, Brooks J, et al. Appl. Phys. Lett., 2005, 86: 71104.
[70]Fukase A, Dao K L T, Kido J. Polym. Adv. Technol., 2002, 13: 601.
[71]Baldo M A, Lamansky S, Burrows P E, et al. Appl. Phys. Lett., 1999, 75: 4.
[72]Ho M H, Balaganesan B, Chu T Y, et al. Thin Solid Films, 2008, 517: 943.
[73]Ikai M, Tokito S, Sakamoto Y, et al. Appl. Phys. Lett., 2001, 79: 156.
[74]Kang J W, Lee D S, Park H D, et al. Org. Electron., 2008, 9: 452.
[75]Hwu T Y, Tsai T C, Hung W Y, et al. Chem. Commun., 2008, 4956.

[76]Zhang D, Li W, Chu B, et al. J. Phys. D: Appl. Phys., 2008, 41: 245102.
[77]He G, Pfeiffer M, Leo K, et al. Appl. Phys. Lett., 2004, 85: 3911.
[78]Jeon W S, Park T J, Kim S Y, et al. Appl. Phys. Lett., 2008, 93: 63303.
[79]Tao Y, Wang Q, Yang C, et al. Angew. Chem. Int. Ed., 2008, 47: 8104.
[80]Gao Z Q, Luo M, Sun X H, et al. Adv. Mater., 2008, 20: 688.
[81]Jeon S O, Yook K S, Joo C W, et al. Appl. Phys. Lett., 2008, 93: 63306.
[82]Kwong R C, Nugent M R, Michalski L, et al. Appl. Phys. Lett., 2002, 81: 162.
[83]Adamovich V I, Cordero S R, Djurovich P I, et al. Org. Electron., 2003, 4: 77.
[84]Tanaka D, Sasabe H, Li Y J, et al. Jpn. J. Appl. Phys., 2007, 46: L10.
[85]Sasabe H, Chiba T, Su S J, et al. Chem. Commun., 2008, 5821.
[86]Su S J, Chiba T, Takeda T, et al. Adv. Mater., 2008, 20, 2125.
[87]Xie H Z, Liu M W, Wang O Y, et al. Adv. Mater., 2001, 13: 1245.
[88]Kang D M, Kang J W, Park J W, et al. Adv. Mater., 2008, 20: 2003.
[89]Lamansky S, Djurovich P, Murphy D, et al. J. Am. Chem. Soc., 2001, 123: 4304.
[90]Zhou G J, Ho C L, Wong W Y, et al. Adv. Funct. Mater., 2008, 18: 499.
[91]Liu Z, Bian Z, Ming L, et al. Org. Electron., 2008, 9: 171.
[92]Han L, Yang D, Li W, et al. Appl. Phys. Lett., 2008, 93: 153303.
[93]Chang S Y, Kavitha J, Li S W, et al. Inorg, Chem., 2006, 45: 13.
[94]Su S J, Gonmori E, Sasabe H, et al. Adv. Mater., 2008, 20: 4189.
[95]Zhen Y, Eom S H, Chopra N, et al. Appl. Phys. Lett., 2008, 92: 223301.
[96]Ragni R, Plummer E A, Brunner K, et al. J. Mater. Chem., 2006, 16: 1161.
[97]Lee S J, Park K M, Yang K, et al. Inorg. Chem., 2009, 48: 1030.
[98]Yeh S J, Wu M F, Song C T, et al. Adv. Mater., 2005, 17: 285.
[99]Chiu Y C, Hung J Y, Chi Y, et al. Adv. Mater., 2009, 21: 2221.
[100]Wu L L,Yang C H, Sun I W, et al. Organometallics, 2007, 26: 2017.
[101]Tamayo A B, Alleyne B D, Djurovich P I, et al. J. Am. Chem. Soc., 2003, 125, 7377.
[102]Lo S C, Shipley C P, Bera R N, et al. Chem. Mater., 2006, 18: 5119.
[103]Yang X, Wang Z, Madakuni S, et al. Adv. Mater., 2008, 20. 2405.
[104]Uoyama H, Goushi K, Shizu K, et al. Nature, 2012, 492: 234.
[105]Zhang Q S, Li B, Huang S P, et al. Nature Photon., 2014, 8: 326.
[106]Park Y S, Kim K H, Kim J J. Appl. Phys. Lett., 2013, 102: 153306.
[107]Lee S H, Kim K H, Limbach D, et al. Adv. Funct. Mater., 2013, 23: 4105.
[108]Seino Y, Sasabe H, Pu Y J, et al. Adv. Mater., 2014, 26: 1612.
[109]Wu C C, Wu C I, Sturm J C, et al. Appl. Phys. Lett., 1997, 70: 1348.
[110]华中一. 真空实验技术. 上海: 上海科学技术出版社, 1986.
[111]黄春辉, 李富友, 黄岩谊. 光电功能超薄膜. 北京: 北京大学出版社, 2001.
[112]Braun D, Heeger A J, Kroemer H. J. Electron. Mater., 1991, 20: 945.
[113]Yang Y, Chang S C, Bharathan J, et al. J. Mater. Sci–Mater. El., 2000, 11: 89.
[114]Tai Y L, Yang Z G. J. Mater. Chem., 2011, 21: 5938.
[115]Perelaer J, Abbel R, W ü nscher S, et al. Adv. Mater., 2012, 24: 2620.

[116]Grouchko M, Kamyshny A, Mihailescu C F, et al. ACS Nano, 2011, 5: 3354.
[117]黄卫东, 王旭洪, 盛玫. 功能材料与器件学报, 2003, 9: 179.
[118]Van de Weijer P, Lifka H, KesselsW M M, et al. J. Vac. Sci. Technol., 2012, 30: 01A131.
[119]Park C Y, An J S, Jang H J, et al. Org. Electron., 2014, 15: 1717.
[120]Meyer J, Schneidenbach D. Appl. Phys. Lett., 2009, 23: 94.
[121]叶丹琴. 有机电致发光器件薄膜封装的研究. 天津: 天津理工大学出版社, 2008.
[122]Lee Y G, Choi Y H, Kee I S, et al. Org. Electron., 2009, 10: 1352.
[123]Park S, Yun W M, Kim L H, et al. Org. Electron., 2013, 14: 3385.
[124]Wuua D S, Loa W C, Chiang C C. Surface & Coating Technol., 2005, 19: 253.
[125]Kim H K, Cho C K. Nano Research Lett., 2012, 7: 69.
[126]Suen C S, Chu X. Solid State Technol., 2008, 51: 36.
[127]Affinito J D, Eufinger S, Gross M E, et al. Thin Solid Films, 1997, 308: 19.
[128]Park J S, Chae H, Chung H K, et al. Semicond. Sci. Technol., 2011, 26: 034001.
[129]Kim E, Han Y, Kim W, et al. Org. Electron., 2013, 14: 1737.
[130]陈志强. 低温多晶硅（LTPS）显示技术. 北京: 科学出版社, 2006.
[131]Yue Kuo. Thin Film Transistors □ Materials and Processes. Volume 2 □ Polycrystalline Silicon Thin Film Transistors. U.S.A: Kluwer Academic Publishers, 2004.
[132]谷至华. 薄膜晶体管（TFT）阵列制造技术. 上海: 复旦大学出版社, 2007.
[133]高鸿锦, 董友梅. 液晶与平板显示技术. 北京: 北京邮电大学出版社, 2007.
[134]陈金鑫, 黄孝文. 梦幻显示器. OLED材料与原件. 台北市: 五南出版社, 2007.
[135]冷传利, 张盛东. 一种集中补偿的IGZO AM-OLED像素电路. 平显时代, 2014, 04.
[136]SSD1353 Advance Information 160RGB × 132 Dot Matrix OLED/PLED Segment/Common Driver with Controller. Solomon Systech Limited, 2009, 10.
[137]杨庆祥. 大面积玻璃基片加工用Poly-Si TFT及其大规模生产线的优化. 国际光电显示与连接, 2002, 09.
[138]Patent US6229506B1, US2011134100 (A1), US7196682, US7218296, US7317435.
[139]Patent CN201010212276.8, CN201010522849.7, CN201010530854.2, CN201010286816.7.
[140]Low Temperature p-Si (LTPS) Based Flat Panel Displays. Annual Technology & Market Report. DisplaySearch, 2006.
[141]Bae J U, Kim D H, Kim K, et al. SID Symposium Digest of Technical Papers 2013, 44: 89.
[142]Yoon J S, Hong S J, Kim J H, et al. SID Symposium Digest of Technical Papers 2014, 45: 849.
[143]Matsuo T, Mori S, Ban A, et al. SID Symposium Digest of Technical Papers 2014, 45: 83.

第3章 OLED显示

显示技术的每一次创新，带给我们的不仅仅只是视觉冲击，更大的意义是产业进步和生活方式改变。比如，LCD在成功削掉CRT电视几十厘米的厚度之后，便彻底改变了人们的视觉和生活。电视从又厚又重变成了时尚纤薄，从只能坐式陈列变成可悬挂式。同时，LCD也催生了智能生活的加速到来，手机的发展也基于此技术，多屏时代改变了人们的生活，这也是显示技术的革命。

同样地，随着良品率的提高，OLED将会得到全面普及。由于OLED无需偏光板、背光模组和彩色滤光片，成本未来将比LCD还低。OLED被公认为是继LCD之后的“第三代显示技术”。OLED电视的商用普及，意味着该项技术的几近成熟，这与LCD显示产业的发展可谓异曲同工。自上世纪60年代LCD显示器用于计算器开始，到2008年底以LED为背光源的LCD（LED-LCD）电视的上市，到2010年零售量比2009年增长604%，随着传统的以冷阴极荧光灯（cold cathode fluerescent lamp, CCFL）为背光源的LCD显示器的销声匿迹，到2012年，基于LCD技术的LED-LCD已成为平板显示的主流。

不仅如此，OLED还可以有更多的想象空间。例如，2009年底，以LG为首的显示企业展示了一项新的显示技术：在显示屏的中央，可以看到一株小花在随风摇曳，绕到屏幕后面再看显示屏，依然可以看见那株小花，而不是黑色的机壳，这即是显示技术的先端技术——透明OLED显示技术。

未来的OLED显示屏可以折叠、弯曲，甚至可以像一张纸一样挂在墙上或者装在口袋里，也可以镶嵌到人们的衣服上，不显示时与衣服融为一体，这些都已经不是想象，而是实实在在的OLED可穿戴式产品。OLED透明显示的展示其实已经预示着，显示产品可以使装饰与显示功能合二为一，比如玻璃窗户、墙壁等都可摇身变为显示器，展现各种图像，给人们带来视觉上的享受。OLED电视被称为显示技术的革命，是未来十年显示的核心；目前，OLED显示在中小尺寸显示屏方面独领风骚，韩国三星所有的Galaxy系列的便携式产品都是使用的OLED显示屏。

3.1 OLED显示技术

OLED显示技术克服了第一代CRT显示器体积大、笨重、功耗大的缺点，也克服了LCD显示器视角小、响应速度慢、低温下不可使用且自身不能发光的不足，其最大突破在于材料的机械韧性、低温制程及夹层式器件结构，不仅可以获得比传导性结构LCD的更好的视觉效果，还可以在任何轻薄基板上得到应用，具有非常诱人的应用前景，发展潜力巨大。

OLED作为新一代显示技术，已经广泛应用于手机、MP3等小型设备上。与CRT、LCD和PDP相比OLED具有突出的优势和特点。OLED显示屏幕可以做到超薄，厚度可以小于1 mm，可大大减轻显示器重量；与传统的LCD相比，OLED是主动发光，因而无需背光灯，当有电流通过时，即可瞬间发光；响应速度极快，比LCD高三个数量级；与LCD相比，可视角度大于170°，没有视角效应等。

但是，OLED显示尚面临诸多问题，如产业化发展的技术路线还不十分明确，产品寿命仍需提高，成本仍高于LCD，在大尺寸显示的应用上还有局限。因此，OLED的发展重点是研发成熟的柔性显示屏、扩大显示尺寸、提高良品率以及降低成本等方面。

3.1.1 OLED显示技术发展现状

OLED技术虽然起源于欧美，但实现大规模产业化的国家/地区主要集中在东亚，如日本、韩国、中国大陆和台湾地区等。全球OLED产业还处于产业化初期，涉足OLED产业的企业产品主要是小尺寸PMOLED器件，真正对LCD构成威胁的AMOLED器件，实现量产的只有少数几家公司。而且，AMOLED所需的TFT技术还不成熟，国际上几大厂家所使用的TFT技术，几乎都是根据LCD的TFT技术自主研发的。因为技术不成熟，导致产品的良率低、成本较高，因此在价格方面，暂时还无法与TFT-LCD形成有力的竞争。

目前，OLED面板的生产厂商主要集中于日本、韩国、中国台湾这三个地区。中国虽具有一定的OLED产业基础，但产业链尚不完善，尤其是上游产品竞争力不强；对OLED应用产品起决定性作用的关键设备以及整套设备的系统化技术等，大都掌握在日本、韩国和欧美企业手中。

2013年1月，LG电子在CES上首次全球发布LG曲面OLED电视，这表明全球进入了大尺寸OLED时代。9月13日，LG电子在北京召开电视新品发布会，推出中国第一款曲面OLED电视——LG55EA9800-CA，这标志着中国的OLED电视时代正式来临。

三星在AMOLED市场所占份额曾达90%以上，是AMOLED面板最大的供应商；随后SONY和LG分别推出11英寸、15英寸AMOLEDTV，日本、韩国、中国台湾等厂商在OLED的市场竞争实力越来越强，同时也在AMOLED方面取得了更高的竞争地位。此外，包括奇晶、TMD、友达等厂商，也都加快了AMOLED技术开发的脚步。2011年，随着这些新建生产线的投入使用，三星在AMOLED领域的市场份额下降至70%左右。

国内AMOLED技术与世界上先进国家和地区相比，最主要的差距在产业化进程及AMOLED技术开发方面，中国OLED产业缺乏大型电子企业的积极参与，普遍存在观望、跟风的现象。开展实质性的产学研合作和加强企业之间的“捆绑式”合作，是一种最为有效的促进AMOLED产业发展的模式。

2013年11月27日，TCL集团子公司华星光电宣布，投资244亿元建立二期第8.5代TFT-LCD（含氧化物半导体及AMOLED）生产建设项目，并于2015年5月份投产。国内另一大面板企业京东方宣布其在鄂尔多斯市的5.5代面板生产线正式投产，并可生产OLED小尺寸面板。尽管TCL和京东方等对OLED面板技术提前布局，但是在OLED产业化方面仍只是国内众多显示企业的远期规划，而非近期的实现目标。

OLED作为第三代的显示技术，不需要背光，因此比其它技术更省电更薄（目前可使电视机机身厚度降至约4.3 mm），响应时间非常快，在观看电视的时候没有移动模糊的“拖尾”现象，此外，OLED电视比其它技术的色彩更丰富。据市场研究公司iSuppli最新发表的研究报告称，2013年全球OLED电视机出货量从2007年的3000台增长到280万台，复合年增长率为212.3%。从全球销售收入看，2013年全球OLED电视机的销售收入从2007年的200万美元增长到14亿美元，复合年增长率为206.8%。

iSuppli称，OLED显示技术要对市场产生真正的影响，还需要克服一些挑战。首先，AMOLED显示屏制造工艺，还不完善。随着显示屏尺寸的加大，成品率损失和制造损失也越来越大，OLED在大尺寸面板上的良品率仅15%，较低的良品率也促使OLED电视机在价格上的居高不下。

2013年年9月份，随着LG、三星在中国推出了55英寸OLED电视，OLED在国内市场引起了一场骚动，甚至有声音“OLED电视将成为明年发展方向”。尽管三星、LG两者之间的竞争拉低了OLED电视价格，但是售价仍分别高达59999元和54999元，是少数高端用户或发烧级用户的产品。相比较而言，同尺寸55英寸三星、LG的4K的LCD产品仅在1万元左右。

3.1.2 OLED发展特点

之前LCD屏幕的发展过程，是先由中小尺寸的便携式设备、再到显示器、最后才爆发式地到大尺寸电视面板，而对于AMOLED，却是直接由小尺寸的手机屏跳跃到大尺寸的电视领域。我们认为主要有两个原因：首先，液晶面板行业近年来普遍财务状况不佳，即使是作为出货量全球第一的LG Display也接连亏损，更不要谈其他面板厂商了。因此，面板厂商非常希望通过推出新的技术来获取更高的利润，摆脱财务上的困难，而AMOLED则是非常好的提升盈利渠道，相对于个人电脑显示器而言，平板电视领域利润更高，也吸引面板厂商优先生产AMOLED电视面板；其次，在产品竞争方面，中国大陆和台湾地区面板厂商在技术和产能方面飞速成长，已经逐渐逼近韩系和日系厂商，让后者优势不再明显。尤其在显示器这种中型尺寸的面板产品方面，韩系厂商不论在价格还是技术方面都没有明显的优势，同时，如果韩系厂商在这一尺寸上使用AMOLED面板，会给显示器产品增加过多的成本，而目前显示器产品价格与需求都已经非常稳定，消费者不太可能花三至四倍的价格更换自己的显示器。但是，在电视市场，消费者相对更愿意投入更多资金为新技术买单。此外相对于大尺寸电视AMOLED面板而言，切割中型尺寸显示器AMOLED面板技术难度要更小，产能也更容易满足市场需求。因此，韩系厂商直接进入大尺寸电视领域，意欲进一步拉大自己与竞争对手的差距，巩固自己在平板产业领域的领先地位。

3.1.3 未来研究发展方向

OLED柔性显示具有画面质量高、响应速度快、加工工艺简单、抗挠曲性优良、驱动电压低等优点，且已初步实现了产品的量产化。未来的研发方向主要集中在：⑴更高效率的电致发光材料及更高载流子传输材料的研究与开发；⑵封装基板及相关封装材料的研究与开发；⑶显示器件结构设计与优化；⑷器件寿命的进一步提高；⑸低成本封装工艺及设备的研发；⑹驱动电路的优化设计与提高等方面。

此外，除了传统的高容量显示器领域之外，OLED显示技术因其特有的属性还可应用于头戴显示领域。

随着以视频眼镜和随身影院为重要载体的头戴式显示器的广泛应用和发展，其在数字士兵、虚拟现实、虚拟现实游戏、3G与视频眼镜融合、超便携多媒体设备与视频眼镜融合等方面体现出巨大的优势。与LCD和LCOS相比，OLED显示技术在头戴显示器的应用拥有非常大优势：清晰鲜亮的全彩显示、超低的功耗等，是头戴式显示器发展的一大推动力。以SVGA主动式OLED（AMOLED）微型显示器为例，它具有144万个子像素（800 × 3 × 600），主动驱动阵列中的每个单元上可贮存全部的色彩和亮度信息；该技术消除了大多数其他高分辨率显示器技术常会遇到的闪烁、彩色蜕变和拖影。

以OLED为支撑的微型显示器，是军民两用产品。在民用方面，其主要应用方向为头戴式显示领域，可广泛应用于家庭娱乐系统、商务通、移动计算、手机等产品。微型显示器是民用头戴式显示器的核心器件。头戴式显示器通过镜头放大，可以等效为在两米远的地方观看50英寸以上大屏幕的显示效果，提供便携的影院级视觉享受；内置WIFI、CMMB、3G等模块实现在各种场所更自由的上网、看电视、看电影、视频电话等活动。

由于其具有高分辨率、重量轻、体积小、工作温度范围宽（-40℃~60℃）等特点，OLED微型显示器也特别适用于众多军事装备和武器系统，包括各种枪支的电子瞄准镜、火炮瞄准镜、飞行头盔、坦克和装甲车的显示系统、指挥系统、数字化单兵系统和热成像探测等；实现作战命令、实时战况信息、地图地形、装备资料（图纸）快速查阅等各种图文信息的显示。世界上，率先把OLED应用在视频眼镜上的企业是美国的eMagin，无论是对于民用消费领域还是工业应用乃至军事用途都提供了一个极佳的近眼应用解决途径。随之，采用欧洲的超微OLED显示屏的视频眼镜被推上市场。在国内，iTheater（爱视代）凭雄厚的研发实力率先推出世界首款高分子超微OLED显示屏的视频眼镜；并且，凭借其全知识产权的背景顺利打入国内军事领域，极大地推动了中国数字士兵的建设。

3.2 OLED显示分析

3.2.1 OLED显示优缺点

OLED显示的优点是：(1)具有数字寻址方式的有点，不存在聚焦，失真小，清晰度、色纯全屏一致；(2)不受磁场影响，无闪烁，材料绿色环保；(3)视角宽，亮度高，响应速度快；(4)工作电压低、功耗低，发光效率高；(5)面板超薄、超轻，可做成柔性显示器；(6)低温制备，生产成本低；(7)高低温特性好；(8)耐震性好，适用于震动环境[1]。

OLED显示似乎是一项完美无缺的技术，适合各类的显示器，但是，它目前还存在一些需要解决的缺陷问题：(1)寿命和稳定性的问题，OLED器件要达到实用化，要求使用寿命至少大于10 000小时，存储寿命至少大于5年；(2)色度的问题，OLED显示器件的大部分发光材料色彩纯度不够，不容易显示出鲜艳、浓郁的色彩，尤其是红色的色度性能尤为不良；(3)大尺寸的问题，尺寸变大后，会出现驱动形式、扫描方式下材料的寿命、显示屏发光均一化等问题。目前大屏幕显示器成品率低，因为制造大屏幕显示器的成本偏高，还不能实现大尺寸屏幕的量产，因而目前只适用于小尺寸便携性的数码类产品。

3.2.2 小分子OLED与聚合物OLED

有机电致发光的技术依其所使用的有机薄膜材料的不同，大致可分为二类，一是以染料及颜料为材料之小分子元件（small molecule-based device）系统，另一则以共轭性高分子为材料之聚合物元件系统（polymer-based device，PLED）。由于有机电激发光元件具有LED整流与发光的特性，因此，小分子有机电激发光器件亦被称为OLED，聚合物有机电激发光器件则被称为PLED。

材料方面：OLED与PLED材料共同的特性，在于都含有共轭的化学结构，具有高度的萤光效率（fluorescence efficiency），只是两者的分子量差异相当大，小分子材料其分子量一般约在数百，而高分子则在数万至数百万之间。就材料的获取而言，小分子材料的合成与纯化皆较高分子简单，对材料量产与纯度的要求较易达成。相对而言小分子的材料特性较高分子易掌握，但热稳定性与机械性质却以高分子较佳。

设备方面：由于材料特性的差异将导致器件的制程设备不同，小分子采用加热蒸镀（thermal evaporation）的方式来蒸镀多层有机膜材，为了避免不同材料间的相互污染，故需使用多腔体的真空设备，因此设备的成本较高。PLED大都是以其溶液旋转涂布（spin-coating）的方式涂膜，设备成本较低，并且PLED可应用roller或screen的方式涂膜，较利于大尺寸显示器的发展。

制程方面：PLED虽然采spin-coating可较快速上膜，但其在涂膜后仍须再经过烘烤以去除溶剂，因此其成膜时间并不会较OLED短，这将影响量产制程的产量。目前，OLED已有多家大厂制作出全彩的显示器，而PLED却仍受限于红绿蓝三像素独立定位困难的瓶颈，至今迟迟无法推出全彩的PLED显示器，以喷墨定位的方式应是较为可行的解决之道。

元件特性方面：两者均为电流型自主发光器件，发展至今两种元件的发光效率皆可高于15 lm/W，PLED甚至可超过20 lm/W，且PLED可忍受较高的电流密度与较高的温度环境下操作。

专利授权方面：目前CDT希望能加速PLED的商业化，对PLED技术转移与专利授权的态度转趋积极，相较于Kodak开放许多。

总而言之，小分子材料的优势在于容易彩色化，采用蒸镀法的全自动生产方式已经成熟，制程控制较容易且稳定，材料的合成与纯化、精制较为容易等。但是，目前设备较为昂贵，对水分子的耐受性不佳，蒸镀率低、易造成材料的浪费。反观高分子材料，无需高价的真空设备，组件构造只有两层较为简单，且具有很好的耐热性。但是，高分子材料的每个像素的衰减常数不同，必须进行补偿，因而较难向彩色化发展。

目前，在国际上，日本大厂较偏向OLED，欧洲国家则偏向PLED，美国厂商则两种技术皆参与之。目前积极投入有机电致发光技术研发的厂商，在OLED方面有Kodak、UDC（Universal display company）、IBM、HP、Motorola及日本Pioneer、Idemitsu Kosan、Sanyo、TDK等大厂，在PLED方面则为英国的CDT、美国的HP、DuPont、荷兰的Philips等，其中动作较积极的大厂已进入初期的量产化阶段。

3.2.3 OLED显示与TFT-LCD显示比较

OLED技术凭借在高对比度以及高色彩饱和度和厚度优势，从问世之日起就被寄予厚望成为TFT-LCD的终结者。但是，直到今天，期待中的终结遥遥无期，相反TFT-LCD阵营不断有诸如LED背光、3D显示等新技术出现，令其霸主地位坚如磐石。

TFT-LCD屏幕由液晶面板和背光源两部分组成的。屏幕的亮度来源于背光源，再通过液晶面板中液晶分子的偏转角度调整屏幕的灰度。从某种意义上讲，我们可以将每一个像素内的液晶分子理解为可以独立开合的“百叶窗”，“百叶窗”的开合由位于像素上的TFT加以控制。当我们提供给薄膜晶体管不同的电压信号时，可以实现“百叶窗”从开到关不同透光率的控制。因此，当一个像素点显示“黑色”时，其背面的背光源仍旧是点亮的，只是通过液晶分子的控制，使光线无法透过，达到黑色的效果。这样的“黑”并不是完全不发光的纯黑，因此在测量黑画面的亮度时，还是可以测到微弱的亮度。与此相反，OLED的显示方式则完全不同。OLED屏幕是一种自发光器件，由非常薄的有机材料涂层和玻璃基板构成，当电荷通过并达到激发条件时，有机半导体材料就会发光。在OLED的每一个像素上都有一个对应的电路独立驱动，因此，可以实现单个像素的完全点亮或关闭。当OLED屏幕在显示白画面时，每一个像素都处于激发点亮的状态，整个器件的能耗最高。而当输入电压固定式，如果整个屏幕都显示全白的画面时，屏幕的亮度会比局部显示白色时的亮度有所下降。

由此我们可以看出，在亮度和对比度的对比上，当屏幕需要显示大面积甚至全屏显示纯色画面时，由于LCD屏幕使用了独立的背光源，可以使整个画面保持较高的亮度，而OLED屏幕因为可以提供更高的对比度，而当屏幕需要显示灰度变化较大或是播放视频时，更易于愉悦于我们的双眼。

在色域测试中，LCD的表现远逊于OLED显示屏。在红、绿、蓝三基色的表现上，OLED屏幕的色域都高于LCD屏幕。特别是在绿色的色域方面，OLED远高于LCD。可以看出，在显示偏绿色彩的画面时，OLED具有更好的色彩饱和度和表现力。

TFT-LCD和OLED显示器其他参数的比较，请见表3-2-1[2,3]

表3-2-1 OLED和TFT-LCD显示器的比较

参　数	OLED	TFT-LCD
发光方式	自发光	需要背光源
响应时间	几个μs	40 ms
发光效率	15 lm/W	4~8 lm/W
视角	170°	120°
能耗	可低至 1mW	使用背光源，能耗大
厚度	1~1.5 mm	5 mm
工作温度	-40 ℃~85 ℃	0 ℃~50 ℃
环保性能	材料满足绿色环保要求	使用含有汞等有害物质的背光源
抗震性能	全固态，无真空和液态物质，适于震动环境	液晶材料抗震、抗冲击性能差
柔性设计	可采用柔性塑料基板实现柔性显示	不能实现柔性显示
彩色方式	独立材料发光或彩色滤光薄膜发光或色转换或微共振腔调色	彩色滤光片
制造工艺	简单，结构优异简化	复杂，涉及背光源等多种材料与组件
制造成本	大规模量产后比 LCD 低 40%左右	复杂工艺与多种材料使成本偏高
显示尺寸	具有达到 500 英寸的潜能，已实现 55 英寸	已经商业化普及
质量	手机屏幕小于 1 g	手机屏幕约为 9 g

面对主要竞争对手TFT-LCD，OLED由于本身可以发光，因此，在能耗和亮度方面具有压倒性优势。但是，OLED依然需要解决的是成本问题，后者成本比前者高出不止一倍，使得其主要的应用只能在智能手机和高端笔记本的显示屏上。目前，LCD与OLED在各自的应用领域，和平共存、独具特色。但是，可以预测，随着工艺技术的成熟、良品率的提高、蓝光OLED的解决，作为第三代显示技术的OLED显示，必然如LCD取代CRT和一样，最终取代LCD。

3.2.4 OLED显示与LED显示比较

LED与OLED是当今发光与显示领域最热门的技术，就本质来而言，两者都是半导体发光器件，LED采用了无机半导体材料，而OLED采用的则是有机半导体材料。发光材料的差异，造成了他们在制造工艺和发光技术上的差别，因此，也造成其面向的显示领域的巨大不同。但相同的的是，他们在能效、功耗、数字化、模块化等方面较传统显示（CRT、LCD、PDP）的巨大优势以及在制造工艺与成本方面等面临的问题。

另一方面，由于LED与OLED都是基于半导体的发光材料，因此具有一些相同特点，但是由于材料不同，构造不同，加工工艺也不同，所以有诸多差异，表3-2-2列出了LED与OLED的一些比较特点[4]：

表3-2-2 OLED和LED显示器特点

参数	LED	OLED
寿命	LED 芯片本身在 10 万小时以上，综合系统寿命 5 万小时无异常	通常只有 500 小时，长寿命型红绿 OLED 可以达到 1 万小时，蓝光型 OLED 寿命只有 1000 小时
色彩	发色数 16.7W	一般可用 256 色
能效	可以达到 100 lm/W，单色最高可达 150 lm/W	50 lm/W 左右，实验型可以达到 100 lm/W，但是发光效率与寿命成正比
结构	以颗粒像素为单位，结构稳固，像素颗粒尺寸大，厚度可以控制在 1 mm 以内	面发光体，可以支撑各种形状，也可弯曲，分辨率比 LED 更高，厚度可以控制在 3 mm 以内

从上表可以看出，LED与OLED用于显示领域具有一些共同的相较于传统显示技术（CRT、PDP）明显的优势，如效能高、工作电压低、重量轻、超薄、超亮等，但是又有各自的优缺点。

从器件结构上来看，LED结构稳定，发光器件为单像素封装，通常是在基板上生长多层半导体薄层，切割成数千管芯，再将管芯镶嵌在反射碗上形成单个像素单元。用目前制作工艺制作出来的管芯尺寸皆超过200 μm，对于许多显示而言确实太大了，而RGB真彩色显示需要三颗像素点组合在一起，所以难以制作成高分辨率的屏幕，目前使用的LED显示屏幕实点距多在10 mm以上，部分产品可以做到1–2 mm。但是，因其结构稳固、模块化、能效高，因此很容易扩展，使得大型屏幕甚至是超大型屏幕（100 m^2以上）的实现变得容易。究其原因是，因为超大屏幕的观看距离都在几十米，甚至上千米。此外，由于LED所有发光器件都进行完全的封装，和环境无直接接触，故而使用寿命都比较长，并且在相当长的时间里性能几乎没有明显变化。

但是，OLED采用的是夹心结构，由多层金属和分子化合物层叠而成，类似于印刷电路板。因此，OLED很容易做成高分辨率甚至是超高分辨率的屏幕，如果使用柔性材料，还可以制成各种形状甚至是可折叠屏幕。但是，由于无法像LED一样在每个发光器件上制作反射杯，所以OLED的光损耗比LED大，亮度和色彩度也比LED差。此外，OLED发光过程中不可避免的物理、化学反应，使其发光强度随着时间而降低，使用寿命也要短得多。

从功能材料上来看，LED对于光色的控制需要改变的能带间隙，对于半导体材料工艺的要求比较高，而OLED只需要改变有机分子的荧光发光光谱，可以通过引入官能团手段的化学合成方法修正。从制作工艺复杂程度看，LED的单晶生长工艺要比OLED复杂得多，特别是影响LED全彩显示的蓝色LED，有机比无机更易于实现；但是，目前蓝色OLED由于寿命问题，拖了OLED显示技术的后腿。还有，就是当前的OLED成品率极低，造成了成本的急剧上升，而LED成品率很高，从而造成了OLED的成本比LED高得多，最终限制了产业化的推进。

综上所述，无论是LED还是OLED，目前都还存在适用局限性的问题。总体性能上，无机LED还是更加有优势，但是在成本和工艺上存在问题，无法实现高的分辨率。由于LED能效、寿命方面的优点，以及像素单元机构方面的特点，使其在超大显示面积屏幕上有着先天的优势，其模块化（市面上常见的是16 × 16和32 × 32等LED单元板）设计使大屏显示结构变得非常简单，目前世界上大型单色、双色、全彩色显示屏，基本上都是LED，超大显示屏甚至可以做到几十千米的可视距离。但是，LED的成本随着像素间距下降而成指数关系的增长。像素间距下降30%，像素数量增加100%，而通常是在基板上沉积一层层的半导体薄膜，切割成数千管芯，再将管芯镶嵌在各应用产品中。以目前的制作工艺制作出来的管芯尺寸皆超过200 μm，对于许多室内用的显示屏幕来说太大了，因此，目前的LED技术并不合适室内显示。OLED在能效和光色方面不如LED，而且寿命也短，但是成本较低，最主要的是分辨率高，适合做高清显示屏，适用于便携式数码产品，附加值极高。

在目前的实际应用中，LED主要应用在城市道路照明、景观照明等商业照明领域。白光OLED特别适于发展室内照明，如壁纸照明、柔性照明、透明照明、楼道照明（防踏空）、景观照明等[5]。

在景观装饰和照明中，LED的优势如下：

1. 驱动低电压，无高压环节，成本低，可靠性高；
2. 附件简单，无启动器、镇流器或超高压变压器；
3. 结构简单具有固体光源的最大优点，不充气，无玻璃外壳，无气体密封问题，耐冲击；
4. 可控性好，响应时间快（微秒数量级），可反复频繁亮灭，基本无惰性，不会疲倦；
5. 色彩纯厚，由半导体p-n结自身发光产生色彩，纯正、浓厚；
6. 色彩丰富，三基色加数码技术，可演变任意色彩；
7. 轻质结构，节材，对灯具强度和刚度要求较低；
8. 体积小巧，LED灯具是由LED发光点组成，最小的LED仅为平方毫米数量级或更小；
9. 可塑性好，LED光源的精巧，使LED能适应各种几何尺寸和不同空间大小的装饰和照明要求，诸如，点、线、面、球、异型式，乃至任意艺术造型的灯光雕塑。

虽然LED的优势和发展前景十分明显，但是，现阶段由于LED技术处于一个快速发展的阶段，技术水平参差不齐、产品质量良莠不齐，人们对LED的使用要求和应用知识有限，在应用产品价格上恶意竞争，使LED在灯饰和广告行业中的应用还存在很大的问题，造成很多LED项目在一开始的确十分靓丽，但是很快就会弊端显现的“昙花”现象，使得LED在大规模的灯饰和广告应用项目中底气不足。

目前，LED存在的主要问题有：

1. 实际使用寿命跟理论值尚存在差异；
2. 出现一定程度的死灯现象；
3. 静电损坏严重；
4. 存在一定的光衰，尤其是整个显示屏发光点光衰的不同。

3.2.5 OLED显示与FED显示比较

场致发射显示器（field emission display，FED）的基本原理和阴极射线管（cathode ray tube，CRT）相同，都是由阴极发射电子激发荧光粉的主动发光显示。两者的不同之处，在于FED是冷阴极发射。

FED与OLED除了具有清晰度高、功耗低、响应时间短、视角大（可达160° 以上）、重量轻、厚度薄、无X射线污染等特点外，各自还有如下优缺点。

FED优点如下：

(1) FED显像原理和CRT几乎完全相同（电子束激发荧光粉而发光），因此，它完全有能力达到和超越CRT的显示质量；

(2) 由于其阴极发射阵列是硅基材料制备的，所以它可与驱动电路集成以缩小体积、降低成本；

(3) FED的显示分辨率与阴极阵列的密度相同，可接近CRT的显示效果。传统的CRT虽然体积庞大，但是显示效果远比LCD等要好，而FED在这些方面与CRT是旗鼓相当的；

(4) FED采用的是冷阴极，使得器件与室温一样，降低了对荧光粉的要求，有利于保持器件的真空度。

当然，FED也存在着不足之处，主要包括以下几点：

(1) 阴极制备工艺复杂，不管是Spindt型还是CNT-FED型，包括发射体阵列、集成工艺、真空封装工艺、支撑技术等工艺都较为复杂，所需成本较高；

(2) FED的发光效率和亮度，均不能达到当今大部分高品质显示的要求；

(3) 驱动技术还不成熟，驱动方式根据不同的阴极结构而定，驱动电压较高，二极管型FED驱动电压在几百上千伏特，三极管型FED也在几十上百伏特左右。

与之相对应，OLED的优点主要有以下几点：

(1) 固态显示器件，没有液态、气态物质，因此，抗震性能更好、不怕摔打；

(2) 制造工艺相对简单，发光效率高、成本低；

(3) 能够在不同材质的基板上制造，可以做成能弯曲的柔性显示器；

(4) AMOLED显示器没有像素数、分辨率和尺寸方面的固有限制，像素的失效只会形成屏幕的小暗斑；

(5) 恒定电流驱动电路直接设计在基板上，消除了对高密度、高成本外设驱动器互连的要求。

作为一种新型的显示器件，OLED显示与FED显示相比较，仍然存在诸多问题：

(1) 显示屏的寿命尚待提高；

⑵ 不能实现大尺寸屏幕的量产，器件尺寸变大后会出现驱动形式问题、扫描方式下材料的寿命问题、显示屏发光均一化问题等，因此目前只适用于便携类的数码产品；

⑶ 存在色彩纯度不够的问题，很难显示出鲜艳、浓郁的色彩，尤其是红色与蓝色；

⑷ OLED的成品率较低，目前成品率低主要是由于显示技术的稳定性问题，特别是成膜技术问题还没有彻底得到解决所引起的。

但是，我们有理由相信，随着科学技术的进步，不管是FED还是OLED，存在的缺陷和问题都会在研发过程中逐步得到解决。

3.2.6 OLED显示专利分析

OLED显示器以其节能低耗、响应快速、能适应多种恶劣环境等优势，逐渐成为一种可产业化和性能优异的平板显示技术。通过对OLED显示技术的专利文献的检索和分析，我们将从专利发展和竞争的层面上，展示OLED显示技术的国内外技术分布和发展情况。

根据OLED显示技术的技术特征，从国际专利分类号和关键词方面制定检索策略。例如，截至2013年3月8日，共检索到专利305项（已合并同族专利数）。经过专业筛选，其中，与OLED显示技术有关的专利族277项，作为本次专利分析的基本数据。总体而言，OLED显示技术专利数量呈现明显的、稳定的增长趋势。该领域的早期专利多为美国、日本、德国的企业和申请人，2004年开始韩国企业和申请人的专利明显增多，而2010和2011年明显增长的专利中有很大一部分为中国专利，显示出中国企业和申请人对OLED显示技术的投入加大。自2010年以后，该领域的专利主要由韩国、中国大陆和台湾地区的企业和申请人申请。

通过专利所涉及的国际专利分类号以及该专利分类号所涵盖的技术领域，以此可以初步了解该专利申请人研发的主要方向和技术领域。总共277项专利（合并同族专利）共分布在30个4位主分类号（IPC）中。其中，G09F、H01L两个主分类号所占比例最大，迄今为止数量分别达到111项和64项，占总共主分类号的64%，这两类主题为目前世界主要竞争国家及公司研发的重点，分别是显示、广告、标记、标签或铭牌、印鉴和半导体器件。以上结果说明目前国际上对于OLED技术在显示设备中的应用，以及涉及半导体器件及工艺的应用最为关注。

根据检索结果，在OLED显示技术专利申请上排名前12位的公司或研究机构中，美国和日本各占据3席，韩国占据2席，德国、加拿大、中国和中国台湾各占据1席，基本反映出当今世界上各大洲的实力状况：美国、日本、韩国占优，中国正努力追赶，在申请数量上有了较大的增加。按照专利权人性质分析，公司占11席，科研机构仅占1席，说明OLED显示技术的研发主力在公司，并且与公司生产紧密结合。这些公司中，既有三星、LG、SIEMENS、SEIKO、EPSON等国际知名公司，也有四川虹视、友达光电等这样的新兴公司，说明OLED显示技术的商业价值引起普遍关注，并且带来了新的发展机遇[6,7]。

以上专利分析可知，OLED显示技术正进入蓬勃发展时期。美国在OLED显示技术上的研究开展最早，研究水平处于国际领先地位，但是，专利数量优势由后来居上的韩国所保持，内容主要集中在电致发光材料、发光光源、发光面板等领域。同时，日本、德国和加拿大的研究实力也不容小觑。中国大陆和台湾地区研究开始较晚，自2010年以后专利数量增长较快，但是其中实用新型专利接近一半，而且有关OLED针对具体应用的适应性改变的发明较多，内容主要集中在发光材料制备、光发射组件、封装等领域，还有较大的发展空间。

3.2.6.1 OLED显示驱动技术专利分析

对OLED显示驱动技术的专利申请情况进行了分析，并针对该领域的主要申请人近年来的技术研发重点进行了介绍，从而有助于了解OLED显示驱动技术的最新进展。研究表明，OLED显示驱动技术的改进，主要集中在提高图像显示效果、降低功耗、提高显示面板寿命等方面。

目前，OLED显示器的技术研发主要集中在OLED的材料、制造工艺以及显示驱动等方面。其中，OLED显示驱动技术作为OLED显示器的核心技术，其发展经历了多个阶段。从开始的PMOLED，到后来的AMOLED。这两种类型中，AMOLED的像素中包括OLED、用于控制提供给OLED的电流量的驱动晶体管、以及用于将数据信号传输至驱动晶体管的开关晶体管。由于有源驱动更易于提高集成度，且更易于实现大面积显示，因此，实现商业化的OLED显示器产品主要都是采用有源驱动的方式。而由于OLED显示技术具有巨大的商业价值，该领域的研发成果大多数都申请了专利保护，所以专利文献能够反映出该领域的技术发展状况。

对该领域的专利申请的申请人进行统计、合并关联公司的申请后排序，前5名申请人的申请情况如表3-2-3所示[8]。

表3-2-3 OLED驱动领域专利申请量排名情况

排名	专利申请数量	公司或研究机构
1	821	三星公司（韩国）
2	360	LG 公司（韩国）
3	122	友达光电股份有限公司（中国台湾）
4	112	SEIKO EPSON（日本）
5	107	EASTMAN KODAK 公司（美国）

从表3-2-3可以看出，韩国的三星公司和LG公司是这一领域的绝对领先公司。紧随其后的是中国台湾的友达公司（AU）、日本的精工爱普生（Seiko Epson）和美国柯达（Eastman Kodak）。

三星公司是OLED显示驱动领域中的技术领先者，其专利申请涉及OLED显示驱动的多个领域。近年来，其在驱动领域的研究主要集中在提高图像显示质量上。LG公司作为另一家韩国著名显示企业，在OLED显示驱动技术方面同样地进行了广泛的研究。近年来，其研究重点主要在于降低功耗。京东方公司作为一家中国显示企业，起步较晚，其研发实力相对国外而言还是有一定的差距，其大多数的专利只在中国请求保护，很少有在美国、欧洲、日本等发达国家申请专利保护。但其中，专利申请CN102708785（申请日为2011 年05月18日）是一件同时在美国、欧洲、日本和韩国都进行了同族专利申请，该发明是为了解决OLED器件的退化补偿问题。

3.2.6.2 柔性OLED专利技术分析

随着人们对电子产品便携性和个性化要求的不断提高，可弯曲、可折叠柔性屏幕成为业界的研究热点。基于OLED技术本身的优势，柔性OLED成为柔性屏幕的主流技术。针对柔性OLED技术在全球和国内的专利申请进行了针对性检索，并对历年申请量变化趋势、主要技术原创国、主要申请人情况进行分析。

2013年，苹果的iWatch和谷歌眼镜等新概念智能产品的出现，让人们看到了可穿戴式产品在生活中广泛应用的可能，可穿戴式电子产品满足了用户更加便携、更加个性化的要求，而可穿戴式电子产品的一个关键技术是如何实现屏幕的可弯曲可折叠。随着OLED技术的逐渐成熟，柔性OLED技术也成为柔性显示领域的研究热点。目前，柔性OLED的研究主要在器件结构设计、衬底材料合成、封装技术等方面。

全球申请量2000年还只有11件，从2001年开始快速增长，到2005年进入一个平稳发展期，到2010年又开始迅猛增长，2011年到达顶峰为187件。近几年索尼、三星、LG、飞利浦、夏普等厂商不断给出柔性OLED屏幕的概念图和原型机，各大厂商竞相加大柔性OLED的研发投入。目前，比较成熟的柔性OLED屏幕正处于量产的前夜，其对应的专利申请量在未来几年内理论上也应处于上升期。国内申请在2000年和2001年均还只有2件，从2002年开始达到30件以上，并一直处于平稳发展期。这说明柔性OLED专利进入中国申请的发展在时间上略微滞后于全球申请，同时，国内市场对柔性OLED的需求目前还比较平稳，还未出现大规模发展[9,10]。

中国企业和研究机构在柔性OLED专利上具有一定的申请量，但更多在中国申请柔性OLED专利的为国外企业，这一方面说明国外企业重视中国市场，另一方面说明国内企业在柔性OLED技术上与国外相比还有较大差距。

3.2.6.3 OLED发光材料专利技术分析

放眼全球，有机发光材料的研究始于20世纪60年代，然而直到1987年美国柯达公司的邓青云博士选用具有极强电子传输能力的8-羟基喹啉铝作为发光材料，极大改善了OLED性能，才正式激发了对有机发光材料的深入研究。1990年，英国剑桥大学的研究小组将高分子聚对苯乙炔应用于OLED，开发出了PLED，从而开辟了有机发光材料新的研究领域。

有机发光材料，分为小分子发光材料和高分子发光材料。小分子发光材料，从分子结构上又可分为纯有机小分子化合物和金属配合物两大类。小分子发光材料的分子量为数百至数千，一般用真空热蒸发成膜。小分子发光材料，具有化学修饰性强、选择范围广、易于提纯、发光效率高及容易彩色化等特点。高分子有发光材料的分子量为数万至十万，一般采用旋涂、喷涂、R2R印刷成膜。利用高分子发光材料制备的器件具有制备简单、成本低廉、器件结构简单及耐热性高等特点，但是在亮度和颜色方面不及小分子发光材料。另外，高分子发光材料的纯度也不易提高，由于其分子量具有分布性的特点，所以实际上，高分子发光材料是一个混合物，而非小分子材料是具有固定分子量的纯净物。其结果是，由高分子发光材料制备的OLED显示屏的发光衰减不一样，从而使显示屏的整体性能有差异。有机发光材料本身具有良好的可弯曲性，将其涂敷于耐撞击、不易破碎、轻薄、便携、低价的挠性塑料基板而制成的OLED显示器具有明显优势。

通过分析有机发光材料领域中国专利申请发现，纯有机小分子化合物作为有机发光材料的专利申请量最多，占比为67%。金属配合物和高分子化合物作为有机发光材料的专利申请量占比分别为19%和14%。这说明目前对有机发光材料的研究，主要围绕的还是纯有机小分子化合物，而金属配合物和高分子化合物在国内的发展还相对滞后，受国内申请人的关注较少。

在有机发光材料领域，学校和科研院所的申请人占绝大多数，其中企业的专利申请量约占该领域中国专利申请总量的25%；个体申请人的专利申请量约占总量的2%；学校和科研院所的专利申请量约占总量的73%。

当前，OLED产业正处于发展阶段，发展潜力巨大。在OLED产业中，有机发光材料的研究与开发所需费用相对较低，因此企业的进入成本和商业风险也较低。有机发光材料处于整个OLED产业的上游，国内企业完全可以通过对有机材料分子结构的设计、组装和剪裁，合成出具有优异性能的有机发光材料，并形成自己的核心专利，进而在OLED产业链中占据有利位置。目前，主流的有机发光材料技术大多被国外公司所掌握，且国外公司对这些技术进行了全方位的专利保护。然而，发光材料仍有很大的改进空间。例如，普遍使用的Alq_3绿色发光材料虽然具有多种优点，但是其载流子传输性能并不高；DCJTB是目前最有效的红色发光材料，而其浓度淬灭、宽FWHM等问题始终未解决。近年来，随着OLED产业的发展，有机发光材料的构效关系理论不断成熟，国内企业可以根据自身情况建立研发机构，加强与学校和科研院所的紧密合作，开发出综合效果更好的发光材料，并掌握核心专利，在有机发光材料领域争得一席之地。

对国内企业而言，从材料的开发到市场的开拓，都应该采取合理的措施，规避知识产权风险。笔者在此建议，一方面，企业可以在开发或引进新技术或项目时，聘请有关专家或专利工程师对现有技术，尤其是专利技术进行充分检索，并作详细分析。另一方面，企业应不断学习并熟悉国外乃至国际有关知识产权的法律法规，增加在国外的专利申请量，重视专利积累，重视专利的数量和质量[11]。

在近二十年间，OLED相关技术在我国呈现蓬勃发展的良好态势，虽然许多核心技术仍然掌握在日本、韩国的申请人手中，但是我国的研发队伍已意识到了OLED技术的广阔发展前景，以及提高我国OLED技术的国际竞争力的重要性。因此，在引进国外技术的同时也注重科技创新，在部分核心技术上已经具有了国际先进水平。例如，2012年初，昆山维信诺显示技术有限公司推出国内首款12英寸AMOLED全彩显示屏，为推动我国AMOLED产业化的进程奠定了坚实的基础。2012年底，京东方科技集团股份有限公司成功研发出17英寸AMOLED彩色显示屏，这是全球首款融合了氧化物TFT背板技术和喷墨打印技术的大尺寸AMOLED显示屏，是京东方也是国内显示企业在OLED显示领域取得的又一重大进展。

但是，目前OLED技术还存在生产良率低、生产材料成本高、投入资金巨大、较难实现量产等问题，我国OLED产业也存在产业链不健全、高质量低成本生产技术欠缺、缺乏综合配套能力较强的领袖型企业等问题，因此，我国的OLED产业仍面临巨大的挑战。然而，问题的存在也预示着技术上还存在较大的提升空间。中国作为目前全球最大的OLED应用市场，其发展OLED产业的潜力是巨大的。“政资用、产学研”等各方应共同努力，发挥国家统筹优势，调动资本积极性，开拓应用市场，整合产业资源，加强学校与科研院所技术合作，注重知识产权保护，将我国的OLED技术推向一个新的高度。

3.3 OLED的彩色化

显示器全彩色是检验显示器是否在市场上具有竞争力的重要标志，作为具有竞争力的OLED显示技术，其全彩色化是OLED发展的最重要的目标，它直接决定着未来OLED在平板显示器领域的竞争力。由于人们对显示器性能的要求不断的提高和显示器市场竞争的不断需求，近几年来，对OLED的发光结构和彩色化技术进行了许多方案的研究及其产业化的工作。[12,13]

3.3.1 独立材料发光法

人眼对不同波长的光有不同的色调感觉，在日常生活中所见到的各种颜色，是因为不同物体辐射（反射或透射）了不同波长的光。但是，在彩色复现的过程中，并不需要恢复原景物辐射光的光谱成分，而重要的是应获得与原景物相同的彩色感觉。与某一单色光相同的彩色感觉，可以由具有不同光谱分布的色光组合而成，在信息显示领域称之为“混色法”。独立材料发光法原理就是基于此，适当选择不同基色，将他们按不同比例合成，就可以引起各种不同的彩色感觉，合成彩色的亮度由各基色的亮度之和决定。而色度（即色调和饱和度）则由各基色分量的比例决定。各个基色必须是相互独立的，其中任一基色都不能由其他基色混合产生，这样就能配出较多的彩色。

在显示领域比较恰当的组合还是在红色、绿色、蓝色的光谱色域内选择的三个基本颜色即三基色，分别是波长为700 nm的红光、波长为546.1 nm的绿光以及波长为435.8 nm的蓝光，他们几乎能将自然界中观察到的各种彩色相混配出，从而将成千上万的颜色信息简化为三基色的组合。

通常，混色法分为加法混色法和减法混色法两种。减法混色法一般应用于彩色印刷、彩色胶片和绘画，它是利用颜料、染料的吸色性质来实现的。例如，黄色颜料能吸收蓝色光，于是在白光照射下，反射光因缺少蓝光成份而呈现黄色；同样地，青色染料因吸收红光成分而呈现青色。彩色显示一般采用加法混色法。例如红色光与绿色光相加作用于人眼所引起的彩色感觉与黄色光相同；同样，蓝色光与红色光相加得到紫红色，绿色光与蓝色光相加得到青色光等等。利用相加混色法，可以在显示器上得到成千上万的彩色。

很多彩色显示器件是利用空间混色法（加法混色法的一种）来重现彩色的。空间混色法，是指使三种基色光分别分布在同一表面上邻近的三个点，只要这些点相距足够近，由于人眼的分辨力有一定限度，就能产生三基色的光相加混合的彩色感觉。与此相似的加法混色法，还有时间混色和生理混色。时间混色是指将三种基色光按一定顺序呈现在同一表面上，只要轮换速度足够快，由于眼睛的视觉惰性，人眼产生的彩色感觉就与三基色光直接混合出来的彩色效果相同。另外，还可以利用两只限睛同时分别观看两种不同颜色的同一幅图像，也可以获得混色效果，这是生理混色法。在显示系统中，很多情况下是采用空间混色法实现彩色显示，特别是在平板显示器中。

3.3.1.1 像素排列

RGB排列是最标准的排列方式，它把一个方块形的像素（pixel），平均分成三等分，每一块赋予不同的颜色，这样就可以构成一个彩色像素（图3-3-1）。这也是绝大多数液晶显示器所采用的子像素排列方法，三个像素的顺序是随意的，一般都是“红绿蓝”或者“蓝绿红”。在此情况下，只要我们把足够多这样构造的像素排列到一起，就可以显示出我们所需颜色的文字和图案了。事实上，绝大多数的液晶显示器，采用的都是标准RGB子像素排列。它的好处是像素独立性高，每一个像素都可以各自显示所有的颜色。但缺点是要制作m×n的显示器，总共需要制作3m×n个像素，（在制造过程中，子像素是最基本的制造单位，它们本身没有颜色，颜色是靠滤光片而产生的）。这在制程和技术上对液晶显示是没什么问题的，因为液晶采用的是印刷工艺，制作多少个像素对成本的影响并不高。

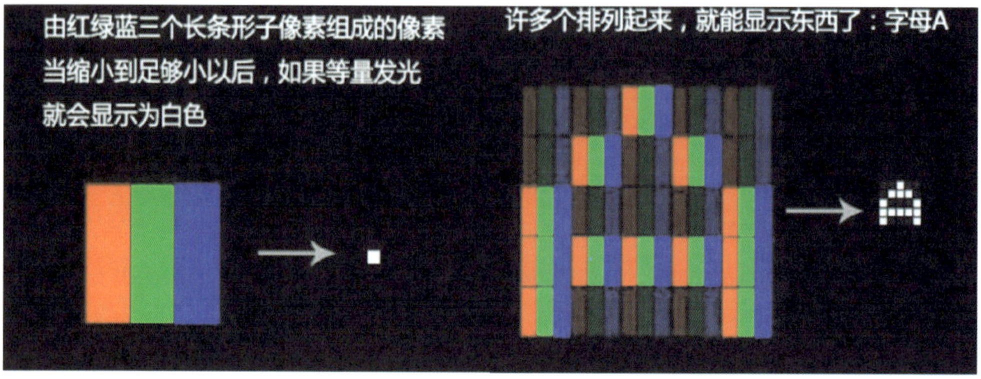

图3-3-1 标准RGB排列的显示原理

RGB PenTile排列，是现在一些采用OLED材质的手机RGB子像素的排列方式。它与标准RGB排列单个像素点是不一样的，标准RGB排列的像素点是由红绿蓝三个子像素组成的，而PenTile的单个像素点只有“红绿”或者“蓝绿”两个子像素点组成。图3-3-2中左边就是RGB PenTile排列的子像素排列方法。可以看到，同样显示3×3个像素，RGB PenTile在水平方向只做了6个子像素，而标准RGB做了9个，子像素数量减少了1/3。我们知道只有三基色才能构成所有的颜色，而两种颜色是不可以构成所有颜色的。所以，在实际显示图像时，RGB PenTile的一个像素点会“借”用与其相邻的像素点的另一种颜色来构成三基色。水平方向，每个像素和相邻的像素共享自己所不具备的那种颜色的子像素，协同作用以实现白色显示。

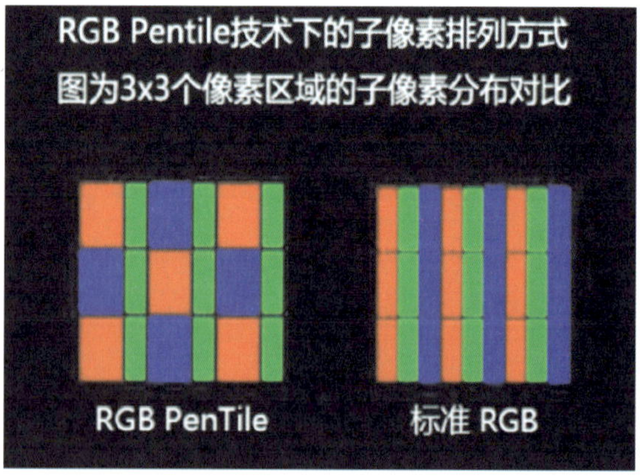

图3-3-2 RGB PenTile与标准RGB子像素排列对比

PenTile目前最大的问题，是在边缘存在毛刺现象。对于45度倾斜的黑白分界线的显示，在最左边一条，出现了红蓝红蓝像素的垂直交替排列，如图3-3-3所示。这在视觉上会导致明显的“彩边”现象。PenTile技术会对这些情况作出一定的修正，那就是把一些本该熄灭的子像素点亮（在这张图中就是点亮边缘的蓝色像素），人为的制造一些相邻像素，来实现颜色的正常显示。但是，这就带来了一个问题，那就是本来平整的边缘变得不再平整，成为了锯齿状。

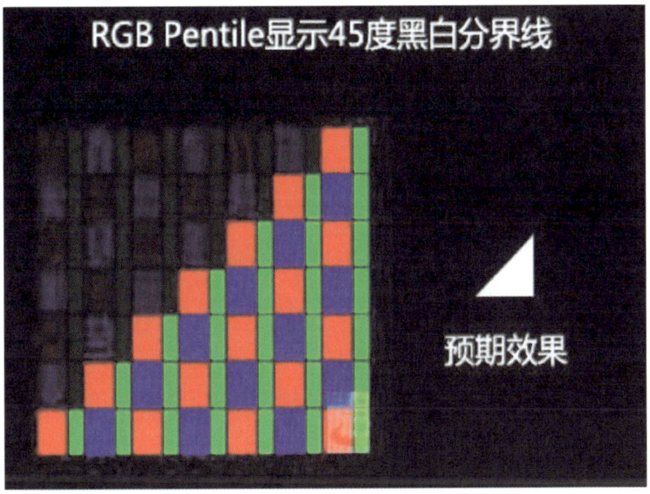

图3-3-3 RGB PenTile子像素排列45度黑白分界线的显示效果

上述的讨论是在显示黑色和白色的基础上进行的，而实际显示彩色画面的时候PenTile还会遇到一些更奇怪的问题。举例来说，当我们需要显示纯黄色的时候，就需要把屏幕上所有蓝色的像素都关闭。但是，由于红色像素是间隔排列，而不是紧密排列的，所以导致肉眼可以轻易看出其间夹杂的黑色斑点，它们之间的距离是两倍于像素距离的，导致出现“网纹”。而当显示淡橙色的时候，红色和绿色像素会100%发光，而蓝色像素则以50%亮度发光。此时，这些不发光的蓝色像素会构成暗点，导致本来应该是纯净的颜色表面出现两倍于像素距离程斜向分布的“颗粒感”。

究其原因，RGB PenTile是一种通过相邻像素公用子像素的方式，减少子像素个数，从而达到以低分辨率去模拟高分辨率的效果。其优点是，在同样亮度下视觉亮度更高，以及成本更低，但是，缺点也不言而喻，一旦需要显示精细内容的时候，Pentile的本质就会显露无遗，清晰度会大幅度下降，导致小号字体无法清晰显示。为了弥补色彩问题，在RGB PenTile技术下显示色彩分割区的时候，分割线会产生两倍于实际像素点距的锯齿状纹路，也就会产生锯齿状边缘。并且，只要显示的内容不是白色，就会出现两倍于点距的网格状斑点。因而，RGB PenTile技术的显示屏必须需要拥有足够高的分辨率，方才可弥补由于会产生两倍点距纹理带来的视觉效果下降。

从OLED的发光机制来讲，蓝色OLED的发光效率要比红色和绿色低，要达到相同的发光强度必须使用更高的通过电流，这就意味着，蓝色OLED的衰减速度更快。而在PenTile排列中，每两个像素共享一个绿色的子像素，这使得蓝色OLED的面积可以更大，同时带来更高的面板开口率。这样一来，将使达到相当发光强度所需要的电流降低，从而延缓衰减速度，使得显示面板的寿命提高。所以，在目前的OLED显示面板技术下，除非不考虑面板寿命或者蓝色OLED的发光效率问题得到解决，否则厂商很难在230 ppi像素密度的面板以上不使用PenTile排列。当面板像素密度小于等于230 ppi时，即使用户不提醒，厂商也不会考虑PenTile（毕竟，此时排列能直接被肉眼观测到，对屏幕效果的影响很大），这时登场的自然为原生RGB排列的Super AMOLED Plus。

3.3.1.2 工艺与材料

目前，OLED彩色化最常用的工艺方法，是利用精密的金属荫罩与CCD（charge coupled device，电荷耦合器件）像素的对位技术。首先，制备红、绿、蓝三基色发光中心，然后，调节三种基色组合的混色比，进而使三基色OLED器件独立发光以构成一个像素，从而获得全彩色。采用该技术的关键问题，在于提高发光材料的色纯度以及发光效率，同时金属荫罩刻蚀技术也非常重要。

有机小分子发光材料Alq_3，一直是性能优秀的“明星型”OLED绿光发光材料，其绿光色纯度、发光效率和稳定性都很好，然而即使是最好的OLED红光发光材料的发光效率只有约3 lm/W，寿命也仅仅约为10000 h，而且蓝色发光材料的发展也非常缓慢和困难。有机小分子发光材料面临的最大瓶颈，是红色和蓝色材料的纯度效率与寿命，但是，人们通过给主体发光材料掺杂，已经得到了色纯度，发光效率和稳定性都比较好的蓝光和红光。

聚合物发光材料的优点，是可以通过化学修饰调节其发光波长。现在，人们已经得到了从蓝到绿到红的覆盖整个可见光范围的各种颜色，但是其寿命只有小分子发光材料的十分之一。所以，对聚合物发光材料而言，其发光效率和寿命都有待提高，不断地开出性能优良的发光材料，应该是材料开发工作者的一项艰巨而长期的课题。

作为核心技术之一，金属荫罩刻蚀技术制约着显示器显示画面的质量，因而对金属荫罩尺寸精度和定位精度的要求都更加苛刻。目前，量产机台的对位系统误差为 $\pm 5\ \mu m$ 。另外金属荫罩热胀冷缩所导致的形变也会影响对位精度准度，日本OPTNICS成功开发了热膨胀率只有原来1/10的荫罩，用于替代以原有的镍或不锈钢材料为主的金属荫罩。传统上金属荫罩利用蚀刻或激光切割制作，高分辨率的荫罩尤其昂贵，因此必须降低其制作成本。Synova SA公司提出利用water jet guided laser技术，已微细水柱作为媒介，可以精准（误差为几微米）快速（每小时25000~30000个开口）地制作4代大小的金属荫罩，水柱在此也有移除热应力及金属碎屑的作用。

针对全彩化方法不容易制造高分辨率面板的问题，友达光电提出像素微小化技术，也就是每个荫罩开口蒸镀两个以上相同颜色的像素，从而可以在不更改荫罩开口大小的情况下增加面板的分辨率。利用此技术，友达光电用分辨率为135像素/英寸的荫罩制作出了分辨率为270像素/英寸的3英寸面板。此外，降低荫罩数目，也是减少良率损失和简化制程的一种方法。Samsung SDI将蓝光像素的荫罩舍去，将蓝光发光层作为RGB像素的共通层，只要将再结合区域控制在靠近空穴传输层处，RGB像素的发光便不会受蓝光发光层的干扰，只要两片荫罩即可达到全彩显示。

3.3.2 彩色滤光薄膜法

彩色滤光膜技术，是通过彩色滤光片（colour filter, CF）将白光转换为彩色OLED所需要的红绿蓝三基色的方法。白光OLED技术与现已在液晶LCD应用上非常成熟的CF技术结合起来，被认为是较容易和较经济性的OLED彩色化方法。由于采用单一种白色光源，因此，理论上RGB三原色的亮度寿命相同，没有色彩失真的现象；在制程上，由于可利用LCD成熟的CF技术，不需要掩膜对位，极大地简化了蒸镀过程，因而可以降低生产成本，并增加画面的精细度，回避了OLED的RGB三色排列发光法生产过程中的种种困难，把难题转移到已经相对成熟的CF上，经济和性能良好的大尺寸高分辨率彩色OLED的实现成为可能。但是，由于OLED对于CF的要求相比于LCD更为严格和苛刻，所以对于适用于OLED的CF，提出了更高的要求和规格，此外，由于滤光片吸收了大部分的光能，只有约30%的光能够透过，所以需要高性能的白光材料；否则，器件的效率较低，一般也是用于小分子的OLED显示屏。同时，由于白光通过CF的FWHM一般在100 nm以上，使显示屏的色域较窄。

研究结果表明，将CF中的子像素由原来的红绿蓝变为红绿蓝白，可提高显示屏的发光效率与寿命，能耗也降低了近50%。2012年，LG出产的55英寸OLED电视就是利用CF技术实现显示屏的彩色化，OLED元件采用白色发光材料，与RGBW（W, white, 白光）4色CF相组合来显示彩色，在TFT阵列上形成CF后，利用真空蒸镀技术形成白色OLED器件。其中白色发光材料为小分子型，采用使R和G的磷光材料与B的萤光材料叠合的“串联构造”。但是，子像素由三个变为四个，一般会降低显示屏的开口率。在设计像素结构时，适当减少红蓝子像素的频率可以增加开口率，而且对红绿蓝三基色而言，由于红光和蓝光对发光亮度的贡献相对较少，人眼对绿光更为敏感，因此，这不会影响显示屏图像的质量。

彩色滤光薄膜技术是以OLED取代现有TFT-LCD面板中液晶以及背光源等结构，结合现有市场量产技术已经成熟的CF工艺。使用彩色滤光膜法在效率以及成本上虽然不太具备竞争力，但是却也可以避免复杂控制的问题。因此，适用于AMOLED显示面板。未来应用在高分辨率大面积OLED面板上时，彩色滤光薄膜法是最有潜力的方法之一。柯达/三洋曾展示出15英寸的全彩面板试制品，其CF与TFT基板整合，减少了光源与滤光薄膜间的距离，可避免漏光现象。近年来，白光面板搭配四原色彩色滤光薄膜对降低功耗损失也有一定效果，更增加了此方法的竞争力。在韩国首尔召开的第5届国际信息显示会议（IMID 2005）上，三星电子展示了三波段白光搭配RGBW彩色滤光薄膜的40英寸的a-Si TFT面板，同样是采用COA制程，光利用效率达到了过去RGB三色方式的1.5倍，在亮度为1000 cd/m^{2}的情况下寿命可达到10000 h。

3.3.3 色转换法

色转换法，主要利用三基色中能量最高的蓝光为发光源，经由光色转换薄膜将蓝光分别转换成能量较低的红光或绿蓝光进而实现红绿蓝三色光。其优点在于，可以改善独立材料发光法中的两个问题：一是因RGB三种组件效率不同，所以需要设计不同的驱动电路；二是RGB组件寿命的不同所造成的颜色不均，如果以电路补偿，则会增加其难度。但是，它的缺点是光色转换材料容易吸收环境中的蓝光，造成图像对比度下降，同时光导也会造成画面质量降低的问题。

由于这种技术不需要掩膜对位，因而蒸镀过程较为简单，可制备大尺寸器件。蓝光材料是制约这种技术的瓶颈，现阶段一般只能用于制备小分子OLED。传统的光色转换材料，一般是有机荧光染料与光致抗蚀剂聚合物共混溶液，由于光致抗蚀剂聚合物中的不饱和键及光诱发剂与荧光染料反应而产生浓度淬灭，导致器件整体的转换效率较低。为了提高转换效率，一般采取降低溶液浓度并增厚光色转换层的方法，然而，厚至10 μm的光色转换层增加了光刻的难度，所以这种技术一直未受到关注。现在，光色转换材料采用主客体共混材料，主体材料吸收蓝光后将能量转移给客体材料。在这种体系中，光色转换材料的光致发光性能主要依赖于客体的荧光量子效率及主客体的能量转换效率，这样膜层厚度可降至 0.7μm 。

目前发展此技术的厂商，以日商出光兴产和富士电机为主。为了提高颜色转换效率，出光兴产将光源改成了具有长波长光谱成分的白色光源，颜色转换效率可提高20%以上。形成颜色转换层的底板是与大日本印刷共同开发的，由于能够使用与彩色滤光薄膜法相同的生产技术，因此与原有的独立材料发光法相比，提高了密度，有望实现较高的成品率，而由于使用多波段光源，所以需加上一片彩色滤光片来提高像素的色纯度。除了色转换率外，增加光在多层截至的出光率，改善天蓝光OLED的稳定度及色转换层劣化等问题也非常重要，当分辨率增加时，各像素的发光会因为在介质中横向扩散而造成漏光或互相干扰的现象。

2008年SID会议上，Fuji电子公司展示了应用这种技术制备的a-Si TFT驱动的2.8英寸AMOLED全彩显示屏，其色域达NTSC标准的100%。

3.3.4 微共振腔调色法

微共振腔效应是指器件内部的光学干扰效应，在无机面反射型激光器和无机二极管中已经被广泛研究；而对于OLED器件，无论是顶发光型或是底发光型器件都存在程度不一的共振腔效应。微共振腔效应关键在于，在出光处制作一个半透明半反射的半镜，如布拉格镜面多层膜，当光子从发光处发出后，会在反射阴极和半镜间相互干扰，造成建设性和破坏性的干涉。因此，只有特定波长的光会受到增强，有一部分则被削弱。微共振腔效应的最大特征，就是某一特定波长的光在某一方向会得到增强。因此，光波的FWHM也会变窄，并且发光强度会与视角有关，其发光特性由微共振腔的光学长度决定，并与每层材料的厚度及折射率相关。因此，可以加入光学长度控制层来进行适当调整。最佳的光学长度控制层的厚度，随着RGB颜色的不同而不同，因此会增加制程的难度。如果只用一种发光波长的OLED组件，想要利用微共振腔效应调整发光颜色成为RGB三原色，在量产上几乎是不可能的，而且在显示器的应用上发光强度和颜色随视角的改变是必须控制的。

底发光器件的阴极具有高反射率，阳极则有高透射率。当光子从发射层发出后，因为光是往四面八方发射的，所以大部分的光直接传出透明电极，一部分则是经由高反射率的电极全反射，如图3–3–4（a）所示，此时的干涉现象属于广角干涉。而在顶发射型器件中，阴极往往都是半透明的金属电极，因此，光在此电极的反射增加，造成多光束干涉，因而微共振腔效应也就更明显，如图3–3–4（b）所示。

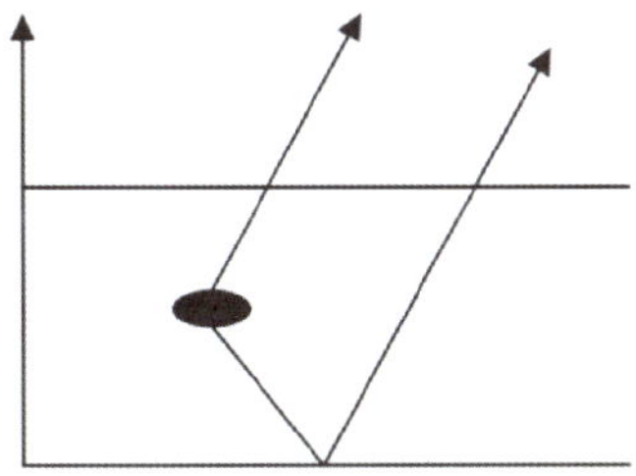

图a 非微腔的宽视角

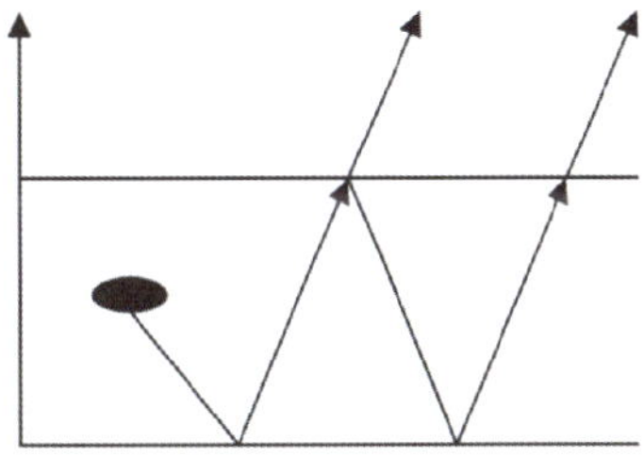

图b 微腔结构宽视干涉

图3–3–4 光束干涉图

在2004年的SID年会上，SONY公司利用多波长的白光，由微共振腔效应制作出了全彩主动式上发光面板。具体方法为，在反射阳极上依照不同的颜色需求制作出不同厚度的ITO，通过调整光学长度，将原本多波长的白光变成RGB三原色；最后，再由上述的彩色滤光薄膜法得到饱和的三基色，彩色滤光薄膜可以稍微改善视角问题并降低光反射、增强对比度。图3–3–5所示为利用此方法制作的12.5英寸显示器，可以发现其色彩度非常饱和。三年后，在2007年的CES展会上，SONY进一步利用此技术将颜色再现范围提高到了100%以上，对比度达到1000000:1，这也显示了SONY在此该项技术上的国际领先地位。

图3–3–5 SONY公司利用微共振腔调色法制作的AMOLED显示器

作为目前OLED面板两大研发企业和供应商，三星SMD使用LTPS作为背板，并采用SMS（small mask scan，SMS，即小光罩扫描）的方式进行有机发光材与色彩的蒸镀；而LG Display则采取oxide TFT（的方式作AMOLED背板，然后再加上WOLED（white OLED，白光OLED）搭配彩色滤光片的方式。但是，这两种技术各有优点和缺点。三星SMD采用的技术主要专注于高性能与高画质，而LG Display的技术则是着重在量产性与低成本。当然，三星SMD和LG Display的生产策略可以随时进行调整，即三星SMD未来也可能采用白光OLED配备彩色滤光片的方式，LG Display也同样能够使用前者目前的技术，这与市场实际情况的发展有关，同时也取决于业界和消费者的接受程度。但是，无论如何，在以往各个行业的事实已经表明，技术先进不代表这款产品一定能够有很高的销量，市场以及消费者的接受程度以及产业链的成熟才是根本和关键。不过，从OLED产业技术研发与布局方面，韩系企业已经走在了世界前列并已经拥有了非常明显的优势。

3.4 高解析度AMOLED

在本节之前首先解析几个有关显示方面的基本概念。无论手机、平板电脑，还是电视机，人们常听到两个概念，一是分辨率，二是清晰度，其实对任何显示面板，还有一个概念是解析度。这三者既有联系，又有区别，并且很容易混淆。

简单地说，分辨率就是大家经常听到的标清（standard definition，SD）、高清HD（high definition，HD）、全高清（full high definition，FHD）、超高清（ultra high definition，UHD，如4K、8K）等说法。分辨率是指显示面板所具有的像素数量，比如FHD的显示面板有1920×1080个像素。一般来说，显示面板的分辨率越高，显示的图像越清晰。值得一提的是，显示面板的分辨率与图象信号或者说片源的分辨率并不一定必须相同，因为经过对图像信号的缩放处理，低分辨率的片源可以显示在高分辨率面板，高分辨率的片源也可以显示在低分辨率的面板。

解析度是指显示面板的像素密度，也就是单位尺寸的像素个数，一般用每英寸的像素数来表示（pixels per inch, 即PPI）。通常而言，面板的解析度越高，能够显示的图像越精细、越清晰，这与人眼对图像细节的分辨能力有关。

清晰度则是人的主观感受，它是人眼对图像分辨率、面板解析度、图像亮度和色彩的综合反映，它不仅与显示面板有关，还与片源和观察者的视觉有关。一般来说，分辨率越高或解析度越高，清晰度也越高。在实际感知中，分辨率相同的情况下，如果图像的亮暗层次越丰富、色彩越亮丽，也会产生图像清晰度越高的感觉；另一方面，即便分辨率很低，但如果在解析度很高的面板显示，也会觉得图像有很高的清晰度，比如有人看到只有QVGA（320×240）分辨率的1.5英寸面板也会因感觉图像清晰而认为是“高清”，相反，在近处观察65英寸FHD电视时却有图像细节粗糙、不够“高清”的感觉。这是因为前者的解析度高达266 ppi，而后者仅有34 ppi的缘故。严格地说，对电视这样的大尺寸显示屏，用分辨率的概念更有现实意义，而对手机、平板电脑等中小尺寸显示屏，用解析度的概念更有意义。但是，在习惯上人们常常不加区分。

在搞清楚上述概念之后，我们会先提到一个平板产业的普遍共识，接着再深入探讨其原因与解决方案。这个共识就是：AMOLED现有技术很难生产高解析度的产品。特别要说明的是，难点是生产“高解析度”AMOLED，而不是“高分辨率”AMOLED。当然，现有技术欲生产4K或8K的超高清大尺寸AMOLED也很困难，但是这难在“大”，问题的关键不在于分辨率高，只要大尺寸生产技术具备了，实现大尺寸、“高分辨率”AMOLED就将不是问题。

3.4.1 高解析度AMOLED 的技术难点分析

近期市场上的智能手机等个人移动产品，对显示屏提出了越来越高的解析度要求。目前已超过400 ppi，以后的发展趋势甚至将达到500~600 ppi，这对AMOLED显示屏而言，在工艺技术上是极大的挑战。因为AMOLED要达到如此高的解析度，将面临三大技术难题：一是要能制备高精细的彩色化像素图案，二是设计出TFT数量尽可能少（最好不超过3~4个）的像素驱动电路；三是开发发光效率和稳定性更好的有机材料。目前最成熟的AMOLED彩色化像素图案的制备方法，是采用精细金属掩模板（fine metal mask, FMM）的真空蒸镀技术，但是，当AMOLED的解析度在300 ppi以上时，蒸镀有机发光材料所用的精细金属掩模板的开口及连接桥（连接相邻开孔的肋骨）将非常细小（不到数十微米）。这将导致的后果是，不但金属掩模板的加工难度非常大，而且其对位精度、掩模板阴影、变形等因素将严重影响有机发光材料蒸镀形成精细的彩色化像素图案。因此，制备高解析度

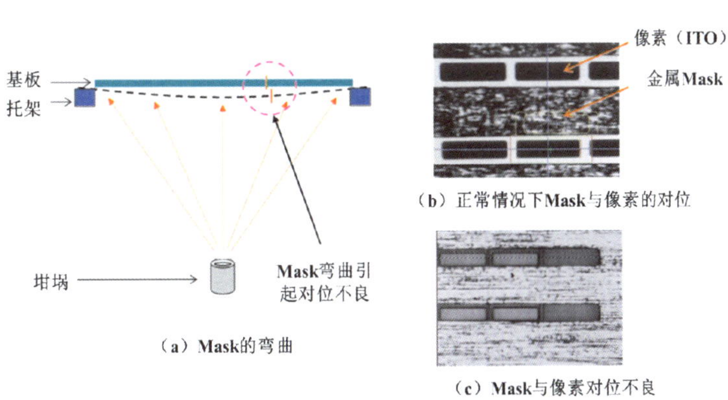

图3-4-1 金属掩模板弯曲变形导致的与像素对位不良示意图

AMOLED必须突破金属掩模板的制约。

金属掩模板因重力等原因发生弯曲变形所导致的与像素对位不良的示意图，如图3-4-1所示。其中，图（a）可见因金属掩模板（mask）向下弯曲，导致其开孔与像素区域的对位发生了偏移，图（c）为在显微镜下观察到的金属掩模板与像素对位不良的情况。其次，AMOLED每个子像素的驱动电路最基本的结构是2T1C，加上前面第2.4.4章节提到的驱动补偿的需要，一般要有更多的晶体管、电容和控制线，而数量太多的晶体管电路难以排布在面积极其有限的子像素区域内（以500 ppi为例，子像素面积只有约17 μm ×51 μm）。因此，必须改善TFT的性能并优化补偿电路设计，尽可能减少TFT数量以减小像素驱动电路所占的面积。

此外，当AMOLED的解析度较高时，子像素发光面积必然很小。所以，为了满足屏幕亮度的要求，必须开发发光效率更高且在这种高亮工作条件下寿命和稳定性更好的有机发光材料，同时尽可能地提高像素开口率。有机发光材料作为单独的研发课题，材料企业将需要进行持续不断的提高和改进，在这里，我们主要从面板企业的角度研讨高解析度AMOLED前两大技术难题的突破方向。

3.4.2 高解析度AMOLED的像素图案与制备方法

实现高解析度AMOLED最关键的问题之一，在于制备高精细彩色化像素图案受到FMM蒸镀技术必须使用的金属掩模板的限制。那么，解决办法就有两条路可走，要么，改变像素排列方式，使同等的金属MASK可以制备更高解析度的像素图案；要么，采用FMM以外的其他技术方式，使彩色化像素图案的制备根本就不需要使用金属掩模板。

3.4.2.1 PenTile RGB像素排列

技术比较成熟的是采用第一种方案，即通过设计特殊的像素图案来达到实现高解析度AMOLED的目的。其中，韩国三星采用的所谓“PenTile RGB”子像素排列方式，已实现高解析度AMOLED显示屏的大规模量产，并广泛用于其所有的Galaxy系列智能产品，其最高解析度达到约440 ppi。

图3-4-2为PenTile RGB像素排列结构与传统RGB条状排列结构的对比，PenTile RGB又有多种像素排列方式的变形，图3-4-2（c）为其中的“钻石像素”（diamond pixel）排列结构。由图可见，传统RGB条状排列的显示屏的每个像素由RGB三个子像素构成，当需要显示不同颜色的时候，三个子像素分别以不同的亮度发光，各个子像素均是独立的，而PenTile RGB以相邻像素共用子像素为特点，任何一个像素均只包含红、绿或蓝、绿两个子像素，红、蓝的发光面积约是绿的两倍，实际显

示图像时，每个像素和相邻的像素共享自己所不具备的那种颜色的子像素。于是，采用PenTile RGB排列，在保持总像素不变的情况下减少了1/3的子像素（相应地，TFT数量也可以减少1/3）；或者反过来说，在保持子像素数量不变的情况下，增加了总像素的数量，因而可达到提高像素密度、实现更高分辨率的目的。PenTile RGB的优点是，在对金属MASK和有机材料的镀膜工艺以及设备技术要求同等的情况下，可以比传统RGB条状排列方式生产更高解析度的AMOLED，且在同样的显示亮度情况下，其视觉亮度更高，成本也更低。

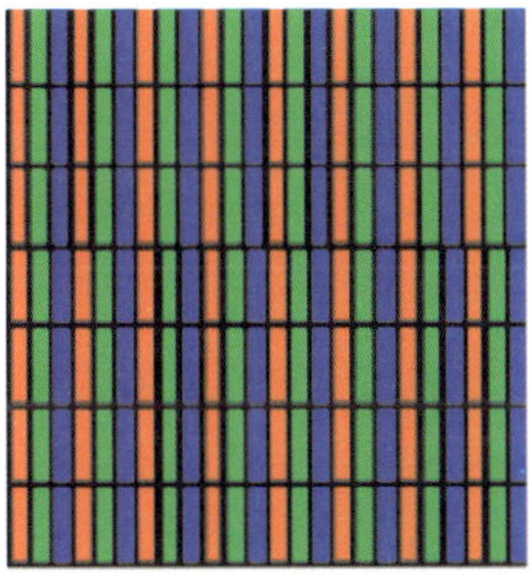

（a）传统RGB条状排列

（b）PenTile RGB排列

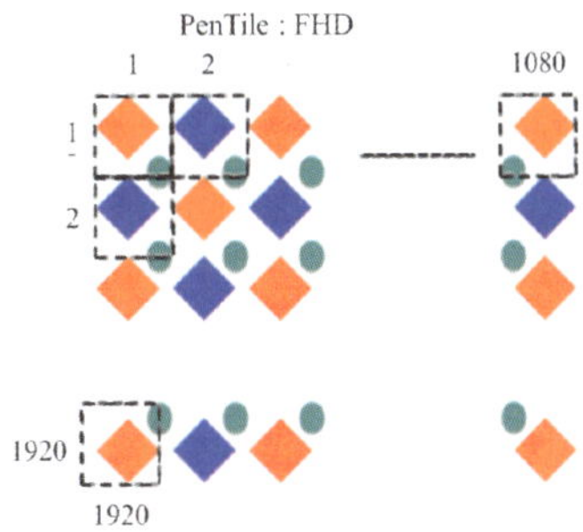

（c）PenTile RGB钻石排列

图3-4-2 AMOLED子像素的排列结构

但是，由于PenTile RGB排列方式的关键是相邻像素共用子像素，本质上是以低分辨率达到模拟高分辨率的显示效果。因此，在显示特定的图像时存在彩色镶边、斜线锯齿以及图像颗粒感等现象，无法精确显示每一种图案。同时，这种排列方式需要采用特别的图像驱动算法。即便如此，通过减少1/3子像素的PenTile RGB排列方式仍难以生产500 ppi以上的超高解析度AMOLED显示屏。

PenTile RGB排列方式下，几种非正常显示的图案的例子，如图3-4-3所示。

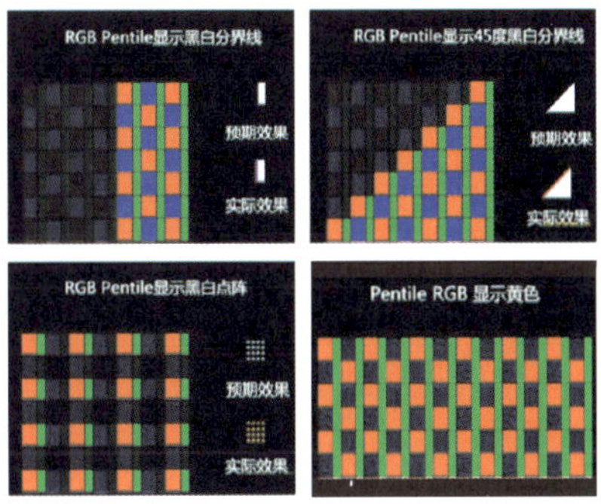

图3-4-3 PenTile RGB不能正常显示的图例

由图可见，在显示垂直或45度黑白分界线时，边缘并不是预期的黑白，而带有彩色，这在实际显示的文字边缘将导致明显的“彩色镶边”现象。当然PenTile技术会对这些情况作出一定的修正，比如将一些本该熄灭的子像素点亮，人为的制造一些相邻像素来实现颜色的正常显示。但是，这又会带来本来平整的边缘变得不再平整，成为了锯齿状的问题，这也是PenTile之所以会出现边缘毛刺的原因。当需要显示黑白点阵时，由于每一个像素都失去了相邻像素，自然无法共用子像素，因此得到的将是彩色点阵而不是黑白点阵；当需要显示黄色图案时，由于红色子像素的间距是像素距离的两倍，而不是紧密排列的，所以导致肉眼可以轻易看出其间夹杂的黑色斑点，出现“网纹”现象。更多的情况，就不再一一阐述了，只要屏幕上显示的任何像素一旦缺少相邻像素的共用子像素，PenTile RGB排列就达不到预期的显示效果，所以，一旦需要显示精细内容的时候，PenTile RGB的本来面目就会显露无遗，清晰度会大幅下降，导致小号字体无法清晰显示；而为了弥补色彩的问题，在PenTile RGB技术下显示色彩分割区的时候，分割线会产生两倍于实际像素点距的锯齿状纹路，也就是会产生锯齿状边缘。此外，只要显示的内容不是白色，就会出现两倍于像素点距的网格状斑点。所以说，PenTile RGB技术的显示屏必须要拥有足够高的分辨率，才可以弥补由于会产生两倍点距纹理带来的视觉效果的下降。

3.4.2.2 QSuP RGB像素排列

如图3-4-4所示是另一种可以实现高解析度AMOLED的子像素排列结构，这种排列方式为四川虹视公司发明，称之为四元子像素（quaternion sub-pixel，QSuP）RGB排列。其特点是，相邻像素的相同颜色的子像素每四个一组呈“田”字形集中排列，金属掩模板一个开孔对应四个子像素。

由图可见，每个发光像素仍由RGB三个独立的子像素构成，其中两个子像素纵向并排排列，第三个子像素横向排列并与另两个子像素形成“品”字形结构。例如，蓝色子像素横向排列，则红、绿子像素纵向排列，且第一列像素的左边如果排列红色子像素，右边排列绿色子像素，则第二列像素的左边排列绿色子像素，右边排列红色子像素，各列像素的排列方式以此类推；进一步地，每相邻两行像素，其中一行像素的子像素呈正立的“品”字形排列时，另一行像素的子像素则呈倒立的“品”字形排列，各行像素的排列方式以此类推。

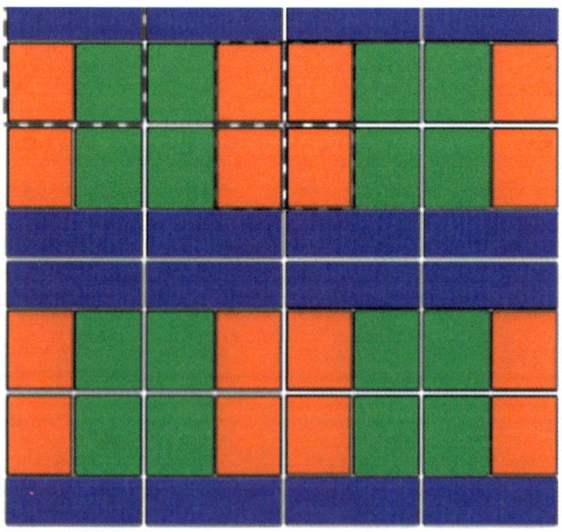

图3-4-4 QSuP RGB排列

采用QSuP RGB技术蒸镀有机发光材料所用的金属掩模板，如图3-4-5所示。其中，图（a）为纵向排列的子像素的金属掩模板，为网孔状，每一个开孔对应四个子像素（比如红色或绿色子像素），而图（b）为横向排列的子像素的金属掩模板，为条状，每个开孔宽度包括两个子像素（比如蓝色子像素）。图中H1、H2标识的部分为掩模板的开孔，B1、B2标识的部分为掩模板的连接桥。由于图（a）中每一个掩模板开孔对应四个子像素，因此，开孔尺寸H1和H2分别为子像素宽度和高度的两倍，开孔宽度H1是传统RGB条状排列开孔宽度的3倍。掩模板相邻开孔的水平间距B1为一个像素宽度，是RGB条状排列的MASK桥宽的1.5倍，垂直间距B2为一个像素高度的2/3，与RGB条状排列的MASK桥宽相同；在图（b）中，掩模板开孔宽度H2为子像素宽度的两倍，是RGB条状排列开孔宽度的两倍，相邻开孔的垂直间距B2为一个像素高度的4/3，是RGB条状排列的掩模板桥宽的两倍。由此可见，采用QSuP RGB排列方式，在显示屏解析度相同，也就是子像素大小相同的情况下，所需掩模板的开孔和连接桥的尺寸均比RGB条状排列更大。因此，掩模板加工更容易，且蒸镀有机材料时对掩模板对位精度的要求及阴影和掩模板变形的影响也越小，从而降低了对量产技术的要求，有利于提高生产良率；反过来说，在掩模板开孔和连接桥的尺寸相同的情况下，QSuP RGB排列方式可以生产精细度更高的子像素，即可以实现更高解析度的AMOLED显示屏。

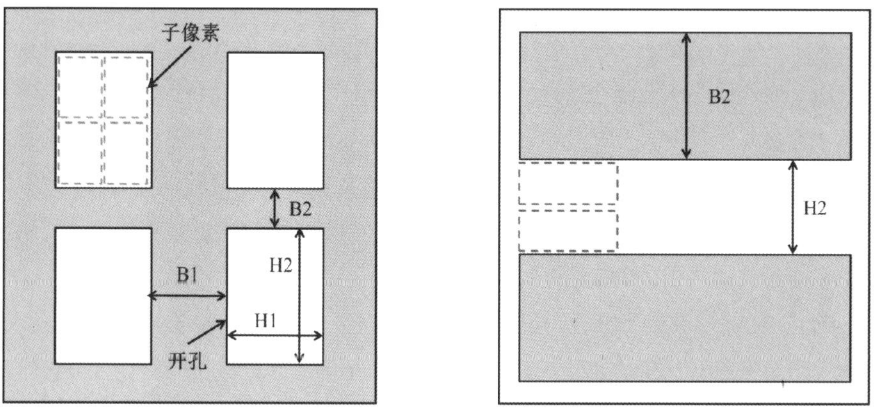

（a）纵向排列的子像素的金属掩模板　　（b）横向排列的子像素的金属掩模板

图3-4-5 QSuP RGB技术的金属掩模板

具体来说，以解析度为500 ppi的显示屏为例，在目前能用于量产的金属掩模板开孔和连接桥的最小尺寸分别约28μm和30μm，为行业最高技术水平，如采用传统RGB条状排列方式，则每个子像素的大小约17μm×51μm，所需金属掩模板的开孔宽度仅约17μm，故远小于28μm这一行业目前能达到的最高水平而不能生产。相比较而言，采用QSuP RGB排列方式，图（a）所示MASK的开孔尺寸H1和H2分别约为51μm和34μm，掩模板桥B1和B2也分别约为51μm和34μm，图（b）所示掩模板的开孔宽度H2约为 34 μm，连接桥宽度B2约为 68 μm，因此均在行业生产技术水平的有效保障范围之内。如以行业内FMM真空蒸镀技术目前允许的金属掩模板开孔尺寸最小可达 28 μm ,也就是采用RGB条状排列方式最高能生产300 ppi的AMOLED显示屏为基准，则采用QSuP RGB排列方式及相应的金属掩模板，则能够生产高达600 ppi的超高解析度AMOLED显示屏。

在图像显示效果上，QSuP RGB排列方式继承了传统RGB条状排列方式的优点，由于每个像素均由RGB三个独立发光的子像素构成，因此在任何情况下均可精确显示各种颜色的图案，没有彩色镶边或色块边界发虚、带杂色等现象；各同色子像素的间距最大不超过一个像素的宽度，比传统RGB条状排列的同色子像素间距只略大一个子像素的宽度，因此，与PenTile RGB排列方式相比，不会出现因红蓝子像素间距为两倍像素宽度而呈现的图像网纹或图像颗粒感现象。同时，QSuP RGB排列的图像驱动方法与传统RGB条状排列的相同，不需专门开发特别的驱动IC，驱动IC具有高兼容性。

3.4.2.3 激光热转印技术

除了上述改变像素排列方式的方法外，采用不用金属掩模板制备彩色化像素图案，生产高解析度AMOLED的方法有两种，一种是采用以韩国三星的为代表的激光热转印（laser-induced thermal imaging, LITI）技术，另一种是采用白光+滤色膜（W+CF）的技术。这两种技术方案都不需要采用FMM技术蒸镀有机发光材料来形成高精细彩色化像素图案，因此在制程中不会用到金属掩模板，也就不存在受金属掩模板限制的问题。图3-4-6为LITI技术的主要制备流程，有关LITI技术的详细介绍参见第2.2.2章节。由图可见，该技术的特点是预先将有机发光材料通过真空蒸镀、旋涂或丝网涂敷等方式沉积在一种称之为供体的薄膜上（donor film），然后将供体薄膜覆盖在制作完TFT和有机功能层（HIL/HTL）的玻璃基板（称之为受体, acceptor）上，并用非常精准的激光成像系统通过成像模板对供体进行激光照射。其结果是，供体上被激光照射部分的有机功能材料就被转印到玻璃基板上，最后将使用过的供体剥离。这样，在玻璃基板上就得到了有机发光材料条纹，也就是彩色化像素图案。由于激光可以达到很高的精细度（成像条纹的整体定位精度通常小于 ± 2.5 μm），因此，通过激光转印形成的有机发光材料条纹也可以非常精细，完全可以满足500 ppi以上高解析度AMOLED制备的要求。但是与采用金属掩模板的传统FMM真空蒸镀技术相比，LITI技术需要增加供体薄膜的制备、供体薄膜与玻璃基板的贴合、供体薄膜的剥离以及激光转印等工序，增加了时长，降低了生产效率，且随着制程工序的增加也必然导致综合良率的下降；同时，供体薄膜的贴合、剥离及激光转印需要开发相应的设备和制程工艺，也需要更多的原材料，导致投资和原材料成本的增加。此外，LITI技术的有机发光材料需特别设计，以具备良好的热稳定性来承受激光所产生的热，因此，其原材料不具备通用性。LITI技术目前还不成熟，还未能正式用于量产。

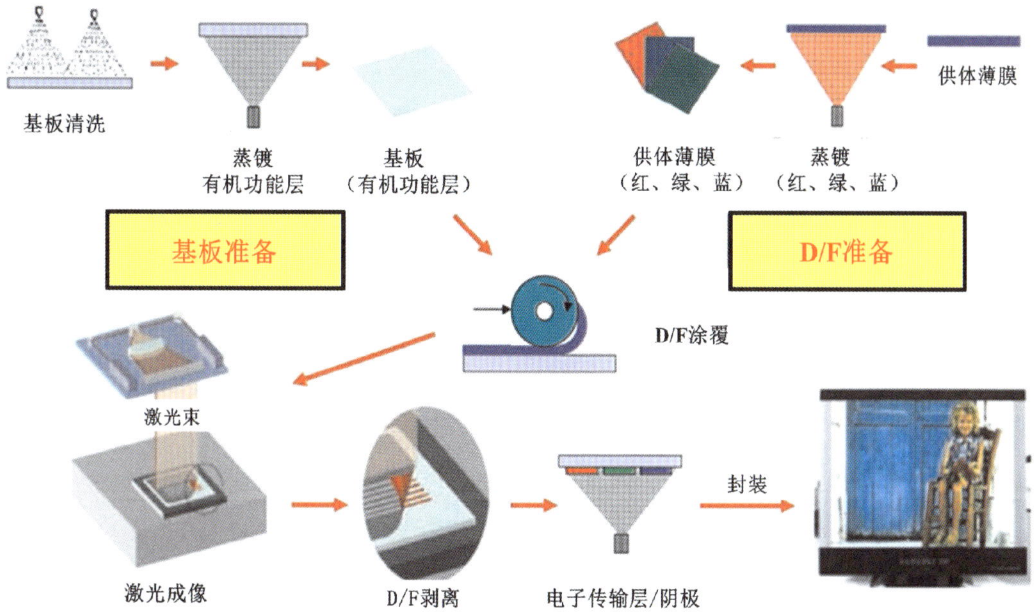

图3-4-6 LITI技术的工艺流程图

3.4.2.4 白光+滤色膜技术

白光+滤色膜（W+CF）技术的详细介绍请参见第3.3.2章节，由于该技术沿用了LCD全彩化的原理，使用CF滤出三基色，而OLED只需作为白色发光面，无需制作成像素图案，因此，制程中不会用到金属掩模板，也就不受掩模板问题的限制。用于头盔显示器的OLED微显示器件，就是采用白光+滤色膜的方式，目前解析度可以高达3000 ppi以上。但是，欲采用白光+滤色膜技术，开发高效率且稳定的白光OLED是先决条件。目前，白光OLED的发光效率还有待提高，加上彩色滤光片对光的衰减，器件功耗较大；另外，白光OLED的色域较小，色彩不够丰富，画质相比RGB像素并置法略差，为了改善色域和提高发光效率，白光OLED常采用多层串联结构，这又将影响生产良率和产品成本。因此，白光+滤色膜技术方案，更适合用于电视等大尺寸AMOLED面板，而目前还没有公司用于生产智能手机、平板电脑等中小尺寸AMOLED面板。

3.4.3 高解析度AMOLED 的像素驱动

前面已提到，除了制备高精细度像素图案，实现高解析度AMOLED最关键的另一问题，是设计出TFT数量尽可能少的像素驱动电路，以保证在子像素面积内能容纳其驱动电路及各种控制线、数据线、电源线的布版。遗憾的是，由于补偿TFT阈值电压、载流子迁移率、电源线阻抗压降以及OLED自身老化等因素导致的AMOLED面板显示质量劣化的需要，通常设计的像素驱动电路都比较复杂，甚至多达6~8个TFT，这对高解析度AMOLED是极不适宜的。

图3-4-7给出了一种适于高解析度AMOLED的驱动补偿技术，采用3T1C像素电路结构，属于外部补偿方式，图3-4-8为相应的驱动补偿时序。由图3-4-7可见，像素驱动电路只在AMOLED最基本的像素电路的基础上增加了一个晶体管T3和一条检测线Det（图中Rs为便于理解起见，画出的电源线等效电阻），最大限度地满足了高解析度AMOLED对简化像素驱动电路的要求；同时，该电路结合外部补偿技术，又能很好地对驱动管T2的阈值电压和载流子迁移率、电源线阻抗压降以及OLED自身老化等进行全面的补偿，满足对AMOLED面板显示质量的要求。

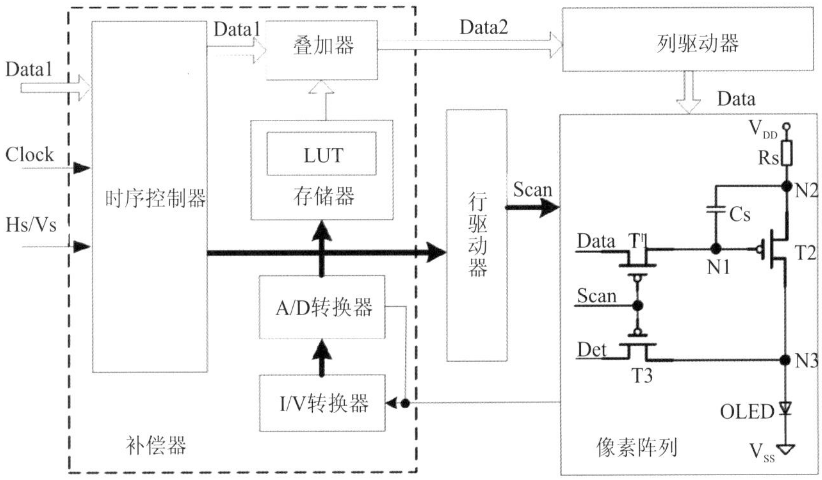

图3-4-7 适于高解析度AMOLED的像素驱动电路

由图3-4-8可见，驱动补偿原理可以分解为六个时序段，前三个时序段为TFT驱动管检测，第四个时序段为OLED检测，第五个时序段为数据修正和数据写入期，第六个时序段为发光期。其中，第一个时序段为驱动管的阈值电压检测期，此时扫描线Scan输入低电平，负电源VSS为高电平，晶体管T1、T2、T3均导通。但是，OLED因VSS为高电平而截止，因而T2的电流全部经T3反馈输入外部补偿器，当输入数据电压为V_{d0}，且经T3检测到的T2的电流刚好为零时，有计算公式：

$$V_{th}=V_{d0}-V_{DD}+V_{RS}$$

其中，V_{RS}为电源电压V_{DD}在电源线上的压降。第二个时序段为中间驱动电流检测期，S_{can}和

VSS的状态与第一时序段相同，不同的是，此时输入数据电压V_{d50}，且使T2的电流为所需最大驱动电流的一半，计算公式如下：

$$I_{50}=\frac{\beta}{2}(V_{d50}-V_{DD}+V_{RS}-V_{th})^2$$

第三个时序段为最大驱动电流检测期，S_{can}和VSS的状态与第一时序段相同，不同的是此时输入数据电压V_{d100}，且使T2的电流为所需最大驱动电流，有计算公式：

$$I_{100}=\frac{\beta}{2}(V_{d100}-V_{DD}+2V_{RS}-V_{th})^2$$

根据上述三个公式，可以计算得到V_{th}、β、V_{RS}，再将计算得知的V_{th}、β、V_{RS}代入驱动电流公式，就可进一步计算为达到目标亮度的驱动电流、所需要的驱动数据的大小及需对原始数据的修正值。

第四个时序段为OLED检测期，此时S_{can}和V_{SS}均为低电平，从T1输入基准数据电压V_{ds}，使电流流经OLED，同时OLED阳极电压经T3输入补偿器的ADC。根据不同OLED或同一OLED在不同工作时间的阳极电压变化，可反映出OLED导通电压的差异和老化程度，从而得知需对原始数据的修正值。第五个时序段为数据修正和数据写入期，将前四个时序段检测并计算得到的修正值，与补偿器输入的原始图像数据进行叠加，完成对驱动数据的修正，然后再将经修正后的驱动数据经T1写入并存储在电容C_S。第六个时序段为发光期，OLED流过经补偿校正之后的驱动数据决定的电流，因此，发出所期望的目标亮度的光。需要说明的是，上述检测期并不一定要在每一个帧周期都执行，可以在显示屏每次开始工作时或在用户指定的任何时间执行即可。

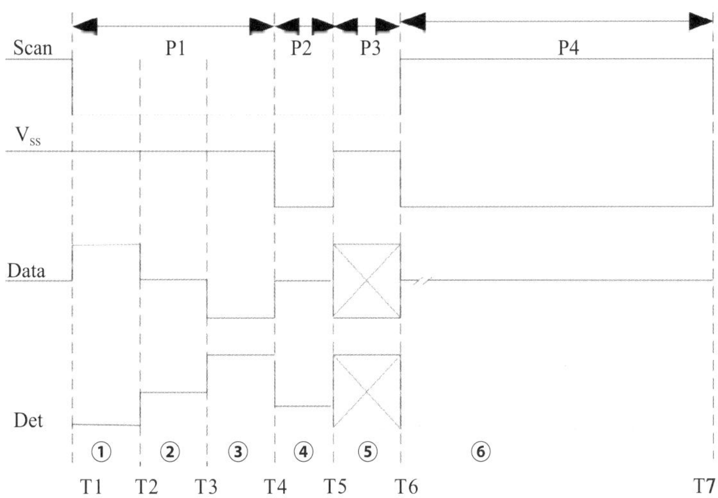

图3-4-8 驱动补偿时序图

总而言之，高解析度AMOLED除了要有高发光效率及高稳定性的有机发光材料以外，还必须既要克服金属MASK的限制能制备高精细的彩色化像素图案，又要设计最简化的像素驱动电路，在满足驱动补偿要求的同时，更重要的是确保电路版图不至于超出子像素的大小。行业内虽然研究了多种技术解决方案，但是综合而言，采用QSuP RGB像素排列和3T1C外部驱动补偿技术是目前较好的选择。

3.5 AMOLED与TFT LCD显示技术的关系

AMOLED显示技术与TFT LCD到底有着怎样的关系？是两种完全不同的技术还是前者仅是后者在技术上的局部延伸？只有全面、客观地剖析清楚了这个问题，我们才能正确认识显示技术未来的发展方向，才能准确地判断我国要想抓住AMOLED带来的机会，从而实现显示产业大国向强国的跨越，以便我们投入资源从关键技术方面进行重点研发以填补我国的技术缺失或不足。由于TFT技术在LCD上长达近30年的广泛应用以及TFT LCD作为主流显示器已广为接受，因此，市场上或部分媒体在报道时，常常将“TFT”作为“TFT LCD”的代名词。随着LTPS TFT技术的成熟应用，又将“LTPS”作为采用LTPS TFT的LCD的代名词，因此常会听到“TFT好还是AMOLED好”这样的提问讨论或者“某公司拟投资建LTPS生产线”那样的新闻报道。如果仅仅是简化称谓的一种“通俗”说法而大家对内涵“心知肚明”也无关紧要，可是一旦触及实质性的内容，发现除专业人士外，相当一部分非专业人士都被或多或少地混淆了，这不利于对我国显示产业的正确导向；另一方面，由于AMOLED也要用到TFT技术，因此也有人将AMOLED当成了TFT LCD的技术改进或认为TFT LCD和AMOLED是TFT技术发展的两个小分支，这大大地模糊了AMOLED与TFT LCD的技术差异，不利于我国及时投入资源突破AMOLED特有的关键技术瓶颈以占据产业先机。

3.5.1 AMOLED与TFT LCD的技术相同点

客观地说，AMOLED与TFT LCD在技术上是有一定的共性的。由于二者都要用到TFT，因此在二者所涉及到的诸多技术中最主要的共同点就是涉及半导体工艺的TFT技术。无论是AMOLED生产线，还是TFT LCD生产线，TFT既是整条线最关键、最基本的技术，也是整条线设备投资的主要构成部分，均占设备总投资的约60%以上；并且，仅就TFT工序而言，如果以AMOLED采用LTPS TFT与LCD采用a-Si TFT来比较，所需设备和工艺技术的种类几乎有80%以上都是相同的，而如果二者都采用LTPS TFT或氧化物TFT，则所需设备和工艺技术的种类就几乎完全一样了（有关TFT技术的详细介绍参见本书第2.3节）。从以上TFT的角度可见，AMOLED与TFT LCD确实具有很大的技术共通性。另外，除了TFT技术以外，在模组工序段，AMOLED与TFT LCD也有较大的共性，比如划线裂片技术、FPC（柔性印刷线路板）绑定技术、电光性能测试以及环境试验方法等，由于这些方面相对于面板的其他技术而言就不是很关键的了，因此在此不再赘述。但是，无论是相同工序的数量还是相同设备的数量有多少，或者相同部分占总投资的比例有多高，都不足以表明AMOLED与TFT LCD是一对孪生兄弟，因为二者的技术原理迥异，且即便二者分别采用的似乎有很大共性的TFT技术也划不了等号，本节后面将对此进行具体的论述。

3.5.2 AMOLED与TFT LCD的技术差异

相比在TFT技术方面的共性，AMOLED与TFT LCD的区别更显著，从其发光原理到关键技术、器件结构、制程工艺再到所用关键材料、关键制程设备，均是自身特有的，与LCD面板技术（CF制作、液晶灌封、配向、前后板粘合等）没有任何相关性。比如，AMOLED不需要背光源、CF、偏光片，没有液体材料，而必需的自发光的有机材料却是LCD等其他显示技术所不涉及的，真空蒸镀等有机成膜技术也是AMOLED所独特的。因此，正如飞机和汽车，我们从来就不因为它们都要使用“发动机”的这一核心部件而认为飞机只是汽车的技术改进一样，我们也不能因为AMOLED与TFT LCD都要采用“TFT”的这一核心技术而认为AMOLED只是TFT LCD的技术延伸。简而言之，二者的异同点在于，虽然都涉及TFT背板制作工艺的无机半导体技术，但是，AMOLED还包括其“三明治”结构中的有机半导体技术。

1. AMOLED与TFT LCD的发光原理不同

OLED与LCD的发光原理对比如图3-5-1。简单地说，LCD是以CCFL或LED等白色发光元件为背光源（backlight），以液晶材料分子为光开关，通过彩色滤镜过滤出RGB三基色，其中的液晶材料本身是不发光的。另一方面，OLED是以薄而透明的ITO作为阳极、金属组合物作为阴极、其间包夹有机功能材料层（包括空穴传输层、发光层、电子传输层等）形成一个“三明治”结构，接通电流，阳极的空穴与阴极的电子在发光层结合而产生光亮，并根据有机材料发光特性的不同，发出RGB三种不同颜色的光。由此可见，LCD属于被动发光器件，而OLED属于主动发光器件，二者的发光原理有着本质的差异，直接导致二者的响应速度相差三个数量级。

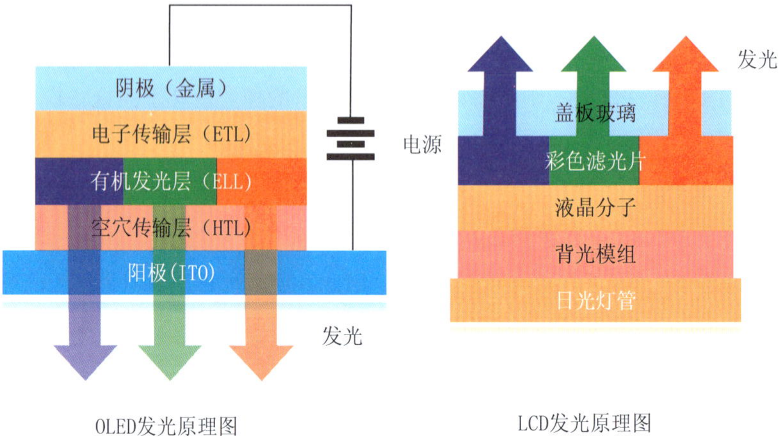

图3-5-1 OLED与LCD的发光原理对比图

2. AMOLED与TFT LCD的器件结构不同

AMOLED与TFT LCD的器件结构不同，图3-5-2为TFT LCD的结构示意图，图3-5-3为AMOLED的结构示意图。由图可见，TFT LCD的器件结构依次包括背光源、垂直偏光片、TFT基板、液晶盒、CF、水平偏光片等，而AMOLED的器件结构相比TFT LCD要简单很多，依次包括TFT基板和“三明治”结构的OLED发光体，没有背光源、偏光片、CF等结构（对采用“白光+滤光片”结构的AMOLED器件，也将用到CF），相似之处只有TFT基板。也正是因为二者结构上的迥异，AMOLED比TFT LCD更轻、更薄，一般而言，AMOLED约为TFT LCD厚度的一半。顺便说一下，市场上将采用LED作为背光源的LCD电视宣称为“LED电视”，这在概念上是不正确的，它并非是真正的“LED”显示屏，本质上仍是LCD显示屏。

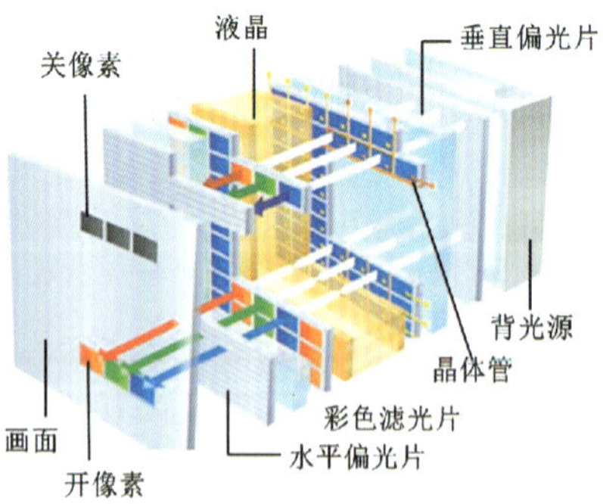

图3-5-2 TFT LCD的结构示意图

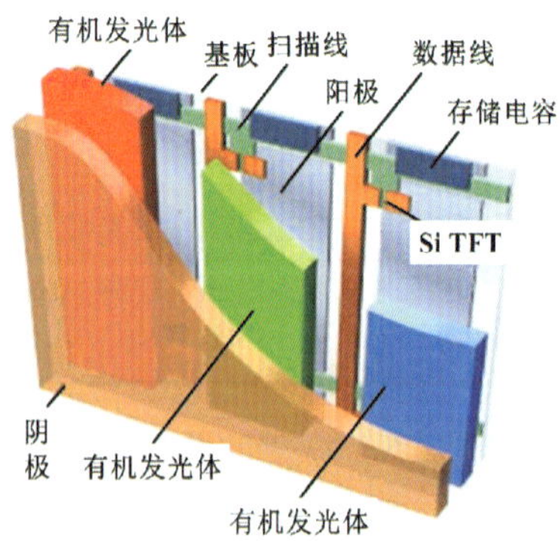

图3-5-3 AMOLED的结构示意图

3. AMOLED与TFT LCD的关键原材料和关键制程设备不同

AMOLED与TFT LCD相比，它们的关键原材料和关键制程设备是大不相同的。TFT LCD的关键原材料包括背光源、偏光片、液晶材料、CF等，而AMOLED所需的原材料比TFT LCD要少，其中的关键原材料就是有机发光材料。TFT LCD所需的关键制程设备包括TFT设备、液晶灌封设备等两大类，而AMOLED所需的关键制程设备包括TFT设备和制备有机薄膜的真空蒸镀设备两大类。可以说，最能代表TFT LCD的特征性关键原材料是背光源、液晶材料和CF，特征性关键设备是液晶灌封设备，而最能代表AMOLED的特征性关键原材料是有机发光材料，特征性关键设备则是真空蒸镀设备。当然，除了以上关键原材料和关键设备，AMOLED与TFT LCD也有部分原材料和设备是相同的，主要就是在TFT制程工序，其中相同的原材料包括部分光刻胶、显影液、蚀刻液、脱膜液、清洗剂等光刻工艺用的湿化学品，硅烷、一氧化二氮、氩气、氮氢混合气体等高纯气体，以及铝、银、镆钨合金等金属靶材，相同的设备包括涂布机、曝光机、显影机、湿法刻蚀机等刻蚀设备。

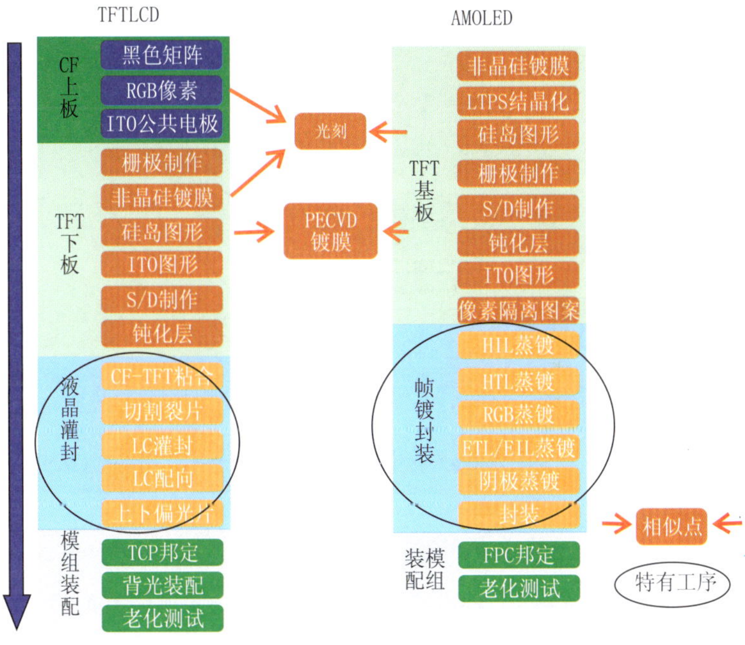

图3-5-4 TFT LCD与AMOLED的工艺流程对比图

4. AMOLED与TFT LCD的生产工艺流程不同

AMOLED与TFT LCD的主要生产工艺流程对比，如图3-5-4所示。

由图可见，二者仅在TFT制程工序上有较大的相似之处，都要多次重复采用光刻技术和PECVD及S溅射镀膜技术等关键工艺技术。但是，二者在具体的TFT工艺流程上不尽相同（请参见前面的第2.3.5节）。最关键的是，液晶灌封和OLED蒸镀封装分别是TFT LCD和AMOLED各自特有的工序，在这两大工序上没有任何相似性或借鉴性。尤其对AMOLED而言，蒸镀封装是其所有制程工序中最关键、技术难度最大的工序之一，对AMOLED的性能和良率有至关重要的影响。此外，TFT LCD还有一个称之为"上板"的CF（日本的日东化学占有CF的全球绝大部分市场份额）制作工序，以及CF上板与TFT下板分别制作完成后将二者粘贴在一起的贴合工序，这些都是AMOLED不需要的。AMOLED的TFT基板与OLED发光器件不能分别制作后再贴合在一起，只能采用串行制作流程，即制作完成TFT基板后再在其上制作OLED发光器件。

5. AMOLED与TFT LCD的核心关键技术不同

AMOLED与TFT LCD的核心关键技术不同。TFT LCD的关键技术包括TFT技术、背光技术、液晶灌封技术、CF技术和驱动技术等，而AMOLED的四大核心关键技术包括TFT技术、有机成膜技术、器件封装技术、驱动技术等。AMOLED关键技术在器件的分布示意图，如图3-5-5所示。其中，TFT技术、驱动技术，对AMOLED与TFT LCD，内涵也是不同的；总体来说，AMOLED对其技术要求更高，难度更大。下面，我们具体讨论AMOLED这四大关键技术的独特之处。

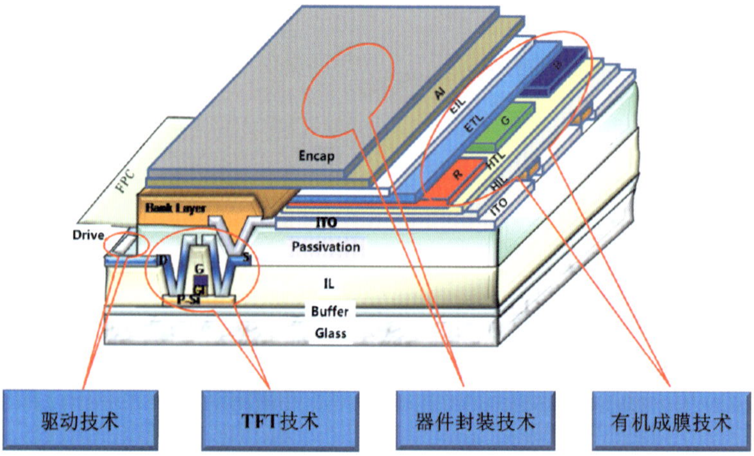

图3-5-5 AMOLED的四大核心关键技术

首先，有机成膜技术是AMOLED区别于其他所有显示技术所特有的核心关键技术。由于OLED器件中有机薄膜的厚度非常薄，一般相当于头发直径的百分之一左右（载流子注入层的厚度甚至不到2 nm），子像素薄膜又极其精细，长宽约数十微米，而且要求如此薄且精细的有机薄膜要能大面积、非常均匀且无针孔地依次制作多层，这具有非常大的技术难度。因此，有机成膜技术也是AMOLED最核心的关键技术之一，是传统LCD等面板企业不曾涉足的新技术领域。有机成膜技术，可分为真空蒸镀、激光转印和湿法制备三类，详细内容请参见前面的第2.2.2章节。目前，最成熟、唯一已用于大规模量产的是真空蒸镀成膜技术。

其次，是器件封装技术。仅从名称来看，TFT LCD也需要进行器件封装，但是与AMOLED的器件封装有何不同呢？由于OLED有机功能材料在有水汽和氧存在的条件下，都会发生不可逆的光氧化反应，水、氧对铝或镁银等OLED电极材料也有很强的侵蚀作用，因此OLED器件封装对水、氧渗透率有非常高的要求。其中，水汽渗透率比LCD的要求高5个数量级，传统的LCD封装技术根本不能用于AMOLED，这是AMOLED区别于其他显示技术的又一高难度技术。器件封装技术的详细内容，请参见第2.2.4章节。

其三是TFT技术。该技术属于无机半导体行业的传统工艺，早已在LCD行业成熟应用了近30年，且已发展到10代线；但是，AMOLED与LCD所用的TFT决不能因采用了大部分相同的设备而等同，AMOLED对TFT技术的要求比LCD要高得多，技术难度也就要高得多。造成这种差异的本质原因有两个：一是因为AMOLED属于电流驱动型器件，要求TFT具有高的载流子迁移率，而LCD属于电压驱动型器件，对TFT的载流子迁移率没有特别的要求；二是AMOLED的驱动TFT工作在模拟状态，如图3-5-6所示。TFT转移特性的A、B两点以及整个C区间的曲线段，而LCD的TFT工作在数字状态，即仅图3-5-6所示TFT转移特性的A、B两点。

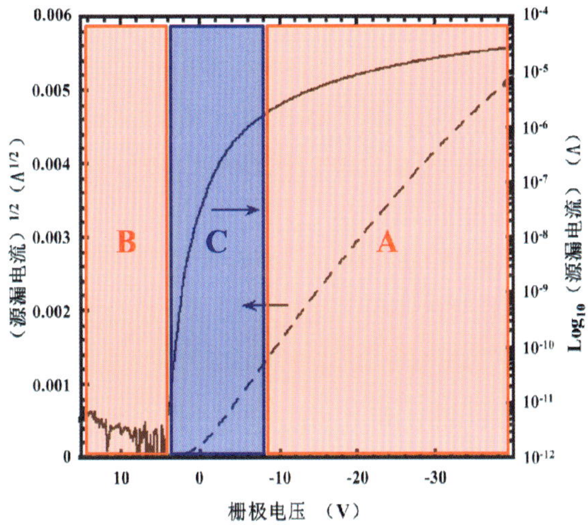

图3-5-6 AMOLED TFT在转移特性曲线上的工作点

因此，一方面在LCD行业应用最为广泛的a-Si TFT技术，由于其载流子迁移率低，性能稳定性差，业界普遍认为不能用于驱动AMOLED；另一方面，即便是LTPS TFT，由于TFT性能不均匀，阈值电压漂移等这样的问题，虽然不会对因TFT只工作在数字状态的LCD的正常显示有太大的影响，然而对TFT工作在模拟状态的AMOLED却将导致难以接受的图像亮度不均（MURA）的严重问题。因此，AMOLED并不能将TFT LCD所采用的LTPS TFT技术直接拿来使用，AMOLED行业还必须解决TFT LCD行业不需面对的进一步改善LTPS TFT的均匀性和阈值电压的稳定性等技术难题，而解决这些瓶颈性问题的关键在于改进结晶化技术。这也是三星、LG、夏普等行业领先企业虽已在LCD上拥有多年成熟的LTPS TFT量产经验，却在AMOLED量产时仍受阻于LTPS TFT。这导致AMOLED产品不仅良率低下，而且影响了其显示性能。氧化物TFT的情况与LTPS TFT类似，能用于LCD，但是用于AMOLED必须对性能进行进一步的改进，而一定技术水平之上的再提升往往是最困难的。有关TFT技术的详细内容，请参见第2.3章节。

最后是驱动技术。同样地，由于AMOLED属于电流驱动型器件的特点，过于细长的大量电极引线将导致面板功耗的急剧增加并使EMI（电磁干扰）问题变得更加突出，另一方面，由于前述需要通过驱动对面板MURA等进行补偿的原因。因此，AMOLED驱动技术有着自身独特的要求。这是AMOLED又一技术关键点，且有很大的技术难度。主要体现在两个方面：一是为了尽量缩短电极引线的长度和数量，AMOLED通常需要将栅极驱动电路和源极驱动电路随着TFT制程一并集成在玻璃基板上，即所谓的GSOP技术），而这两部分驱动电路在TFT LCD是由半导体厂家提供的驱动IC实现的（部分高端LCD也将栅极驱动电路集成在玻璃基板，即采用所谓的GOA技术），也就是说AMOLED面板企业需要解决原LCD时由半导体企业解决的这部分问题；二是AMOLED模数混合的像素驱动电路和针对TFT迁移率、阈值电压等缺陷所采用的驱动补偿技术，更是TFT LCD行业不曾考虑的关键技术点。有关AMOLED驱动技术的详细内容，请参见第2.4.3章节。

6. AMOLED与TFT LCD的技术发展方向不同

AMOLED与TFT LCD的技术发展方向不同。纵观TFT LCD的技术发展史，无论是其TFT技术从a-Si发展到LTPS，还是液晶面板技术从TN型发展到STN型、IPS技术，还是背光技术从CCFL背光发展到LED背光，可以说TFT LCD技术已取得了全面的技术进步，已经非常成熟。所有这些技术进步所追求的目标，均是围绕提高LCD的响应速度、改善视角、改进色域、降低功耗、使其更轻薄、实现GSOP或SOP（system on pannel）集成等。但是TFT LCD所追求的这些性能目标，无一不是AMOLED固有的优点。虽然AMOLED技术还处于产业化的成长期，尚存在诸多的技术瓶颈有待突破，性能还有待改进，但其在响应速度、视角、色域等上述多项性能方面都优于TFT LCD。更重要的是，AMOLED未来的技术发展方向，除进一步逼近自身理想的性能指标外，将向轻薄、可弯曲折叠的柔性显示发展，且在制程工艺和设备上取得突破，实现R2R的印刷式生产。

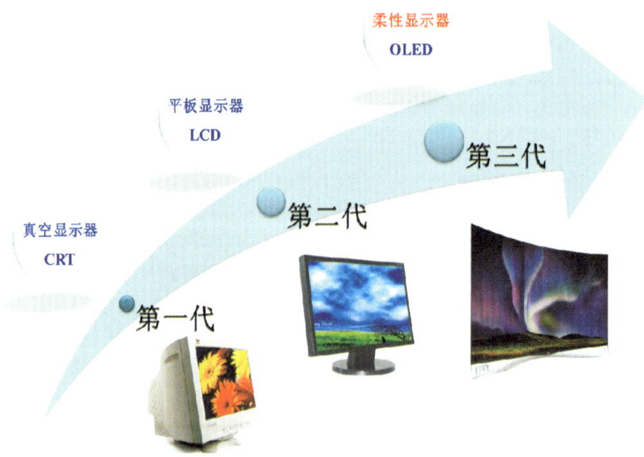

图3-5-7 显示技术发展的轨迹图

从整个显示技术的发展轨迹来看，如图3-5-7所示，第一代显示技术是以CRT为代表的真空显示器，第二代是以TFT LCD为代表的平板显示器，第三代将是OLED（包括FOLED）显示屏，而具备柔性显示的特点，能成为第三代显示技术代表的正是AMOLED显示技术。因此，AMOLED和TFT LCD在技术发展方向上也是完全不同的。

总而言之，AMOLED与TFT LCD在技术上的关联在于TFT技术，但AMOLED比LCD对TFT的技术要求更高，二者所用的TFT技术并不能等同；AMOLED与TFT LCD的技术差异性显著，不仅二者的发光原理不同、器件结构不同、关键原材料和关键制程设备不同，而且关键技术和技术发展方向也不同。因此，AMOLED与TFT LCD是两种完全不同的显示技术。但是，由于目前LCD的绝对主流地位，且AMOLED的爆发式成长也不是一蹴而就的，因此，在相当长的时期内，将呈现二者和平共存的局面。

参考文献

[1]于军胜, 蒋泉, 张磊. 显示器件技术. 北京: 国防工业出版社, 2014.

[2]应根裕, 胡文波, 邱勇, 等. 平板显示技术. 北京: 人民邮电出版社, 2011.

[3]高鸿锦, 董友梅. 液晶与平板显示技术. 北京:北京邮电大学出版社, 2007.

[4]王钧, 梁景双. LED与OLED显示技术说明和应用分析. 科技专论, 2014, 08: 334

[5]张天翼, 顾磊. 照明应用中LED和OLED的比较及产业发展分析. 照明工程学报, 2013, 24: 90.

[6]段珂瑜. OLED 显示技术专利分析. 电子元件与材料, 2013, 32: 68.

[7]王晓燕, 王亮. 中国OLED相关专利趋势分析. 电视技术, 2013, 37: 140.

[8]陈敏泽, 林韵英. OLED显示驱动技术新进展. 电视技术, 2013, 37: 419.

[9]吕森, 门乐, 安晓兰, 等. 柔性OLED专利技术分析. 电视技术, 2013, 37: 143.

[10]赵博选, 王琦. 柔性显示技术研发现状及发展方向. 电视技术, 2014, 38: 43.

[11]狄延鑫, 王颖, 王大为. OLED发光材料中国专利申请分析. 中国知识产权报, 2014-3-19.

[12]陈金鑫, 黄孝文, 周志敏. OLED梦幻显示器—材料与器件, 2011.

[13]陈金鑫, 陈锦地, 吴忠帜, 等. 白光OLED照明. 上海: 上海交通大学出版社, 2011.

[14]朱修剑, 陆海峰等. 高PPI会成为AMOLED发展的技术瓶颈吗. 平显时代, 2013, 02.

[15]杜增鹏, Hsiang-Lun Hsu, Ryuji Nishikawa, 等. 中小尺寸AMOLED面临的挑战. 现代显示, 2007, 79: 8.

[16]谷至华. 薄膜晶体管（TFT）阵列制造技术. 上海: 复旦大学出版社, 2007.

[17]Barnes D. SID Symposium Digest of Technical Papers 2013, 44: 26.

[18]Pentile排列的AMOLED显示屏硬伤, http://wenku.baidu.com/view/055a3b58be23482fb4da4c80.html.

[19]Low Temperature p-Si (LTPS) Based Flat Panel Displays. Annual Technology & Market Report. DisplaySearch, 2006.

[20]Elliott C. Proceedings of the International Display Manufacturing Conference, 2002: 115.

[21]Asaki R, Yokoyama S, Kitagawa H, et al. SID Symposium Digest of Technical Papers 2014, 45: 219.

第4章 OLED照明

如今，市面上可供选择的照明灯具可谓各种各样，如荧光灯、卤素灯、节能灯、高压钠灯等。近年来，具有节能、环保、寿命长等特性的固态照明（solid-state lighting）深入人心，其中，低驱动电压、低成本的LED产品在照明市场中占据重要的地位。同样地，OLED除了在平板显示领域大有用武之地以外，其在固态照明方面，也将大有作为。由于OLED能够自发光、可实现大面积照明、可柔性等，所以能够满足人们在不同场合下对照明设备各式各样的需求。目前，世界各地的研发机构和企业正在开发更高效的基于OLED的有机半导体照明产品，以进一步降低成本，推动OLED照明的市场化进程。

4.1 OLED照明技术

自从1879年爱迪生发明了世界上第一盏白炽灯，人类第一次结束了通过火来照明的历史，从此彻底革新了人类的照明方式。只需把开关打开，电流流过灯具，就能点亮整个房间。这种由电能转换为光能的方式，经由百年的演化，变得多种多样，照明产品层出不穷，照亮了人类生活中的方方面面。

照明光源的主要发展历程如下：1809年英国科学家发明碳弧灯，1879年爱迪生发明具有实用价值的碳丝白炽灯，1901年通用公司制造出第一个实用的荧光灯，1961年第一支金属卤化物灯问世，1994年日本科学家发表第一块白光OLED，1998年首次实现白光LED。白炽灯、金卤灯、高压钠灯和节能灯等传统光源，其发光原理限制了光效的提高，通过灯具的大部分电能变成了热能。白炽灯中，具有90%以上的能量转化为了热能而被损耗，也是其最大缺点。高压钠灯、金卤灯的光效可以达到100 lm/W，但是，由于热导，紫外和红外等损失，很难有较大提高，并且存在启动慢、频闪强、耗电大等问题，给用户带来很多麻烦。相对来说，荧光灯则具有较高的效率，但是产生的有毒物质将会对环境造成严重影响，不符合世界节能减排、绿色环保的发展趋势。从节能减排的角度来说，必须要抛弃这些低效的照明工具，因此，未来将是走向固态照明光源的时代，即LED与OLED照明。固态照明是半导体技术在引发微电子技术革命之后，引发的新一轮半导体照明的技术革命，其标志就是用固态照明光源逐步替代传统的白炽灯和荧光灯。

随着人类社会日新月异地发展，人们在日常生活中越来越依赖机械设备，为此每年都要耗掉大量的电能，而在所有主要的电能消耗中，照明领域包括室内照明、装饰工程中所用电能占据了相当大的比重。从美国宇航局提供的卫星照片来看（图4-1-1），越是人口密集的地方，越是发达的城市，对照明用电的需求量越大。据统计，2010年，在整个世界中，有近20%的电能被照明所消耗。而作为发达国家代表的美国，在照明领域所消耗的能量占总电能的百分比接近24%（图4-1-2）。在中国，照明所消耗电能占据总消耗电能的14%左右，2010年我国照明用电量约为6000亿度，照明排放5.98亿吨二氧化碳。由于二氧化碳能够强烈吸收地面辐射能，大量排放到大气中的二氧化碳产生了温室效应，使得全球气候变暖，对世界环境和人类生活造成了严重的影响。因此，开发新型的低功耗、长寿命、绿色环保的照明器件与设备已经成为人们的迫切需求。

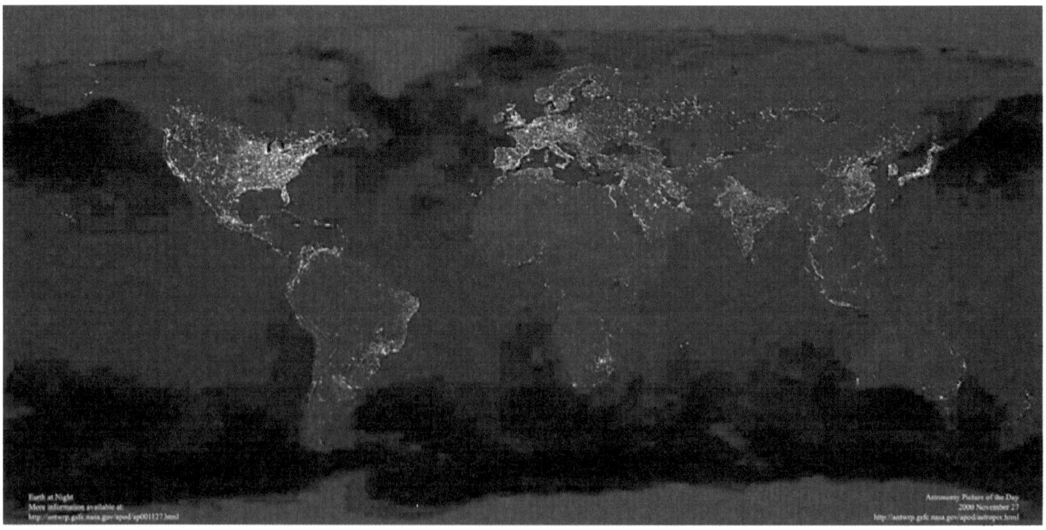

图4-1-1 卫星对地球表面拍摄的夜景图

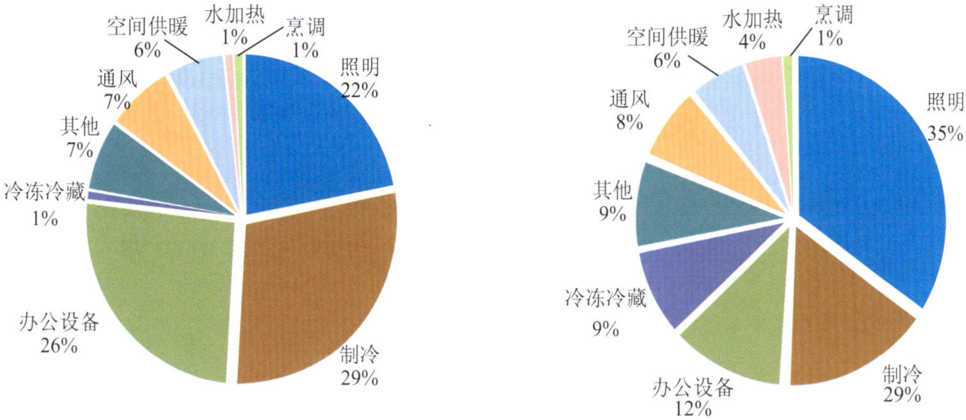

（a）家庭中的电力消耗　　（b）办公场所中的电力消耗

图4-1-2 美国在家庭和办公场所中的用电情况

在目前低碳、环保的全球技术创新和发展的主旋律驱动下，以OLED照明为代表的新一代照明产品逐渐在市场上崭露头角，其内在特征决定了它们是最理想的取代传统光源的绿色照明光源。OLED光源是平面光源，具备轻薄，柔软，可弯曲，透明等的优异特性。OLED照明无需外加灯罩、散热等装置，而且能效高，温度范围广，抗震能力强。在全球倡导“低碳”的大环境下，OLED节能环保的特性使其具有得天独厚的优势。OLED是一种令人神往的照明技术，不但能够创造巨大的商业价值，还有望改善人类的家居环境。OLED照明的应用领域包括：（1）公共交通照明、居住和商业建筑的平面照明灯，也可用于博物馆或艺术展览；（2）OLED壁纸可制作成大型广告牌和标志板，面积可达到200平方英尺；（3）办公室的墙壁或隔墙，也可兼作平板灯和计算机显示屏两用；（4）大面积液晶电视和显示器的光源；（5）在医学上用作高亮度、长寿命、大面板的无影灯。

传统的照明光源中，白炽灯虽然光质最接近自然光，但转换效率低（直观而言是灯泡发热、烫手）是最大的缺点，使用白炽灯的时候有90%的电能都耗费在了加热上，只有5%的电能才是真正转换成我们能见的光，发光效率低、亮度低、能耗大、颜色单一，其寿命与灯丝的温度有关，一般在1000 h左右；荧光灯最大的优点是节能，能源利用率高，但缺点是显色指数不如白炽灯，生产过程和报废后的汞对环境会造成严重污染，并且灯光有闪烁现象，对人的视力有一定的影响；LED照明光源的寿命长、亮度高，但它是点光源，刺眼有眩光（glare），需要经过封装、加装灯罩、配备散热装置才能使用，不仅降低了发光效率，还提高了生产成本。与之相比，OLED照明具有全新的独特优势，即面光源、发光面积大、有利于散热，从而减少耗能和降低成本；健康光源，节能环保，减少CO_2排放；体轻质薄，不需要昂贵的封装和配光；可以柔性弯曲，不易破碎，可被制作成任意形状，带来视觉上的全新照明体验（如柔性面板照明设备和透明照明墙等）。各类光源产品的比较，如表4-1-1所示。

表4-1-1 各类光源产品的比较

类别	白炽灯	荧光灯	无极灯	高压汞灯	高压钠灯	金卤灯	LED	OLED
光效（lm/W）	15	25-70	65-80	30-50	90-110	85	80-130	50-130
有效光效（plm/W）（瞳孔流明）	19	40-112	113-130	26-43	51-63	126	70-100	
显色指数（Ra）	>95	75-85	>80	30-40	<30	65	80	>90
频闪	不明显	不明显	无	明显	明显	明显	无	无
眩光	低	无	无	低	高	高	高	无
表面温度（℃）	100-300	50-80	80-120	180-250	400-800	400-800	40-80	
平均寿命（小时）	500-1000	5000-10000	60000	3500-6000	8000-14000	10000	60000	>50000

4.2 照明特性描述

为了了解满足什么样条件的光源是我们在特定条件下所需要的光源，就必须采用一些标准的单位来描述一个光源的特性，作为人们日后选用光源的参考依据。光度学（photometry）考虑了光对人眼的刺激值，不只是把光当成物理学意义的电磁波解释。根据光度学的定义，光通量（luminous flux）表示能够被人的视觉系统所感受到的那部分光的辐射功率，其单位是流明（lm）。光通量这个术语，把人眼看不见的红外线和紫外线排除在外，而且在数量上也并不等于看得见的那部分光的辐射功率值，国际上最新的概念用标准眼来评价光的辐射通量：

$$\Phi = K_m \int_\lambda \Phi_{e,\lambda} \cdot V(\lambda) d\lambda \tag{4-1}$$

式中，V(λ)就是标准的明视觉函数，人眼的视觉效果，就是利用这个函数引入到光通量的概念中的；Φ_e，λ是单位波长间隔内光的实际功率；Km是一个转换常数，其值为683 lm/W。当我们试图呈现面光源时会以出光度（luminous emittance）M表示，其单位是流明每平方米（lm/m^2），其数值越大，表明光源越明亮。一个光源，例如一个电灯泡，在它发光的时候，可以向四面八方放出光芒，但是它在各个方向上所发出的光通量可能是不一样的，于是定义了发光强度来描述在某一特定方向上发出光通量的能力，单位是坎德拉（cd）；在单位立体角下，通过1流明的光通量时，我们称其发光强度为1坎德拉，所以坎德拉是表示光源的发光强度，适用于照明时测量的单位。

发光强度只描述了光源在某一方向上的发光能力，并未涉及光源的面积，而对于OLED这种面光源来说，采用单位面积上的发光强度更能比较它们的优劣，这就用到了亮度（luminance, L）的概念，表示单位发光面积的光强度，其单位为坎德拉每平方米（cd/m^2），曾称为nt（1 nt=1 cd/m^2），现已废除。辉度也代表着光源的亮度，与光源的面积有关；如果在相同的辉度下，面积越大者，其坎德拉数就要越高，代表光强度越强。可以说辉度与发光面积成反比，与光源的光强度成正比。当物体被照射到，我们说这个物体被照明了，照明度的大小可以用照度（illumination）来表示，单位是勒克斯（lx），也就是当1流明的光通量均匀地照射在1平方米的面积上时，这个面上的照度就等于1勒克斯，即1 lx=1 lm/m^2。由于OLED是由电流驱动发光，所以定义电流效率（current efficiency），单位是cd/A，为每一安培可以产生的光强度（表4-2-1）。

表4-2-1 辐射学与光度学常用单位比较

辐射学（radiometry）		光度学（photometry）	
名称	单位	名称	单位
辐射能通量 Radiant flux	W	光通量 Luminous flux	lm
辐射照度 Irradiance	W/m^2	照度 Illuminance	lx 或 lm/m^2
辐射强度 Radiant intensity	W/sr	发光强度 Luminous intensity	cd 或 lm/sr
辐射度 Radiance	$W/(sr\cdot m^2)$	光亮度 Luminance	cd/m^2 或 $lm/(sr\cdot m^2)$
辐射效率 Radiant efficiency	$W/(sr\cdot A)$	电流效率 Current efficiency	cd/A
功率效率 Power efficiency	W/W	功率效率 Power efficiency	lm/W

发光功率效率（power efficiency）也称流明效率，它是发光体发出的光通量与输入功率之比，单位是lm/W。举例而言，如果一个光源的功率为100 W，发光功率效率为10 lm/W，因此这个光源的光通量就是1000 lm，其发光强度是1000/(4π)=79.6 cd。当我们距离这个光源30 cm时，我们的照度为$79.6/(0.3)^2$=884.4 lx，由此可知，我们不能单一用光度学单位来判断照明灯具的好坏，还必须要通过其他的条件加以比较[1]。

除了光度学之外，在物理学概念里，微观的电子和空穴结合后发光，电子和空穴可以量子化，而光也可以看成单一光子，期间向外发射的光子数与注入的电子空穴对数量之比，称为量子效率，量子效率又分为内量子效率（internal quantum efficiency, IQE）和外量子效率（external quantum efficiency, EQE），差别在于外量子效率还与出光效率（η）有关，如式4-2所示。内量子效率，是指器件中产生的所有光子的总数（包括在产生后被器件本身所吸收以及被器件表面所反射出来的光子）与注入的电子空穴对数量之比；而外量子效率，是指在某一方向上发射出来的光子数与注入的电子空穴对数量之比。内量子效率反映的是载流子在器件内部形成激子，并复合发光的效率，阐述的是器件内部的物理机制，而外量子效率反映了器件对外的发光效率。

$$EQE = IQE \times \eta \tag{4-2}$$

由于人眼不只能感觉出光的明亮程度，还有光的颜色和饱和度，所以国际照明委员会（Commission on Illumination, CIE）组织在1931年制订了CIE 1931色度图，如图4-2-1所示，规范了颜色视觉研究。这个系统是色度学的实际应用工具，几乎关于颜色的一切测量、标准以及其他方面的延伸都以此为出发点。标准白光的色坐标为（0.33，0.33），但是实际上白光不止是这一个点，而是在一定范围内都被认定为白光。

另一种对照明光色的判断方法为色温（color temperature），是表示光源光色的尺度，单位为开尔文（K）。色温是按照绝对黑体来定义的，光源的辐射在可见区和绝对黑体的辐射完全相同时，此时黑体的温度就称此光源的色温。低色温光源的特征是，在能量分布中，红光辐射相对说要多些，通常称为“暖光”；色温提高后，能量分布中，蓝光辐射的比例增加，通常称为“冷光”。一些常用光源的色温为：标准烛光为1930 K，钨丝灯为2760–2900 K；荧光灯为3000 K，闪光灯为3800 K，中午阳光为5600 K，电子闪光灯为6000 K，而蓝天为12000–18000 K，其示意图如图4-2-2所示。

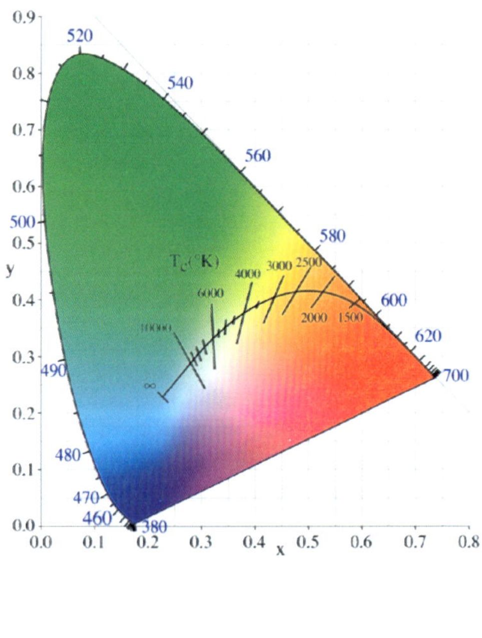

图4-2-1 CIE 1931色坐标图

光源色温不同，光色也不同，色温在3300 K以下，光色偏红给人以温暖的感觉；色温在3000–6000 K之间，人再次色调下无特别明显的视觉心理效果，有爽快的感觉，故称为中性色温；色温超过6000 K，光色偏蓝，给人以清冷的感觉。所以，人对色温是很敏感的，也因为如此，在不同场合需要不同色温的照明光源来搭配。同时，色温与亮度之间也有一定的关系，在高色温光源照射下，如亮度不高则给人们一种阴郁的气氛；低色温光源照射下，亮度过高会给人们一种闷热的感觉。不同色温的光源也可以使不同光色产生对比，光色会出现层次效果：采用低色温光源照射，能使红色更鲜艳；采用中色温光源照射，能使蓝色更具清凉感；使用高色温光源照射，则物体令人有“冷”的感觉。

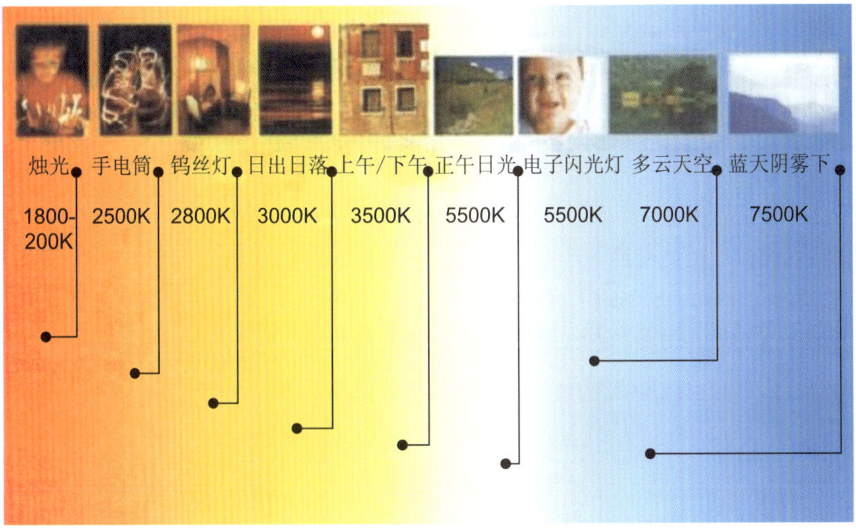

图4-2-2 不同情况下的对应的色温

光源对物体颜色呈现的程度称为显色性（color rendering），也就是颜色的逼真程度，显色性高的光源对颜色的再现较好，我们所看到的颜色也就较接近自然原色，显色性低的光源对颜色的再现较差，我们所看到的颜色偏差也较大。根据显色性的定义，只要光源的光谱含量及相应波长的强度完全符合阳光的光谱分布，就是完全显色。实际上，人造光源都很难达到这样的状况。这些光源或多或少缺少某些波长的光，而且，其含有的波长中，各波长的强度比例也不一定符合太阳光的波谱。

在评定显色性时，有15个比较色样。这15个色样，每一个都有相应的的波谱强度分布。这15个色样是从日光的光谱分布中选择的。光源的显色性，不是靠人眼去观察对比的，而是由仪器分析出光源的波谱分布，然后根据每个色样波谱分布，抽取光源中的波谱来对比，看它们的符合程度。15种色样的比较结果的平均值，就是所谓的显色指数（color rendering index, CRI）。但是，一般的仪器测试报告中，给出的显色指数其实是“平均显色指数”（Ra），它只是8种典型显色指数的平均值，没有包括另外7个特殊显色指数。如此一来，我们可以看到，Ra包含的信息是很不完整的。就利用它来评价光源的显色性来讲，Ra高，实际显色方面有可能出现问题；而Ra低，实际显色方面一定会出现问题。应该用全部15个色块的显色指数平均得到的平均显色指数CRI才更好。实际上，颜色是有无数种的，仅仅用15个特殊的颜色，并不能准确反映某光源与日光的真实差异。通常认为白炽灯的显色指数为100，这只是说Ra是100。实际上，白炽灯的光谱分布和日光光谱的分布差异还是很大的。在白炽灯下看偏蓝色的物体时，颜色会有失真。

当显色指数低于80时，就不适合用于一般照明场合。但是，选择合适的灯具，则需要根据自己的要求，以达到特定场合的照明目的和效果。

4.3 白光OLED的实现

根据混色法理论，白色电致发光一般可以由不同波段的发光混合而成，这与显示器件类似，例如，互补色（complementary color）混合可以得到双波段型白光，红色、绿色和蓝色组成的三基色（three primary color）混合可以得到三波段型白光。而对于器件结构来说，可以有多重变化来获得这些白光，大致可以分为具有单层发光层和具有多层发光层的白光OLED，如图4-3-1所示。

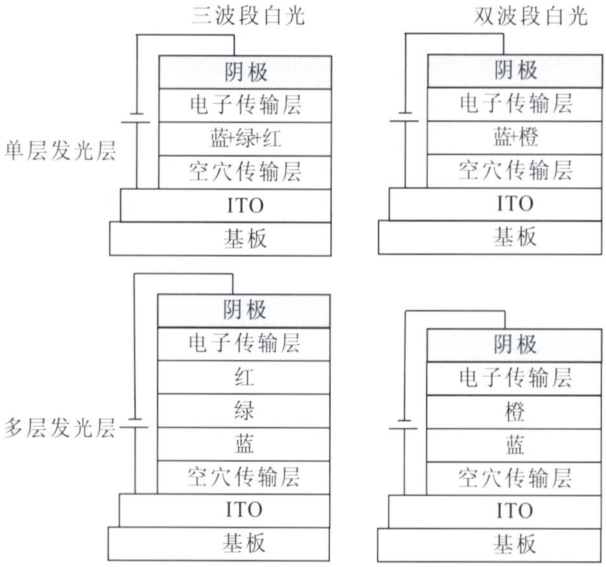

图4-3-1 白光OLED器件结构示意图

所谓单层发光层白光OLED，就是指将多种染料分子掺杂入一个发光层，利用不完全的能量传递原理，使不同染料分子都能发出光，从而混合形成白光，有时也称为多掺杂发光层；此外，利用激基缔合物或激基复合物发光也属于单层发光层结构这一类。而对于多层发光层结构，是把不同颜色的发光染料分子，分别掺入不同的发光层中，通过各发光层之间的能级排列、载流子迁移率等因素，来调控空穴与电子形成激子的区域，各发光层分别发光混合而成白光。另外，利用色转换法，也是一种实现白光的常用方式。

4.3.1 单层发光层

在荧光发光系统中，为了实现白光发射，通常是将橙红光的客体分子少量地（<5%）掺杂在高效率的蓝光发光体中，利用从蓝光发光体到橙红光发光分子的不完全能量传递，从而实现蓝光发光体和橙红光发光客体的同时发光，混合而得白光。但是，这种方法的难点在于，橙红光发光客体的掺杂质量比很小，需要得到精确的调控，而这一点在量产过程中是很难控制的。并且，橙红光客体的质量分数的些微变化，将会引起器件性能的大幅度偏差，造成每一批次的器件性能的重复性较低。柯达公司最早利用不完全能量传递的原理使OLED呈现不同的颜色[2]，他们用少量的DCJTB（0.1%）红光色素掺杂到蓝光发光体ADN：2% perylene，可使原本蓝光的发光颜色中加入一部分红光发射而呈现白光。器件的CIE色坐标，可以从ADN本征发光的（0.16，0.16）调整到白光区域的（0.34，0.35），而效率也从2.27 cd/A增加到4.01 cd/A。

在磷光系统中，由于磷光发光分子存在很强的三线态激子淬灭效应[3]，一般是将发光染料掺杂到一个禁带宽度较大的主体材料中，利用主体材料向磷光发光分子的能量传递实现发光。Qi Wang等将蓝绿色磷光材料FIrpic与橙黄光磷光材料$(fbi)_2Ir(acac)$共蒸到宽禁带主体材料mCP中，通过调控两种材料的掺杂比例实现最优化的白光发射[4]。分析发现，FIrpic的主要发光机制为主客体能量传递，而$(fbi)_2Ir(acac)$扮演了俘获空穴并帮助电子传输的角色，这是器件效率高的重要原因。因此，该器件在0.015 mA/cm^{2}的电流密度下，最高外量子效率达到了19.3%，最大功率效率为42.5 lm/W，器件结构如图4-3-2所示。

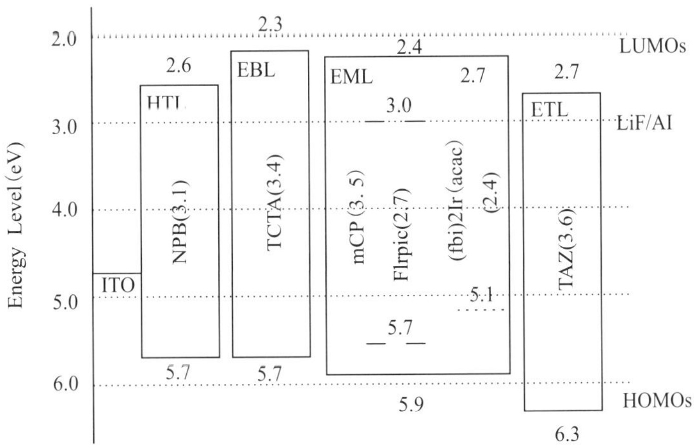

图4-3-2 器件的能级结构图

除此之外，采用荧光与磷光的混合（hybrid）体系，也可以获得白光发射。最简单的方式，是用蓝色荧光发光分子作为主体，将橙红色磷光发光分子以很少的比例混入主体材料中，同样利用能量不完全传递，实现主体和客体同时发光，混合而得白光。但这种方式要求蓝色荧光发光分子具有较高的三线态能级，从而避免磷光分子的三线态能量反向传递造成能量损失，而设计、合成具有高三线态能级、发光高效的蓝色荧光发光分子，仍具有一定的挑战性。

2006年，由荧光与磷光组成的hybrid体系与磷光敏化剂的结合，由Hiroshi Kanno等提出[5]。这个体系主要是通过加入荧光红色发光分子DCJTB以提高白光OLED的显色性，并且荧光红色发光分子的寿命也比磷光分子的长，器件结构如图4-3-3所示。此器件的最大优点在于，通过调整绿光红光两种客体分子的比例，从而控制了绿光铱配合物向红色荧光分子的能量传递，使效率和光色取得一定的平衡。该器件在亮度为800 cd/m^{2}时获得了13.1%的外量子效率，功率效率为20.2 lm/W。在光色方面，CIE坐标为（0.38，0.40），显色指数高达79。

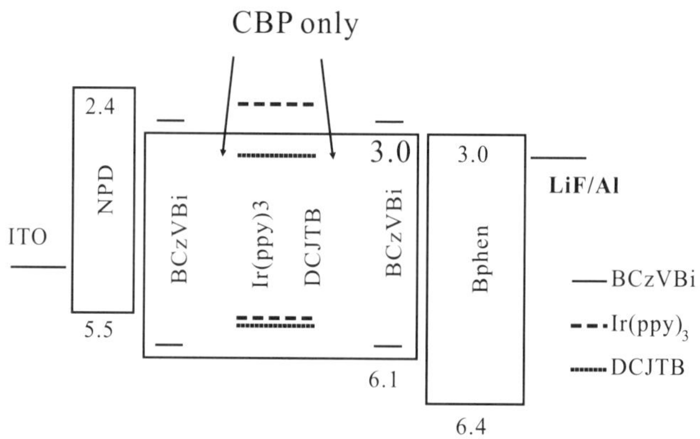

图4-3-3 器件的结构图

除以上的方法之外，还可以利用聚合物发白光，这种方式主要是通过溶液法制备为主，可用旋涂、喷墨、印刷、R2R等价格低廉的方式实现。在照明领域，由于低成本的特点而得到广泛的应用。该方法的发光层聚合物材料，主要是通过将不同颜色的发光色团通过化学交联的方法连接到聚合物骨架上，但是聚合物白光OLED一直没有明显的进展，主要由于效率低、稳定性差等缺点。

总的来说，由于主客体的掺杂比例在共同蒸镀工艺中不易控制，可能造成白光的均匀度、重复性受到影响，导致每一批次照明产品的性能有所差异。因此，有人利用预先混合发光层各组分的方法，先将不同材料按一定比例混合好再一起蒸镀。Y. Yang等利用预先混合的方法，将NPB熔化后与DPVBi、C545T、rubrene和DCJTB以质量比为100：4.12：0.282：0.533：0.415相混合，亮度从1～10 000cd/m^{2}时，获得了很高的色稳定性，色坐标仅从（0.31，0.36）变为（0.29，0.33）[6]。但是，由于不同材料的蒸发温度不同，在连续式量产过程中，会遇到预混和组成改变的问题。这个问题，可以通过使用溶液法解决，即将主体材料与客体发光分子按照一定比例混合后，通过旋涂、喷涂、喷墨打印等方式成膜[7]。

4.3.2 多层发光层

多层发光层的白光OLED器件，是将不同发光颜色的掺杂物分别掺入到不同的发光层中，利用各个层分别发出不同颜色的光混合而成，达到多个波段混合的白光。为了达到特定的白光发射，则需要各个发光层中发出的单色光比例合适，这不仅需要调整各个发光层的厚度或掺杂比例，还需要合理搭配诸如空穴注入层、空穴传输层、电子阻挡层、空穴阻挡层、电子传输层等材料，以获得合理的能级结构、载流子分布、激子的复合区域等。所以，以此结构制备的白光OLED，通常是通过小分子蒸镀工艺制备的，所沉积的各层的膜厚需要得到精确的控制，这是通过溶液法制备工艺难以做到的。

最早，美国柯达公司报道了一种荧光白光OLED，蓝光发光层由蓝色荧光染料与蒽衍生物主体组成，黄光发光层与蓝光发光层相邻，空穴传输层和电子传输层分别为NPB和Alq_3，并利用这个白光OLED搭配滤光装置，制成了14.7英寸的显示器，器件结构如图4-3-4所示，首次证实了白光OLED在显示方面的应用[8]。

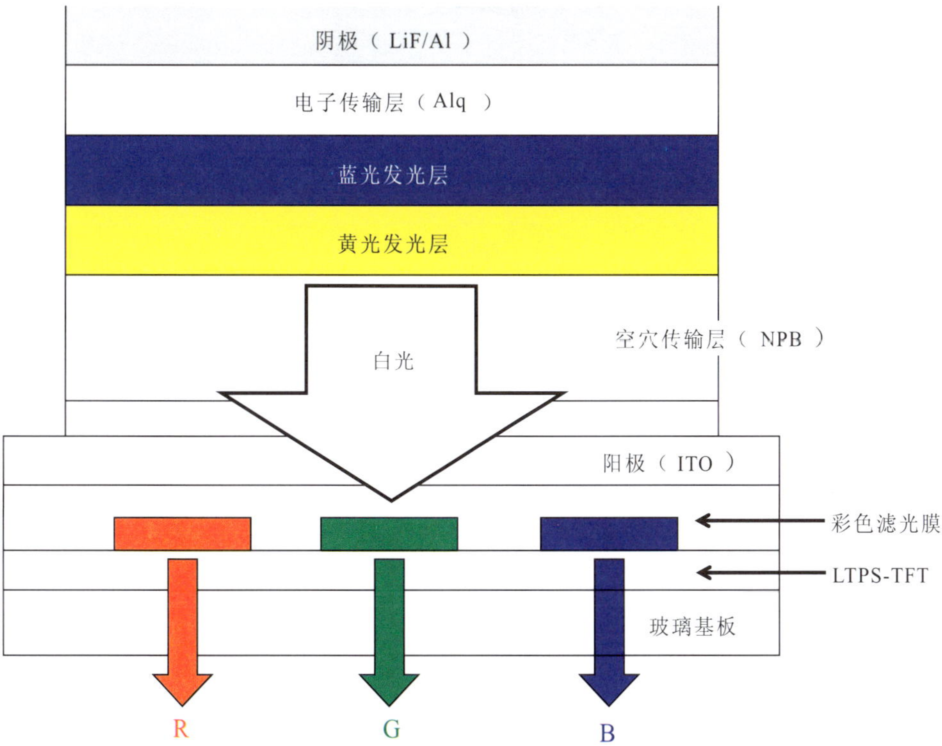

图4-3-4 柯达公司的白光OLED以及显示屏结构的示意图

多层发光层结构的白光OLED器件的最大问题在于，由于器件结构复杂，层数较多，往往导致器件的驱动电压较高。除了降低器件的总厚度外，最常见的方法是采用p-i-n结构。所谓p-i-n结构，就是通过对空穴传输层和电子传输层作适当的掺杂，可以得到类似无机半导体p型或n型材料。掺杂之后的传输层能比掺杂之前具有更高的电导率，并可以降低载流子从电极到有机材料的注入势垒，如图4-3-5所示。K. Leo等是p-i-n结构OLED的发明者，他们将2,3,5,6-tetra-fluoro-7,7,8,8-tetracyanoquinodimethane（F_4-TCNQ）掺杂到m-MTDATA中形成p掺杂的空穴传输层，将Li（锂）掺杂到Bphen中形成n掺杂的电子传输层，制成的OLED器件具有较低的驱动电压[9]。Y. Duan等在2008年报道了一种基于p-i-n结构的白光OLED，该结构用Spiro-DPVBi单层作为蓝光发光层，掺杂有rubrene的空穴传输层作为橙黄光发光层，在1000 cd/m^{2}的亮度下，这个双波段的荧光白光OLED的工作电压只有2.9 V，而在10 000 cd/m^{2}的亮度下，工作电压仅仅为4.7 V且功率效率为8.7 lm/W[10]。但是，运用p-i-n结构的器件，都面临着工艺复杂且器件寿命短的问题[11]。

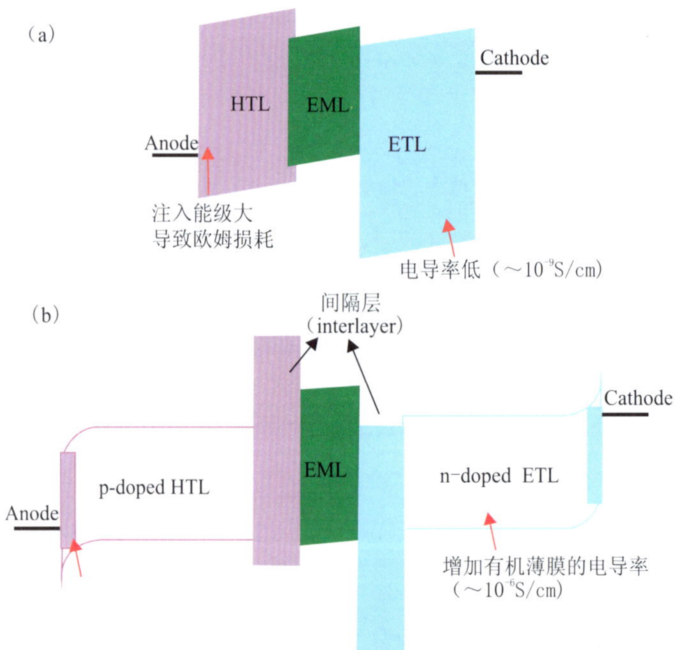

图4-3-5 p-i-n结构OLED示意图

另外，在器件中载流子传输性能的提高，有利于提高多层发光层白光OLED的电致发光性能。2012年，F.C.Zhao等报道了结构如下的白光OLED，ITO/MoO3 (8nm)/TCTA (60 nm)/TCTA:Bepp$_2$:Ir(MDQ)$_2$(acac) (6%, 5nm)/TCTA:Bepp$_2$:Ir(ppy)$_2$(acac) (6%, 5nm)/TCTA:Bepp$_2$ (3nm)/Bepp$_2$:DSA-ph (2.5%, 5nm)/Bepp$_2$ (30nm)/LiF (1nm)/Al[12]，器件结构如图4-3-6所示。其中，空穴

传输层和电子传输层分别采用TCTA和$Bepp_2$，而红光和绿光磷光发光层的主体材料，都是通过TCTA与$Bepp_2$的混合，使得发光层既能传输空穴，又能传输电子。在100 cd/m^2的亮度下，器件的电流效率、功率效率和外量子效率分别为30.2 cd/A、32.0 lm/W和13.4%。同时，器件在高亮度下还具有较低的效率“滚降”（roll–off）现象，而这个现象在磷光OLED中是非常普遍而且剧烈的。这个器件也具有很好的色坐标稳定性和高达89的显色指数。

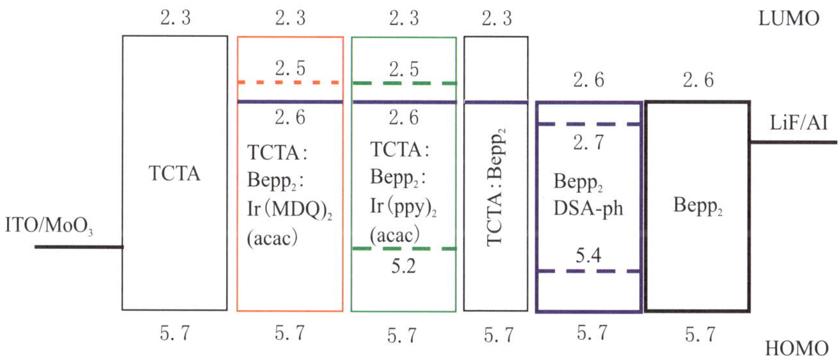

图4-3-6 器件的结构图

Y. H. Chen等曾报道了基于串联结构（tandem）的白光OLED[13]。他们将蓝光OLED单元与红绿光OLED单元通过电荷产生层（charge generation layer）连接起来，如图4-3-7所示。电荷产生层由并五苯（pentacen）与富勒烯（fullerene）组成，并与由TPBi:$LiCO_3$/TCTA:MoO_3组成电荷产生层的白光器件进行了对比。研究发现，器件的效率得到显著提升，功率效率达到53.8 lm/W，电流效率达到101.5 cd/A，效率滚降现象也得到了显著的遏制。结果分析表明，并五苯与富勒烯组成的电荷产生层比另一种电荷产生层的电容更大，因此能够在正压下产生更多的电荷，对器件效率产生有益效果。

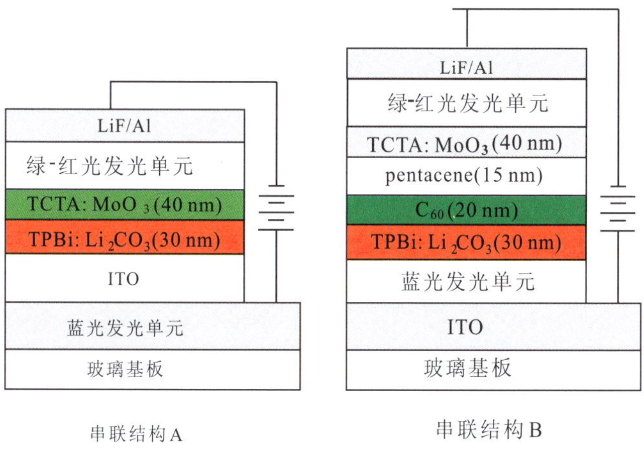

图4-3-7 器件的结构图

由于多层发光层白光OLED器件中，有机功能层较多，制备工艺复杂，为了简化制备流程，还可以使用超薄发光层来实现发光。通常超薄发光层的厚度在2 nm以下，一般不能形成连续的薄膜，而是岛状结构的膜，通过具有更高带隙的材料的能量传递实现发光。电子科技大学于军胜及其研究团队报道了一种具有超薄发光层结构的白光OLED器件，其中橙黄光发光层材料由(t-bt)$_2$Ir(acac)组成，蓝色发光材料FIr6掺杂在UGH2中，通过改变超薄发光层的厚度，获得了70.5 cd/A的电流效率。

多层发光层结构的白光器件，器件工艺难度会随着有机功能薄膜层数的增加而增大，且器件在长时间工作下，由于不同发光材料的老化寿命不一致，造成器件光色改变。但是，不能否认的是，这类器件通常具有较好的性能，效率高、光谱宽、亮度高等特点，所以仍然是极具发展潜力的器件。

4.3.3 激基缔合物和激基复合物

不同于单个分子发射的情况，在实际发光中某些情况下，可能有两个或多个分子共同参与吸收或发射过程。在这种情况下，吸收或发射不是由任何单个分子产生的，而是由分子的复合体产生。最常见的复合体有两个分子，当这两个分子共同作用发出一个光子时，我们称这种双分子复合体为激基复合物（exciplex），当这两个分子相同时，称之为激基缔合物（excimer）。一般而言，我们可以通过两点辨别激基复合物发光，一是在光谱上观察到一个不同于任何一单元组分的发射带；二是发射带的强度对样品浓度的依赖性较大。

激基缔合物和激基复合物都没有固定的基态，基态势能面是上升的。但是，激发态势能面是先下降后上升的，存在一个最小值。在基态势能面上升和激发态势能面下降的双重作用下，辐射能量减小，导致光谱向长波方向移动，出现和单体不同的发射峰。

Y. Liu等曾经报道了一种π–共轭化合物 (E)–CPEY，它的单体发光为蓝光，而绿光和红光波段的发光则是来自于激基缔合物[15]。由这个化合物组成的单层发光层，得到了CIE坐标为（0.32，0.33）的稳定白光，最大亮度为1395 cd/m^2，最大电流效率为2.07 cd/A，化合物的化学结构式、EL光谱如图4–3–8所示。由于这个器件的白光很接近标准白光色坐标的（0.33，0.33），并且在不同电压下色坐标不发生偏移，展示了这种单个材料激基缔合物发光的优势。但是，荧光器件的效率低下，而激基缔合物的形成也是器件效率低的原因之一。

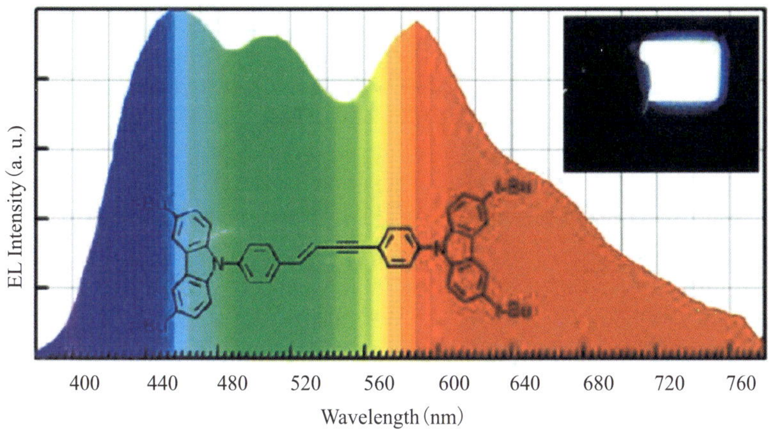

图4-3-8 (E)-CPEY的分子结构式和EL光谱

相比之下，磷光激基缔合物分子的发光要高效的多，文献报道的大多数采用Pt化合物。2002年B. W. D' Andrade等报道了一种Pt磷光化合物FPt1 [platinum(II)(2-(4′,6′-difluoro-phenyl)pyridinato-N,C$^{2'}$)(2,4-pentanedionate)]，利用它的磷光激基缔合物所发出的光，加上蓝光单体FIrpic的光可以形成一个宽波段且效率高的白光发射[16]。由图4-3-9可以看出FPt1在CBP的1%掺杂的Film2中，在390 nm处有一个明显来自于CBP的发射峰，而在470 nm和500 nm处的发光峰都来自于FPt1单体；当FPt1的掺杂比例增加到7%时（Film3），有一个570 nm左右的波峰出现，此时CBP的发光峰已完全消失；当在CBP中掺入6%的FIrpic和6%的FPt1时（Film 4），获得了覆盖可见区域很大的白光，色坐标位于（0.33，0.44），最大功率效率达到11 lm/W。

2014年，G. J. Li等合成了Pt化合物Pt7O7，材料结构如图4-3-10（a）所示，器件结构为ITO/HATCN (10nm)/NPD (40nm)/TAPC (10nm)/x% Pt7O7:mCBP (25nm)/DPPS (10nm)/BmPyPB (40 nm)/LiF/Al，该器件同样利用单体蓝光发光和激基缔合物橙红光发光，最大外量子效率达到25.7%，色坐标为（0.37，0.42），显色指数为70，同时也达到了较长的寿命[17]。

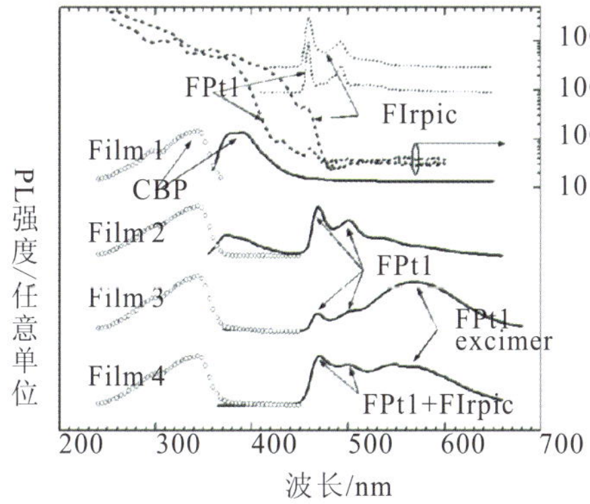

图4-3-9 FPt1材料的荧光发光谱

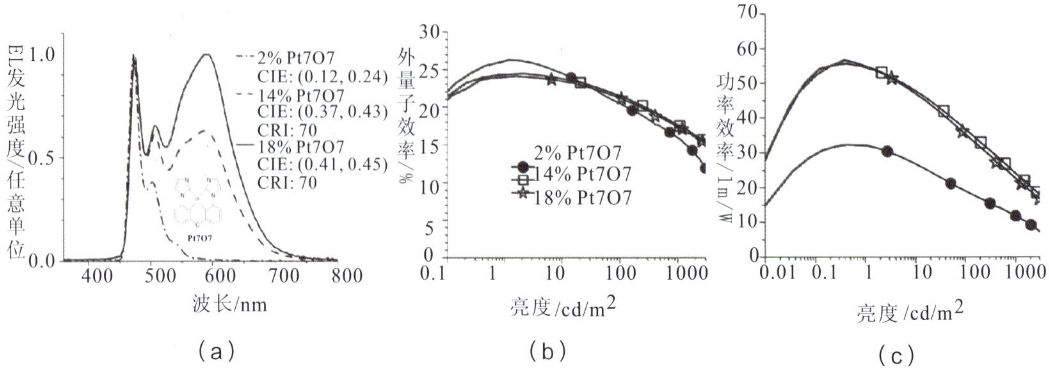

图4-3-10 （a）Pt7O7的OLED器件EL光谱；（b）外量子效率；（c）功率效率

4.3.4 色转换法或下转化法

在LED的产品应用中，色转换法相当普遍，在蓝色LED芯片上涂抹黄色荧光粉，荧光粉受激发后形成黄光，与芯片本身的蓝光合成形成白光。这种方法工艺较为简单，只要具有色转换效率较好的材料，所获得的白光器件的光色也不错。因此，这是工业生产中经常采用的一种方法。

2002年，美国GE公司的A. R. Duggal等采用高分子蓝光材料制作聚合物发光二极管，在衬底另一侧涂覆橙黄光和红光转换层，利用高效率的色转换层吸收蓝光，转换为长波长的橙光和红光[18]。

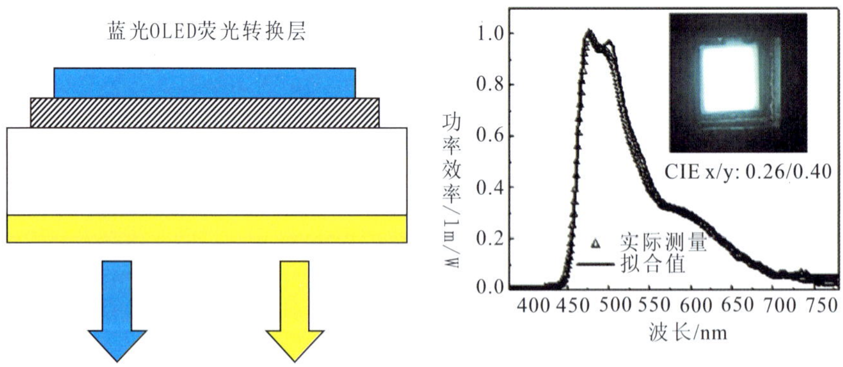

图4-3-11 （a）色转换的器件结构示意图；（b）FIrpic发光激发荧光粉发光的白光光谱

2006年，Osram的B. C. Krummacher等利用基于FIrpic的天蓝色发光OLED器件激发荧光粉制作白光OLED器件，如图4-3-11所示，器件获得了25 lm/W的功率效率和39 cd/A的电流效率[19]。

Mikami等则利用结构为ITO/PEDOT/CBP/TAZ/BCP/LiF/Al的器件结构，产生具有更高能量的紫外线发光，从而依次序激发蓝光色转换层、蓝光激发绿光色转换层、绿光激发红光色转换层来获得白光[20]。

S. M. Chen等报道了另外一种新型的器件结构，如图4-3-12所示。该器件并不涂覆荧光层，而是将具有空穴传输特性的红光发光层4-[4-(1,2,2- triphenylvinyl)phenyl]-7-[5-(4-(1,2, 2-triphenylvinyl)phenyl) thiophen-2yl] benzo[c][1,2,5]thia diazole（BTPETTD）制作在靠近出光的阳极一侧，将具有电子传输特性的蓝光发光层4,4′ -bis(1-phenyl-1H-phenanthro [9,10-d]imidazol-2-yl)biphenyl（DPPi）制作在阴极一侧，当施加正向电压时，两个发光层都会被电激发发光，与此同时，蓝光层的发光会经过红光发光层，从而可以激发一部分红光发光（色转换）[21]。在1000 cd/m^{2}时获得了4.2 cd/A的效率，CIE色坐标为（0.31，0.31），显色指数高达92，并且色稳定性好。

色转换这类白光器件制备简单，性能稳定，输出效率高，但是，该类器件对蓝光或紫外光的OLED要求较高，突破点在于找到合适的色转换材料。这类器件仍然具有极大的潜力大规模生产，适用于低成本的白光OLED照明领域中。

综上所述，无论采用哪一种产生白光的器件结构和工艺技术，基于OLED的固态照明器件的发光效率和器件寿命正在稳步地提高，可以预测，OLED固态照明将在不久的将来走进千家万户、照亮高楼广厦。

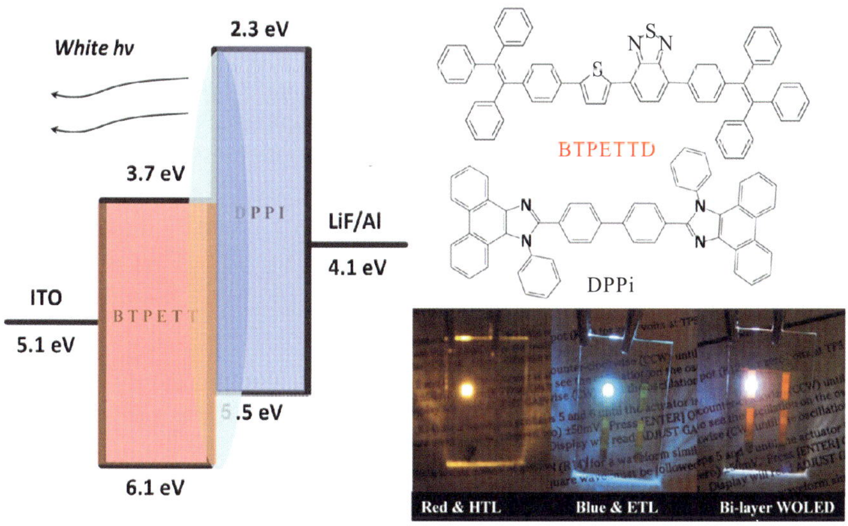

图4-3-12 S. M. Chen等报道的器件及发光材料结构

参考文献

[1]陈金鑫, 陈锦地, 吴忠帜. 白光OLED照明. 上海: 上海交通大学出版社, 2011.

[2]VanSlyke S A, Tang C W, Roberts L C. US patent, 4720432. 1988-01-19.

[3]Reineke S, Walzer K, Leo K. Phys. Rev. B, 2007, 75: 125328.

[4]Wang Q, Ding J Q, Ma D G, et al. Adv. Funct. Mater., 2009, 19: 84.

[5]Kanno H, Sun Y, Forrest S R. Appl. Phys. Lett., 2006, 89: 143516.

[6]Shao Y, Yang Y. Appl. Phys. Lett., 2005, 86: 073510.

[7]Zhang B H, Tan G P, Lam C S, et al. Adv. Mater., 2012, 24: 1873.

[8]Hatwar T K, Spindler J P, Ricks M L, et al. Proc. SPIE 5214, Organic Light-Emitting Materials and Devices VII, 233, 2004-02-16.

[9]Huang J S, Pfeiffer M, Werner A, et al. Appl. Phys. Lett., 2002, 80: 139.

[10]Duan Y, Mazzeo M, Maiorano V, et al. Appl. Phys. Lett., 2008, 92: 113304.

[11]D' Andrade B W, Forrest S R, Chwang A B. Appl. Phys. Lett., 2003, 83: 3858.

[12]Zhao F C, Zhang Z Q, Liu Y P, et al. Org. Electron., 2012, 13: 1049.

[13]Chen Y H, Chen J S, Ma D G, et al. Appl. Phys. Lett., 2011, 99: 103304.

[14]Liu S Q, Yu J S, Ma Z, et al. J. Lumin., 2013, 134: 665.

[15]Liu Y, Nishiura M, Wang Y, et al. J. Am. Chem. Soc., 2006, 128: 5592.

[16]D' Andrade B W, Brooks J, Adamovich V, et al. Adv. Mater., 2002, 14: 1032.

[17]Li G, Fleetham T, Li J. Adv. Mater., 2014, 26: 2931.

[18]Duggal A R, Shiang J J, Heller C M, et al. Appl. Phys. Lett., 2002, 80: 3470.

[19]Krummacher B C, Choong V, Mathai M K, et al. Appl. Phys. Lett., 2006, 88: 113506.

[20]Mikami A, Mizuno Y, Takeda S. Proceedings of SID' 08, p. 215, Los Angeles, California, USA, 2008-05-20.

[21]Chen S M, Zhao Z J, Wang Z M, et al. J. Phys. D: Appl. Phys., 2011, 44: 145101.

第5章 OLED产业现状及发展趋势

5.1 全球OLED产业发展状况

信息产业的崛起和飞速发展带动了人类社会的进步，并被认为是第三次产业革命的标志性事件之一；而作为信息产业三大支柱之一的平板显示产业，不仅本身附加值高、应用广泛，而且具有极强的产业拉动效应，可带动上下游产业链410倍的产出，是支撑信息产业持续发展的新经济增长点之一。因此，随着显示技术的不断革新和消费者对高清晰度、高画质和高便携性等产品的不断需求，在近30年时间内，显示产业经历了从第一代CRT到第二代以LCD、PDP为代表的平板显示器的快速发展，而且近年来全球各显示产业的巨头纷纷投入巨资加入新一代显示技术——享有"梦幻显示器"、"终极显示器"美誉的OLED的市场角逐，在韩国、日本、中国、台湾地区等显示产业大国，OLED作为新兴产业得到了重点支持，尤其是韩国，由于在国家层面的规划、统筹，其在OLED产业的世界格局中呈现一支独秀的局面。也正是因为政府和产业链各大企业的共同推动，OLED技术进步的速度超越了历史上任何一种显示技术，目前已进入产业化成长期，开始了大规模商用，并越来越受到业界的青睐。

5.1.1 全球OLED产业发展整体情况

OLED自1987年由美国柯达公司的C. W. Tang博士等首次研制出高性能夹心结构的器件以来，工艺技术上已取得了长足的进步。仅仅用了13年时间，OLED从首次商业应用到成功推出55英寸电视屏，相对而言，LCD走过这段历程则花了整整32年。因此，全球OLED产业发展非常迅猛。从关键技术来看，无论是彩色化技术、有机成膜技术、器件封装技术，还是适于AMOLED的LTPS TFT或氧化物TFT技术，甚至包括OLED的关键材料和制程设备技术，目前均已取得了突破性的进展。从产品性能来看，OLED产品在轻薄省电、色彩亮丽、图像层次丰富、视角宽广、快速响应、阳光下可视、工作温度的适应性等方面也已超越了LCD；从市场应用来看，除PMOLED显示屏早已在手机副屏、MP3、仪器仪表等产品成熟应用外，随着韩国SMD、LGD的4.5代、5.5代 AMOLED量产线相继投产，AMOLED显示屏已大量用于以三星Galaxy系列为代表的高端智能手机，并迅速扩展到HTC、诺基亚等各大品牌以及数码相机、平板电脑等应用领域，尤其随着SMD、LGD 55英寸AMOLED TV的成功面市及其8.5代AMOLED量产线的建设，以及台湾友达、奇美和我国大陆AMOLED量产线的筹建，AMOLED已呈现技术和市场的双重高速发展期，LCD近30年间形成的市场控制力正被AMOLED所撼动。权威的市场调研机构DisplaySearch在近期的各项研究报告中明确指出，由于受益于以智能手机为代表的便携式移动终端产品对AMOLED市场需求的刺激，AMOLED市场表现非常抢眼，无论是出货量还是销售收入都保持着高速增长态势；资料显示，2013年全球AMOLED销售额超过80亿美元，预期到2018年AMOLED产值将超过200亿美元。

但是，由于OLED是集多领域、多学科的综合性高端技术，涵盖了半导体、有机化学、无机化学、薄膜电子学、真空物理、电真空、光学、微电子学、材料科学与工程等学科，涉及的关键技术包括TFT技术、彩色化技术、有机成膜技术、器件封装技术、驱动技术等，其中的每一种关键技术又有多种不同的技术路线之分，且每种技术路线各有优劣，因此，OLED还有极大的技术提升和技术突破空间；另一方面，OLED目前所达到的性能水平及成本与理论还有较大差距，甚至与最高端的TFT LCD相比，性能方面也没有展示出其应有的震撼效果，成本更不具优势；同时，OLED尽管市场增长迅猛，在整个显示产业也仅是冰山之一角，按权威机构的预测，即便到2018年，OLED也仅占所有平板显示器产值的16%。因此，相对于处于“青壮年期”的LCD产业，OLED依旧还是一个“小孩子”，尚有巨大的发展空间，尤其与其作为象纸张一样可以卷曲折叠的柔性显示器的终极形态及象报纸一样R2R印刷的生产方式相比，OLED还有相当长的发展之路。

目前OLED发展的总体路径和产业格局在全球已基本形成。OLED技术有显示和照明两大发展路径，显示领域又包括只适于小尺寸、低分辨率的PMOLED和覆盖大尺寸、高分辨率的AMOLED。其中，OLED照明被视为世界照明产业的第四次技术革命，其发展前景被业界广泛看好。但是，由于受制于成本、寿命、良品率等因素，OLED照明产品的市场化进展比较缓慢；而在显示领域，AMOLED发展迅猛，并已成为OLED显示产业的主体，各大厂家，包括设备及原材料企业，均已将研发的重点投向AMOLED，而且从2009年开始，全球AMOLED的产业规模已超过了PMOLED，成为OLED市场增长的主要动力。全球OLED产业格局，如图5-1-1所示。图中列出了部分有代表性的厂商，其中青灰色标识框内为面板制造企业，如韩国三星SMD、LGD，日本SONY、Sharp、Seiko Epson（精工爱普生）、日本显示器（JDI），台湾地区的友达光电、群创（Innolux）、RiTdisplay（铼宝）及大陆的四川虹视、维信诺、京东方、上海天马、华星光电等；蓝色标识框内为设备制造企业，如日本JSW、Tokki、ULVAC（日本真空）、DNP（大日本印刷），韩国Sunic、Doo San（斗山）等，绿色标识框内为原材料生产企业，如Eastman Kodak、CDT、UDC、Sumitomo（住友化学）等。

由图5-1-1可见，国际知名的原材料、设备及面板企业，均竞相加入了OLED产业的竞逐。其中，在材料及设备方面，日本和欧美地区具有很强的研发和产业化实力，占据主导地位；在面板制造方面，亚洲基本占据了全球所有市场份额，尤以韩国SMD、LGD为行业领头羊，我国台湾友达、新奇美电以及日本SONY、夏普、松下、日本显示等企业紧随其后，我国大陆除最早从事OLED研发及生产的维信诺、四川虹视外，京东方、天马、华星光电等传统的面板企业也加快了跟进行业发展的步伐；在OLED照明技术方面，欧美和日本凭借其技术优势暂时领先。一个有趣的现象是，日本虽然至今没有一条真正的OLED量产线，但是，全球从事OLED技术研究的企业数日本最多，且OLED关键原材料和关键设备的核心技术主要掌控在日本企业手中，印刷成膜等先进制程工艺技术的研究也是日本企业处于领先地位。因此，日本不看好OLED产业前景的猜测，是十分值得商榷的。

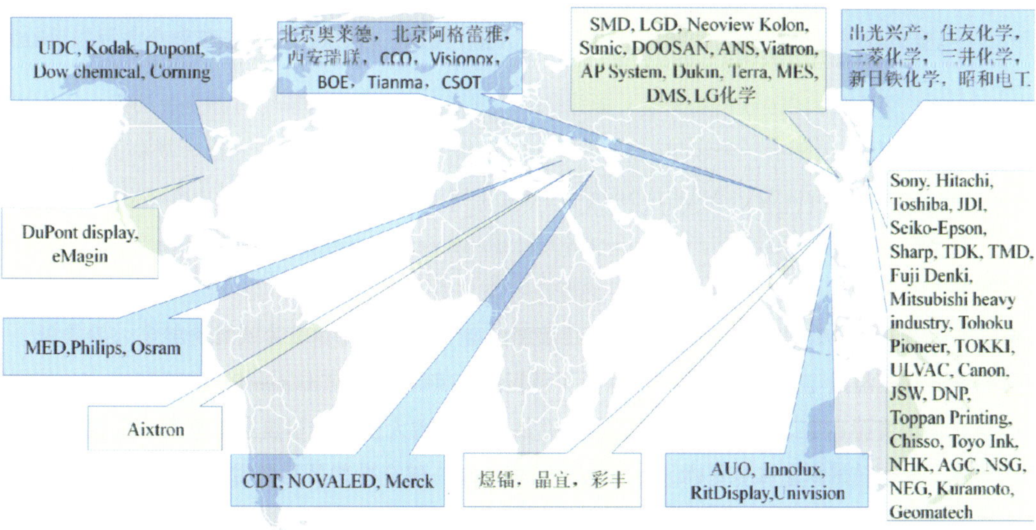

图5-1-1 全球OLED产业格局

5.1.2 国外OLED产业发展状况

5.1.2.1 国外OLED产业发展概况

从国外OLED显示产业的总体技术发展来看，OLED产业化的关键技术已日趋成熟，但是，也还有很大的发展空间。OLED器件和TFT基板，是AMOLED最主要的两大核心关键技术。目前经过大规模商业化验证的AMOLED用TFT基板，主要是采用激光结晶化技术（ELA）的低温多晶硅（LTPS）TFT基板。虽然加拿大IGNIS公司曾研究通过驱动补偿技术试图将非晶硅（a-Si）TFT用于AMOLED，但是，至今仍没有任何公司真正将a-Si TFT用于AMOLED量产，且业界普遍的观点仍认为a-Si TFT不适于AMOLED。最近，新兴的金属氧化物IGZO TFT技术取得了很大的进步，不但已用于TFT LCD的量产，而且韩国LGD已将IGZO TFT用于55英寸AMOLED的商业化生产，且被业界认为是最有潜力用于高世代AMOLED的TFT技术。中小尺寸OLED器件的技术已经比较成熟，包括FMM真空蒸镀技术、Frit封装技术、顶部或底部发光技术及RGB彩色化技术等，均已得到大规模量产应用。

但是，OLED器件在发光亮度、功耗、寿命及产品良率、成本和大尺寸或高解析度产品的量产性等方面仍有很大的改善空间。彩色化技术、有机成膜技术、器件封装技术以及开发新型、高迁移率的传输材料和高效率、长寿命的发光材料和设计新型器件结构，是当前OLED器件领域的研究重点。例如，UDC为OLED电视所开发的“四色子像素”结构，三星SMD、SONY等公司的激光转印技术，东芝、精工爱普生的喷墨打印技术等。

从全球OLED产业的区域发展来看，根据Display Search在2013年4季度对各企业的市场占有率的统计分析，如图5-1-2所示。全球OLED显示产业的供货区域集中在韩国，占据市场总份额的95%以上，而其中的AMOLED市场更是几乎被韩国企业100%垄断，三星SMD在中小尺寸以超过AMOLED市场占有率95%的份额而雄踞榜首，LGD则占据大尺寸AMOLED电视的优势地位；同时，由于OLED设备在开发过程中难度较大，需要根据材料的特性定制化研发真空蒸镀、印刷成膜、器件封装等关键设备。因此，三星、LGD通过积极投资韩国的设备厂商，采用“捆绑式”合作模式，在产业链上下游的配合下开展制程与设备的共同开发，大大地促进了韩国AMOLED设备技术的快速进步，从而进一步拉开了与其他国家和地区面板企业的差距。日本是最先实现PMOLED商业化的国家，虽然在AMOLED产业化发展方面落后于韩国，但是凭借其雄厚的研发实力和长期高额的研发投入，日本在OLED核心材料、关键设备上掌握着大量的核心技术，占据了OLED产业发展的战略高地，始终执OLED之牛耳，拥有诸如住友化学、出光兴产、JSR等国际著名的OLED材料和关键组件的制造企业以及长州产业、大日本印刷、TOKKI、日本真空等OLED关键设备制造企业。除韩日以外，站在OLED产业化前沿的是中国大陆和台湾地区，在下一节将专门介绍。而欧美地区，除了美国eMagin公司在少量生产微显示OLED器件外，几乎没有OLED面板出货，主要从事OLED材料及OLED照明技术的研发，例如欧司朗、飞利浦和Novaled等。

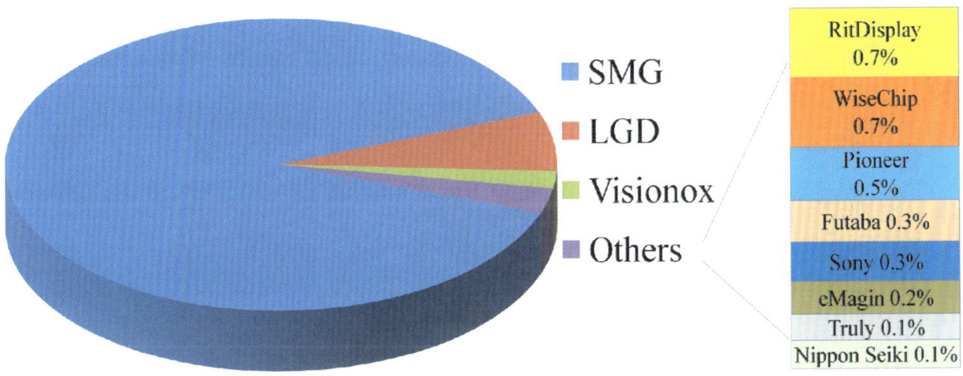

图5-1-2 OLED显示产业主要供应商

从OLED的另一大应用领域—OLED照明产业来看，由于OLED照明被誉为继白炽灯、荧光灯、LED灯后世界照明产业的第四次技术革命，因此，其发展前景被业界广泛看好。除OLED照明领域的引领者OSRAM之外，全球各大公司在2012年已加快布局步伐，其中LG化学正式涉足OLED照明领域，并建设第2代OLED照明面板生产线，住友化学和日本精机分别推出OLED照明面板，台湾隆达也首次推出OLED照明模块，日本东芝合并了东芝照明技术和哈里盛东芝照明，并将OLED照明定位为新公司的支柱业务之一，飞利浦和巴斯夫通过战略合作共同开发照明用OLED透明面板。部分企业开发的OLED照明器件及灯具，如图5-1-3所示，除传统室内照明用的吊灯、墙灯、落地灯、台灯外，还开发了柔性OLED照明器件、透明OLED照明器件、OLED照明装饰器件等。但是，OLED照明目前在发光效率、寿命、成本方面尚不尽人意，市场化步伐较缓慢，比如发光效率一直是OLED照明能否与LED照明展开竞争的一个重要参考因素，而较大面积（大于25 cm^2）OLED照明面板的发光效率一直处于10~30 lm/W。直到2012年，这一僵局才被打破，较大面积OLED照明面板的发光效率取得了显著进展。日本东芝公司开发出了面积为8 cm × 7 cm较大面积照明用OLED面板，发光效率高达91 lm/W。如果在成本和寿命方面继续取得重大的突破，必将促进OLED照明产品的大规模应用。

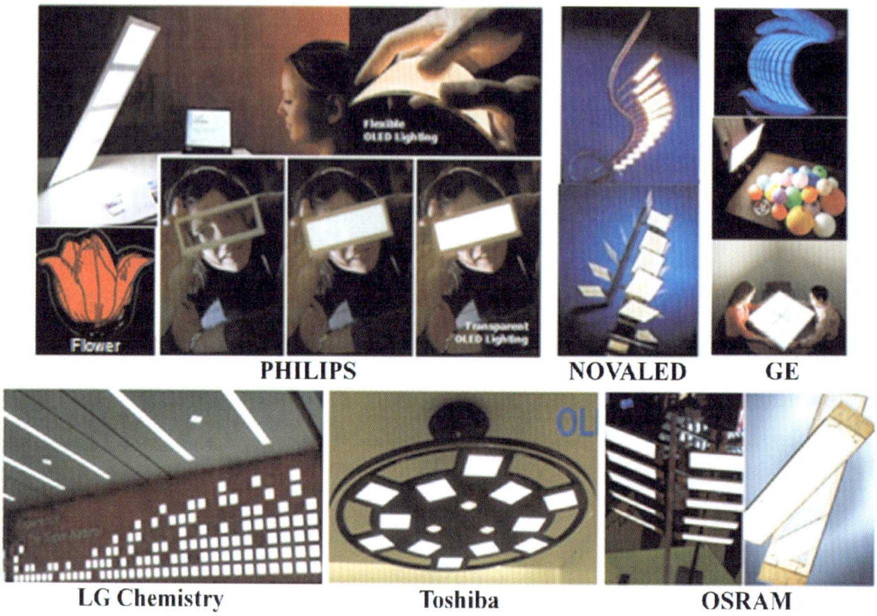

图5-1-3 OLED照明器件

5.1.2.2 国外OLED产业政策

从国外OLED产业政策来看，各主要国家均对发展OLED给予了积极的政策扶持和资金支持，以抢占显示产业未来的战略高地，并在客观上促进了各国OLED产业的发展。其中，韩国作为全球显示大国，非常重视OLED产业发展，并将OLED产业列为整个国家的中长期发展目标。韩国知识经济部把OLED产业列为其多项发展战略的重要组成部分，2010年韩国政府出台《显示器产业动向及应对方案》，将2013年成为世界首个实现AMOLED大尺寸面板量产的国家作为其OLED产业的发展目标，并明确要保持在柔性显示、电子印刷等新一代显示领域的核心技术竞争力，引领新一代显示产业的发展。为大力推进AMOLED产业化，韩国政府还给予大量的资金支持，其中在生产工艺优化方面，2010年韩国政府投资75万亿韩元（折合约750亿美元），将现有5.5代AMOLED面板垂直和水平的镀膜工艺转换成垂直和水平连接型的工艺技术，大大提高了生产线效率；在关键材料及设备研发方面，政府投资10亿韩元（折合约100万美元）用于核心有机材料研发，民间资本也在2010~2013年累计投资10万亿韩元（折合约100亿美元），用于AMOLED面板的生产设备投资；在柔性显示方面，政府投资22亿韩元（折合约220万美元）用于在柔性基板上的AMOLED工艺技术研发，并有望在2015年形成规模。同时，韩国政府也重视发展OLED照明技术，希望通过发展OLED技术及照明与IT技术融合，创造节能环保的新一代照明产业，提高国家竞争力，并由韩国生产技术研究院主导

OLED照明研发；在政策制定方面，韩国知识经济部早在2009年就发布了《韩国绿色IT国家战略》明确OLED照明发展路线，计划2011年完成OLED照明核心专利技术的研发，2012年推广使用OLED照明设备，提高电力的使用效率，减少电力消耗1/5；在推进OLED照明产业化方面，2010年韩国政府投资70亿韩元（折合700万美元）研发OLED照明面板4代线的量产设备，同时培养人才以及进行OLED照明器件的设计研发，并与民间合作投资300亿韩元（折合3000万美元）实施OLED照明产业化技术开发专项方案，期望在2013年实现OLED照明的普及。从目前来看，除OLED照明的发展滞后外，OLED显示正按韩国既定的路线发展，与预期目标比较一致。

在高科技引领和投入方面，日本政府从来不甘落后，早在2008年，日本政府制订了《新一代大型OLED显示器基础开发计划》，目标在于开发适用于有机薄膜的可大面积形成电极的材料技术及其制造工艺技术、大面积透明封装技术以及大面积有机成膜技术，以便在2015年能够量产全高清40英寸以上尺寸级别的OLED显示器。参加的企业几乎囊括了日本所有的著名企业和科研院所，主要包括索尼、东芝、松下、夏普、住友化学、出光兴产、产业技术综合研究所、长州产业、JSR、岛津制作所、大日本网屏制造、日立造船等。这是一个完整的OLED产业链开发计划，涉及电子、光学、化学、机械、制造等多个部门，通过产业链上下游的互通合作，尤其是终端企业的通力合作，以使日本在OLED核心技术、原材料以及装备上处于垄断地位。一旦市场需求扩大，产业化技术得到进一步完善，日本将能够快速地进入OLED大规模生产阶段。在日本政府的主导下，由索尼、东芝、日立3家公司还组建了新公司日本显示器（JDI），以3家母公司的OLED技术为基础，JDI每年投资1.35亿美元作为OLED研发费用，重点开发高精细化和低功耗的OLED显示面板。据最新报道，由索尼、松下、JDI拟再次联合成立新公司JOLED，汇集三家OLED精英研发人员，并接受官民基金“产业革新机构”的资助，重点研发中小尺寸AMOLED，以缩小与行业领先的韩国三星公司之间的差距。此外，日本政府也积极发展OLED照明技术，力争在未来的OLED照明产业中占据有利地位，日本自2006年至2010年进行了三项OLED照明计划，目标在2015年将OLED照明发光效率提高到130 lm/W，并通过进一步降低生产成本达到可普及化程度。

由于全球产业链布局的差异，欧美地区则将重点放在了扶持OLED照明技术上。其中，美国能源部将OLED照明技术列为最有前景的技术之一，在能源部定期发布的《固态照明（SSL）制造研发的产品路线图》中，对OLED显示面板和照明产品研发，以及OLED固态照明领域的标准等内容进行了具体规划。同时，于2006年决定对5个固态照明项目给予总投资为1100万美元的支持，资金来源以政府投入为主，占70%（780万美元），另外30%的资金则由负责项目研发的企业投入，项目负责单位包括欧司朗-西凡尼、GE、柯达、彩色动力技术公司和斯坦福国际研究所等；2010年10月，美国能源部、UDC公司以及纽约智能系统技术与商业化中心等宣布共同投资超过2000万美元，在纽约州建设北美地区首条OLED照明中试线；2012年，美国能源部公布了更新的SSL制造业路线图，指出2015年OLED照明器件总成本降至60美元/平方米以下，封装材料成本降至35美元/平方米。在欧盟地区，2004年10月，以飞利浦照明为首的联合研究团队共同推进用于信息通讯技术与照明设备的高亮度有机发光二极管项目（OLLA），总投资额200万欧元（欧盟资助120万欧元）；2008年9月，欧洲另一项OLED照明项目—OLED 100.EU项目启动，以系统集成、标准化和应用为目标，总费用1996万欧元，参与公司包括欧司朗、西门子、康宁、Novaled等14家公司。

5.1.2.3 国外OLED产业代表企业的发展状况

以下是国外部分主流企业的研发和量产情况，以此，我们可以进一步了解国外OLED产业的发展状况。

三星SMD，已建成投产4.5代AMOLED量产线一条（TFT基板线尺寸为730 mm × 920 mm，蒸镀线为730 mm × 460 mm）、5.5代AMOLED量产线两条（其中一条的TFT基板线尺寸为1300 mm × 1500 mm，蒸镀线为750 mm × 650 mm，另一条为全尺寸，TFT基板线和蒸镀线的尺寸均为1300 mm × 1500 mm），8.5代AMOLED试验线一条，目前正在建设8.5代AMOLED量产线，且计划在今年年底投入6代柔性AMOLED显示屏的生产；SMD是全球最早实现AMOLED量产的企业，以中小尺寸显示屏为主，最高解析度达440 ppi，占有全球AMOLED市场95%以上的份额，以三星Galaxy系列为代表采用AMOLED显示屏的智能手机和平板电脑已经得到普及，其市场占有率已超过苹果系列的产品。在大尺寸方面，SMD已开发成功77英寸4K OLED电视屏，并于2013年开始上市55英寸曲面OLED电视，但由于SMD采用LTPS TFT和RGB三基色蒸镀的技术路线，该技术路线用于生产大尺寸OLED电视屏时面临良率难以提升和产品成本居高不下的问题。因此，SMD于2014年放缓了OLED电视屏的生产及8.5代AMOLED量产线的建设，外界推测SMD将伺机改进现有技术或重新检讨大尺寸AMOLED技术路线后，才会重新启动OLED电视的扩产计划。尽管如此，相比TFT LCD，三星仍将投资的重点持续放在AMOLED，继2013年投入40亿美元用于AMOLED技术研发后，2014年计划再增加投资50亿美元。也正因为持续多年的研发投入，SMD在AMOLED技术上远远领先于同行，除目前量产采用的激光结晶化LTPS TFT技术、RGB真空蒸镀FMM技术、Frit封装技术及顶部发光器件结构技术外，SMD开展了AMOLED各项技术的广泛研究，包括金属诱导结晶化技术、氧化物TFT技术、激光转印技术、喷墨打印技术、柔性OLED技术、透明OLED技术、白光OLED技术、3D显示技术、驱动补偿技术等，仅在AMOLED驱动补偿方面拥有的技术专利就有上百件。据称，三星将在其5.5代线采用flexible（可弯曲式基板）、LITI（激光热转印）以及免切割全基板蒸镀（No-cut evaporation）三大技术生产曲面或柔性AMOLED面板，将使三星在AMOLED的产能和技术两大领域继续保持行业绝对领先。同时，三星还以参股的方式与韩国多家设备及原材料厂家合作开发OLED关键设备及原材料，掌控着上游产业链资源。

图5-1-4为SMD在2012年中期推出的采用LTPS TFT技术的55英寸AMOLED，厚度仅为1.6 mm，色域124%，响应时间不到0.01 ms，对比度达到150000:1，亮度为150 cd/m^2，白光的最高亮度达到600 cd/m^2。

图5-1-4 SMD 55英寸AMOLED电视

全球除SMD以外，LGD是另一个OLED产业的巨人，建有4.5代AMOLED量产线1条（TFT基板线尺寸为730 mm×920 mm，蒸镀线为730 mm×460 mm），8.5代AMOLED试验线一条，8.5代AMOLED量产线一条。在显示面板业务方面，LGD采取与SMD不同的公司战略，LGD几乎没有大规模量产中小尺寸AMOLED显示屏，而是将重点放在电视用大尺寸AMOLED屏。2013年LGD与SMD几乎同步上市55英寸OLED曲面电视，并同时发布65英寸4K OLED电视和77英寸4K OLED电视。并计划在2014年四季度开始在韩国、欧洲和北美地区上市此两款新产品。与三星SMD采用的技术主要专注于高性能与高画质不同，LGD的大尺寸AMOLED技术则是着重考虑量产性与低成本，因此。LGD采用氧化物TFT和“白光++滤色膜”的技术路线，相比SMD的技术路线在大尺寸生产时具有更好的量产性，良品率容易提升，据称目前已达到80%以上，从而有利于降低产品成本。也正因如此，目前LGD在大尺寸AMOLED占有相对优势。当然，LGD也展开了LTPS TFT、真空蒸镀FMM技术、柔性OLED技术、透明OLED技术、白光OLED技术等研究，也同SMD一样，与原材料、设备等OLED上游企业保持着良好的合作关系。

图5-1-5为LGD在2013年德国IFA展出的77英寸曲面4K超高清OLED电视，这款产品融合了LGD的专利WRGB四色技术和Ultra HD 4K超高清屏幕分辨率（3840×2160）。

SONY是日本OLED企业的代表，建有2条相当于3.5代的AMOLED量产线（基板尺寸分别为550 mm×600 mm和600 mm×720 mm），曾最早于2007年上市全球首款厚度仅3 mm的11英寸AMOLED电视，如图5-1-6所示，并开启了所谓的“OLED元年”。SONY拥有采用多路二极管激光器的dLTA结晶化技术和LIPS激光转印有机成膜等先进技术，在氧化物TFT、有机TFT、柔性OLED以及高精细化OLED技术方面均有行业领先的技术成果。但是受到近几年整个企业的财务状况不良的影响，SONY公司尚无财力实现真正的大规模量产OLED，计划也一直处于调整中；曾经宣称主要进军高画质要求的监视器市场，之后又计划重点研究电视用大尺寸OLED量产技术，目前是日本显示器JDI公司的三家母公司之一，而JDI近中期的目标是中小尺寸AMOLED。需要提及的是，索尼PSP Vita掌上游戏机曾使用了大约300万片AMOLED面板，但却购自三星SMD，而非SONY自己生产，原因在于SONY自身产能有限。

图5-1-5 LG 77英寸4K曲面OLED电视

图5-1-6 SONY 11英寸AMOLED电视（世界首款）

5.1.3 我国OLED产业发展状况

5.1.3.1 我国OLED产业发展概况

我国OLED产业从地域上分为中国大陆和台湾地区两大板块。台湾地区在发展OLED产业上紧跟日韩，具有较强的技术实力，其中台湾铼宝是全球PMOLED生产规模最大的面板企业，被鸿海集团收购后并入群创光电的原奇美集团旗下的奇晶公司，是全球最早尝试AMOLED量产的企业之一，友达光电于2013年10月开始量产用于智能手机的AMOLED，目前宣称其AMOLED良率已突破五成，成为继SMD、LGD之后全球第三家真正量产AMOLED面板的企业，甚至量产规模将超过LGD。台湾地区为加快OLED产业化进程，出台优惠政策并由各相关部门分工推进，其中工业局负责规划与执行产业政策，经济部技术处运用科技项目预算支持技术研发，影像显示产业推动办公室负责解决与OLED产业发展相关的问题，工业技术研究院则负责开展各种前瞻性技术的研发，并将成果转移至产业界。在企业与政府的协同下，台湾地区在OLED技术研究上取得了突出的成果，包括LTPS TFT技术、氧化物TFT技术、喷墨打印技术、柔性OLED技术、白光OLED技术等都走在了行业前列。同时，台湾地区的厂商还加强与日本及欧美的合作，弥补关键设备和核心材料环节的缺失，充分发挥自身硬件和系统组装基础雄厚、零部件生产企业多、面板生产经验丰富等优势，利用日本电子材料和高科技设备的技术实力，吸收日本企业的先进技术，加速了高世代、低成本的OLED技术开发，努力缩短与韩国的差距。

中国大陆的OLED技术与日韩企业相比，起步几乎一致，但受制于电子制造业基础较为薄弱以及OLED面板生产投资巨大的局限，发展速度跟不上日韩的步伐，目前差距还很大，产业规模也很弱小。1991年中国大陆已经开始研究OLED，以清华大学、华南理工大学、电子科技大学、中科院长春应化所、中科院化学所、吉林大学、上海大学等为代表的高校及科研机构长期开展了OLED器件及有机材料方面的研究，2000年以后，维信诺、四川虹视、京东方、上海天马、华星光电、上海和辉等一批面板企业也先后开展OLED器件结构、真空蒸镀、器件封装、LTPS TFT、氧化物TFT等产业化关键技术的研究，并由维信诺与四川虹视率先建成投产国内PMOLED量产线，产量约占全球PMOLED的50%，目前几家公司均着重布局AMOLED产业的发展，正在筹建AMOLED量产线，并以面板企业为核心，基本形成北部以京东方为代表的环渤海聚集区，东部以昆山维信诺、上海和辉、上海天马为代表的长三角聚集区，南部以华星光电为代表的珠三角聚集区，西部以四川虹视、成都京东方为代表的大西南聚集区的产业大格局。相对于OLED面板，我国大陆在OLED关键材料及设备技术方面的能力更加薄弱，与国外差距更大，导致我国大陆的OLED产业链建设不完善。以有机发光材料为例，虽然大陆企业很早就有相关产品投入市场，但是由于国内需求量有限，市场规模小，导致产业发展缓慢，目前还不能满足OLED面板企业的需求；在关键设备方面，国内厂商较少，研发方向单一，只具有生产低世代OLED生产线后端设备或部分辅助设备的能力，而像PECVD、离子注入机、结晶炉、蒸镀机等核心设备，则必须完全依赖进口。

中国大陆在OLED照明技术方面的研发起步较晚，但是推进速度相对较快，目前与国际先进水平的差距比较小。由于全球还没有公司实现了OLED照明面板的大规模量产，如果我国企业加快量产步伐，有望在OLED照明面板的产业化方面基本与世界同步。南京第壹有机光电是专注于OLED照明技术的研发与产业化的企业，其开发的OLED照明器件最高效率达111.7 lm/W，接近世界最高水平，但是产品的良率尚需要大幅度的提高；此外，维信诺、四川虹视等OLED企业也在进行OLED照明技术的跟踪研究，并成功开发了OLED照明样品。

5.1.3.2 我国OLED产业发展政策

由于我国在CRT和LCD的发展早期没有能够及时跟进，导致缺乏核心技术和核心竞争能力的教训，鉴于此，为抓住OLED显示技术这个有望实现技术和产业的跨越式发展的最佳机会，OLED产业受到国家层面的高度重视，我国政府对发展OLED产业给予了持续的政策和资金支持。其中，早在2005年国务院公布的《国家中长期科学和技术发展规划纲要（2006–2020年）》就提出支持发展OLED显示技术；随着产业化进程的推进，OLED产业成为全球公认的新型主流显示技术，国家重视程度不断提高，2010年国家发展改革委联合工信部发布了《2010–2012年平板显示产业发展规划》，推进我国OLED技术产业化；2010年国务院公布的《国务院关于加快培育和发展战略性新兴产业的决定》就将OLED产业上升至国家战略性新兴产业范畴；2012年2月工信部发布了《电子信息制造业“十二五”发展规划》，进一步强化了对OLED等显示技术的支持，明确了将推进中小尺寸OLED的技术开发和产业化应用，研究大尺寸OLED相关技术和工艺集成；2012年7月，国务院发布关于印发《“十二五”国家战略性新兴产业发展规划》的通知，OLED等新一代显示技术研发和产业化再次成为发展重点，规划还将新型平板显示工程列为重大工程之一，提出攻克OLED有机成膜、器件封装等关键工艺技术，加强关键材料及设备的国产化配套。此外，还加大政府资金的扶助力度，其中2009年和2012年财政部先后出台了有关OLED产业发展税收优惠政策；工信部电子信息产业发展基金连续设立AMOLED关键技术招标项目，支持国内企业进行新技术、新产品研发；国家发展改革委组织实施了“彩电产业战略性转型专项”，支持新型平板显示配套材料的技术研发和公共测试服务平台建设；科技部在关键技术方面，大力支持科研院所和高等院校的科技攻关；国资委在国有资本经营预算中也安排了专项资金，支持相关企业积极参与新型平板显示产业的产业化发展。

5.1.3.3 我国OLED面板企业的发展状况

我国部分面板企业的OLED发展状况，列举如下：

奇晶光电（CMEL）： 原奇美电旗下子公司，鸿海集团并购奇美电后，与台湾统宝一起并入群创光电，在完成资产和技术的整合后，鸿海集团计划2015年正式量产高解析度AMOLED显示屏。2006年奇晶光电发表了由全球最大LTPS TFT基板试制的25英寸AMOLED面板，由于采用了奇美电当时最新的LTPS制程，摒除了传统LTPS TFT制程所造成的影像不均的缺点，使AMOLED面板获得了最薄型化、超宽视角、超高对比度、超快反应时间等视觉感官享受，显示出了卓越的性能。奇晶光电建有相当于3.5代的AMOLED小规模量产线1条（TFT基板线尺寸为620 mm × 750 mm，蒸镀线尺寸为600 mm × 720 mm），曾少量生产7.6英寸及以下AMOLED产品，LTPS采用称之为SDC技术的金属诱导结晶化方式。除LTPS TFT技术，奇晶光电在真空蒸镀FMM技术、超薄封装技术、WOLED＋彩膜技术以及喷墨打印技术等方面，均有较先进的研究成果。

友达光电（AUO）： 该公司于2002年开发出采用a-Si TFT的AMOLED样品，2003年成功开发采用LTPS TFT的AMOLED样品，并于2006年在全球首次将全彩AMOLED面板用在BenQ-Siemens S88手机主屏。友达光电建有3.5代AMOLED量产线1条（TFT基板线尺寸为610 mm × 720 mm，蒸镀线尺寸为370 mm × 470 mm），经改造后在新加坡建有4.5代AMOLED量产线一条，2013年10月开始量产AMOLED智能手机屏，采用氧化物TFT技术，为全球第三家真正实现AMOLED量产的企业，据称目前良率已突破50%。

维信诺： 以清华大学OLED技术团队及技术成果为基础，中国大陆最早从事OLED技术研发及生产的企业，业务范围包括OLED显示、OLED照明、OLED材料以及OLED终端应用产品。2001年，成立北京维信诺科技有限公司；2006年，成立昆山维信诺显示技术有限公司，并于2008年10月，在昆山维信诺建成中国大陆第一条PMOLED量产线；2010年，建成中国大陆第一条AMOLED中试线并打通全部生产工艺；2011年，成立昆山维信诺光电有限公司，正式启动5.5代AMOLED量产线的筹建工作；2012年，成立维信诺集团，并正式启动昆山5.5代AMOLED量产线建设，目前已开始设备搬入，计划于2014底一期投产；2013年，昆山维信诺、龙腾光电和昆山平板显示中心合资成立了昆山国显光电有限公司，同年在集团下成立鼎材科技公司。维信诺通过自主研究，比较系统地掌握了OLED材料、器件、工艺和驱动等关键技术，其PMOLED产品的出货量在2011年已跃居全球第二，2012年、2013年连续两年居全球PMOLED出货量首位，并在2010年至2012年先后开发成功2.8英寸、3.5英寸、7.6英寸和12英寸AMOLED样品，此外，还积极开展柔性OLED技术、照明OLED技术和大尺寸OLED技术的开发。四川虹视：由四川长虹与成都高新投资集团共同组建的专门从事OLED显示技术的研发及生产的企业，公司成立于2008年，为以高技术起点介入OLED产业，同年全资收购了韩国Orion OLED Ltd. 公司（简称OOC，是全球最早从事OLED研发并拥有量产技术经验的企业之一）。2009年，虹视公司在成都建成中国大陆仅有的两条PMOLED量产线之一，并在中国大陆最早开发成功2.6英寸、3.2英寸、4.3英寸和7.6英寸AMOLED样品，同时以虹视公司为主建单位，国家发改委授牌成立我国唯一的OLED“工艺技术国家地方联合工程实验室”；2010年，成都PMOLED量产线正式投产并启动AMOLED中试线建设方案的研讨，同时确定了包括LTPS结晶化技术在内的AMOLED四大核心技术，成为中国大陆最早明确AMOLED技术发展路线的企业；2011年，开展化合物TFT技术、AMOLED一体化GSOP驱动技术及OLED照明技术的研究，并启动AMOLED量产线建设方案论证；2013年，取得AMOLED关键共性技术的突破，并开始全面深入研讨4.5代AMOLED量产线建设方案。虹视公司经过多年的研究，在LTPS结晶化技术、高效真空蒸镀技术、器件封装技术、一体化驱动技术等AMOLED产业化关键技术方面拥有自己的核心技术和核心专利，尤其拥有行业领先的超高解析度AMOLED技术—Q-SuP RGB及TMED 技术，可实现解析度达600 ppi的产品的生产，以及拥有行业先进的AMOLED GCT驱动补偿技术—仅以3T1C最简单的像素驱动电路实现对TFT、OLED及电源线阻抗等所有导致AMOLED图像质量劣化的因素进行校正补偿。此外，还拥有行业领先的大尺寸、高分辨率PMOLED技术—MPD技术，可生产行业内尺寸和分辨率最大，达5英寸级HVGA的全彩PMOLED产品。同时，虹视公司还进行OLED应用技术及应用产品的研发，以拓展OLED应用领域，包括OLED头戴显示器、OLED电话机、OLED空调遥控器、OLED无线探鱼仪、OLED智能手表等系列产品。

上海和辉：成立于2012年10月，是由上海市政府和金山区政府共同投资组建的一家专注于中小尺寸AMOLED显示屏量产和下一代显示技术研发的高科技公司。该公司首期项目建设一条采用LTPS TFT技术的5.5代AMOLED量产线，也是中国大陆第一条AMOLED量产线，目前已建设完成并开发成功5.0英寸、5.5英寸和6.0英寸AMOLED样品，2014年成功地实现了量产。

京东方：成立于1993年，前身是北京电子管厂，通过多年的发展，现已成为中国知名的显示技术、产品与解决方案的提供商，也是中国大陆在TFT LCD显示面板领域最具综合实力的本土企业，其TFT LCD出货量排名全球前五；在北京有一条第5代a-Si TFT LCD生产线和一条8.5代a-Si TFT LCD生产线，在合肥有一条第6代a-Si TFT LCD生产线和一条8.5代氧化物TFT LCD生产线，在成都有一条4.5代a-Si TFT LCD生产线，在内蒙古鄂尔多斯有一条5.5代LTPS TFT LCD生产线，在重庆有一条建设中的8.5代氧化物TFT LCD生产线。在AMOLED关键技术研究方面，京东方也在近年取得了巨大突破，其在2012年9月成功研发出了17英寸AMOLED显示屏，这是全球首款融合了氧化物TFT技术和喷墨打印技术的大尺寸AMOLED显示屏；同期，开发成功国内首款17英寸利用氧化物TFT和真空蒸镀技术制备的AMOLED显示屏；2014年，又研发成功30英寸采用氧化物TFT 的AMOLED显示屏。同时，京东方在部分新建的TFT LCD生产线中也考虑了后期对AMOLED的兼容性，包括内蒙古鄂尔多斯新建的第5.5代LTPS TFT线以及重庆第8.5代氧化物TFT线等，只要后期在TFT线体设备的基础上提升TFT工艺技术便可满足AMOLED的技术要求，并增补OLED制程的专用设备即可组建成AMOLED量产线。2015年，计划在成都建立基于LTPS TFT技术的6代AMOLED量产线。

天马微电子：于1983年11月在深圳经济特区成立，以生产中小尺寸TFT LCD显示面板为主，目前拥有多条a-Si TFT LCD、LTPS TFT LCD、彩色滤光片生产线和一条4.5代AMOLED中试线。天马在TFT LCD新技术、AMOLED新型显示技术、前沿显示技术等方面取得多项重大突破，整体技术水平逐步接近平板显示国际先进行列。天马于2009年6月启动国内首条AMOLED中试线并于2012年完成建设；2011年7月天马在厦门投资70亿元建设了一条5.5代LTPS TFT LCD线，该线考虑了后期对AMOLED的兼容性；此外，天马计划在上海建设另一条采用LTPS技术的6代AMOLED生产线。从2012年天马加大了AMOLED量产化关键技术的提升力度，在产品设计方面，通过像素补偿电路及周边集成驱动电路等的设计优化，为量产提供了可行方案；在TFT工艺改善方面，通过LTPS工艺调整获得了性能良好的TFT器件并制定了缺陷改善方案；在OLED蒸镀和封装工艺方面，掌握了点源、线源两种蒸发源技术和传统、Frit两种封装技术，并达到量产要求；在OLED材料寿命方面，与日本OLED材料厂商合作，购置材料以及分享技术信息，同时与台湾PMOLED量产厂商合作，共同开发OLED器件技术。

华星光电：成立于2009年11月，是由TCL集团和深超科技（深圳政府跟富士康共同出资的公司）共同出资组建的一家显示面板企业。2011年8月建成投产一条8.5代a-Si TFT LCD线；2013年11月开工建设的项目二期将再建一条8.5代LCD线，该线70%产能为a-Si TFT，30%产能为氧化物TFT；2014年宣布在武汉建一条6代LTPS和氧化物TFT的LCD线，同时考虑后期兼容AMOLED显示面板生产。华星光电通过大量吸收台湾地区 、韩国等面板业内的顶尖技术人才，加上TCL集团工业研究院的技术支撑，无论在TFT LCD还是AMOLED技术上均取得了快速的发展，2013年8月，华星光电开发成功中国大陆首款最大尺寸的全高清31英寸电视用AMOLED显示面板。此外，TCL集团工业研究院还建有一条4.5代 AMOLED实验线，以进行LTPS和氧化物TFT技术以及OLED显示技术的研发。

云南北方奥雷德光电科技股份有限公司（以下简称奥雷德公司）：从事AMOLED微型显示器领域的企业，也是目前我国最早一家能够批量生产和销售AMOLED微型显示器产品的专业厂商。目前，该公司拥有10余项核心自主知识产权，建成年产45万片微型显示器产品的生产线。奥雷德公司先后攻克了器件整体结构设计、高精度对位、高效率顶部发光、高效薄膜封装等AMOLED微型显示器件关键技术，已完成0.5英寸、0.6英寸、0.77英寸、0.97英寸等，分辨率从800 × 600到1920 × 1080的系列高分辨率AMOLED微型显示器件的开发。

南京第壹有机光电有限公司：全球首批专门从事OLED照明技术研究及OLED照明面板和灯具生产的企业，已建成2条OLED照明研发线、1条中试放大线（200 mm × 200 mm）和1条年产能达2万平方米的量产线（370 mm × 470 mm），这条OLED照明面板量产线功能全、尺寸大、产能高，是目前全球少数几条In-Line生产线之一。该公司已相继成功制备出磷荧光混合、能效分别为67.6 lm/W的外光提取EES-OLED和111.7 lm/W的内光提取IES-OLED白光照明器件，颜色坐标及显色指数符合能源之星（EnergyStar）标准，性能指标目前远超全球同类器件。

5.2 OLED产业关键材料与设备发展状况

OLED产业涉及的主要原材料，包括玻璃或塑料基板、有机材料、湿化学品、特种气体、金属靶材、封装材料、偏光片、驱动IC等；关键设备包括PECVD、SPUTTER、曝光、显影、蚀刻、结晶化、离子注入、蒸镀、封装等；此外，光刻和蒸镀用掩模板也是OLED产业非常重要的配套零组件。从全球来看，目前OLED产业的上游配套已比较完善，参与的企业众多，但所需的核心材料和关键设备大多数掌握在日本、韩国、美国、欧洲企业的手中，比如有机发光材料、玻璃基板、封装材料等由日本、美国和欧洲企业所垄断，曝光机、蚀刻机、结晶化炉、真空镀膜机等关键设备则被日本、美国和韩国企业牢牢掌握；我国企业在OLED上游产业链虽然有一定的布局，但是，还没有掌握核心性的技术，本地化配套能力较弱，我国OLED产业链建设尚有待于完善，具有极大的市场成长空间。

5.2.1 国外OLED关键材料与设备发展状况

5.2.1.1 国外OLED关键材料与设备发展概况

OLED面板产业的发展，与OLED上游原材料和设备的发展互相促进、互相制约。一方面，OLED技术的发展和产业化将拉动对原材料和设备的市场需求，促进材料技术和设备技术的发展，降低关键材料和设备的价格；另一方面，新材料和新设备的开发以及随着材料和设备价格的下降，又可以促进OLED面板性能的提升和成本的降低，从而推动OLED面板的商业化发展。但是，目前材料和设备还有很大的发展空间，致使OLED技术商业化应用的成本仍然过高，性能也与预期有较大差异；反过来，受制于OLED面板的产业化进程，关键材料和设备的市场规模还不大，加上OLED技术现在尚未完全定型，各种技术路线均对材料和设备提出不同的要求，这种OLED产业化路线的多样性，也要求关键材料和设备的研发同样要多方向发展，这在一定程度上加大了材料和设备的商业化难度。比如，有机发光材料决定了OLED产品的制造技术，而有机发光材料分为小分子和聚合物，两者对关键设备的要求不尽相同；再如，LTPS和氧化物两种主要TFT技术所需设备以及原材料包括对OLED后端制备工艺的影响也各有不同；再如，薄膜封装、Frit封装等，何种封装技术能成为主流尚不得而知，而不同封装技术所需设备以及原材料也不相同。尽管如此，由于OLED作为新一代显示技术，在巨大的市场前景的吸引下，全球众多知名的材料企业及设备企业均会持续不断地加大研发投入。因此，无论是关键原材料还是关键设备，近年均取得了快速的发展，并已在全球形成了庞大的、完整的上游供应链。

从国别来说，日本在OLED关键材料和设备等配套方面，占有绝对的领先地位。日本企业长期投入OLED技术及产业化的研发，在关键材料和设备上掌握着大量核心技术，配套能力全球一流。利用在OLED领域关键材料和设备方面的绝对领先地位，日本已经成为OLED产业最主要的关键材料和关键设备供应国，比如住友化学是全球知名的有机发光材料供应商，旭硝子是全球OLED玻璃基板的主要供应商，尼康占据了OLED光刻机市场份额的90%，ULVAC在PECVD设备市场的份额接近70%，TOKKI是全球OLED蒸镀设备的主要供应商。韩国则在三星、LGD的带动和大力支持下，产业配套能力得到显著提高，目前仅次于日本。一方面三星、LGD积极采购本土企业产品，带动相关企业发展。在三星和LGD所需的有机材料中，除了红绿蓝掺杂材料之外，大多数来自本土企业。另一方面三星、LGD加强和本土企业合作，通过共同开发，建设本地供应链。其中，三星通过与国内设备企业合作，共同开发包括结晶化、蒸镀、真空物流、封装以及自动化系统等核心设备和集成技术，成功地建设了本地设备供应链，为三星成功实现AMOLED产业化奠定了坚实的基础。

5.2.1.2 国外OLED关键材料供应商

国外AMOLED关键原材料的主要供应商，如表5-2-1所示。在AMOLED主要原材料中，由于LTPS或氧化物TFT制程所需的湿化学品、特种气体、靶材等与LCD对应的TFT的制程几乎相同，因此，表中省略了与LCD TFT制程相同的有关功能材料。但是，与LCD相比，AMOLED对玻璃基板的要求更为严格，碱金属离子含量、扭曲度、电阻率、化学稳定性和工作温度的要求都提高了一个台阶。

目前，AMOLED用玻璃基板的市场基本被日本企业所垄断，旭硝子、板硝子和电气硝子是主要供应商，其中，旭硝子的市场份额最大，从2012年开始，美国康宁进军这一领域。下表中OLED特有的材料，HIL、HTL、EIL和ETL为功能层材料，也被称为常规材料，红、绿、蓝各主体及掺杂材料为发光材料，又被称为RGB材料，这些材料与AMOLED的发光性能密切相关，其中，RGB材料的进入门槛要远高于常规材料。虽然有机发光材料的基础专利早期主要掌握在美欧企业，比如小分子材料的基础专利为美国柯达公司拥有，聚合物（高分子）材料的基础专利为CDT和美国杜邦公司拥有，但是，日本企业依靠强大的工业基础，迅速掌握了材料核心技术并在材料的产业化研发方面跻身全球先进行列。此外，为加速关键材料的研发和商业化进程，部分企业还加大了整合力度，比如美国

表5-2-1 AMOLED关键原材料的主要供应商

材料种类	主要供应商
玻璃基板	美国: Corning; 日本: AGC, NSG, NEG, Geomatech, Kuramoto;
HIL 空穴注入材料	韩国: Duksan Hi-Metal, LG Chem; 日本: Hodogaya, Idemitsu Kosan, NSC; 德国: Merck, Novaled; 美国: Kodak, DuPont;
HTL 空穴传输材料	韩国: Duksan Hi-Metal, Cheil Industries, Doosan Electronics, LG Chem; 日本: Hodogaya, Idemitsu Kosan, NSC, Toyo Ink: 德国: Merck, Novaled; 美国: Kodak, DuPont;
EIL 电子注入材料	韩国: LG Chem, Cheil Industries; 日本: Idemitsu Kosan, NSC, Toray; 德国: Merck, Novaled; 美国: Dow Chemical, DuPont;
ETL 电子传输材料	韩国: LG Chem, Cheil Industries; 日本: Idemitsu Kosan, NSC, Toray, Toyo Ink; 德国: Merck, Novaled; 美国: Dow Chemical, DuPont;
Red Dopant 红色掺杂材料	日本: Idemitsu Kosan, Mitsubishi Chemical, Toyo Ink, Toray, NSC; 美国: Dow Chemical (Gracel), Kodak, DuPont, UDC; 德国: Merck, Novaled;
Red Host 红色主体材料	日本: Idemitsu Kosan, Mitsubishi Chemical, Toyo Ink, Toray, NSC; 美国: Dow Chemical (Gracel), Kodak, DuPont, UDC; 德国: Merck, Novaled;
Green Dopant 绿色掺杂	韩国: Doosan Electronics, Duksan Hi-Metal; 日本: Idemitsu Kosan, Toyo Ink, NSC; 美国: Kodak, UDC; 德国: Merck, Novaled;
Green Host 绿色主体材料	韩国: Doosan Electronics, Duksan Hi-Metal; 日本: Idemitsu Kosan, Toyo Ink, NSC; 美国: Kodak, UDC; 德国: Merck, Novaled;
Blue Dopant 蓝色掺杂材料	韩国: SFC, Dongwoo Fine-Chem, Daejoo EM; 日本: Idemitsu Kosan, Toray, Hodogaya; 美国: Kodak, UDC; 德国: Merck, Novaled;
Blue Host 蓝色主体材料	韩国: SFC, Dongwoo Fine-Chem, Daejoo EM; 日本: Idemitsu Kosan, Toray, Hodogaya; 美国: Kodak, UDC; 德国: Merck, Novaled;
Dessicant 干燥剂	意大利: Saes Getters; 日本: Dynic; 美国: Gore-tex;
Sealants 封装胶	日本: NSG, Nagase, Kyoritsu; 韩国: Nanonix;
Shadow Mask 金属掩模板	日本: DNP, Mitani; 韩国: Ambistencils

UDC公司在2012年与印刷电子制造商Plextronics签订了一项为期三年的合作协议，UDC还与日本富士公司达成专利转让协议，收购了富士公司超过1200项与OLED相关的专利。因此，通过众多材料厂商的努力，目前AMOLED关键材料虽然主要由欧美日韩掌控，但已实现了供应商的多元化。

在这些AMOLED主要材料供应商中，SMD已经和其中的韩国材料供应商紧密合作，建立起了自己完整的供应链。其中，除了红绿蓝掺杂材料外，大多数其他有机材料均来自韩国本土企业，包括Duksan Hi-Metal、LG Chemical、Doosan Electronics、Samsung Fine Chemical和Gracell（被Dow Chemical收购）等公司，其中Duksan Hi-Metal大约占SMD有机材料份额的30%；韩国国外有机材料供应商包括Idemitsu Kosan、Hodogaya Chemical、Universal Display Corp（UDC）、Kodak、Merck、Toray、Novaled等，其中，UDC和Novaled是海外主要供应商。SMD和LGD的有机功能材料的供应商，如图5-2-1所示。

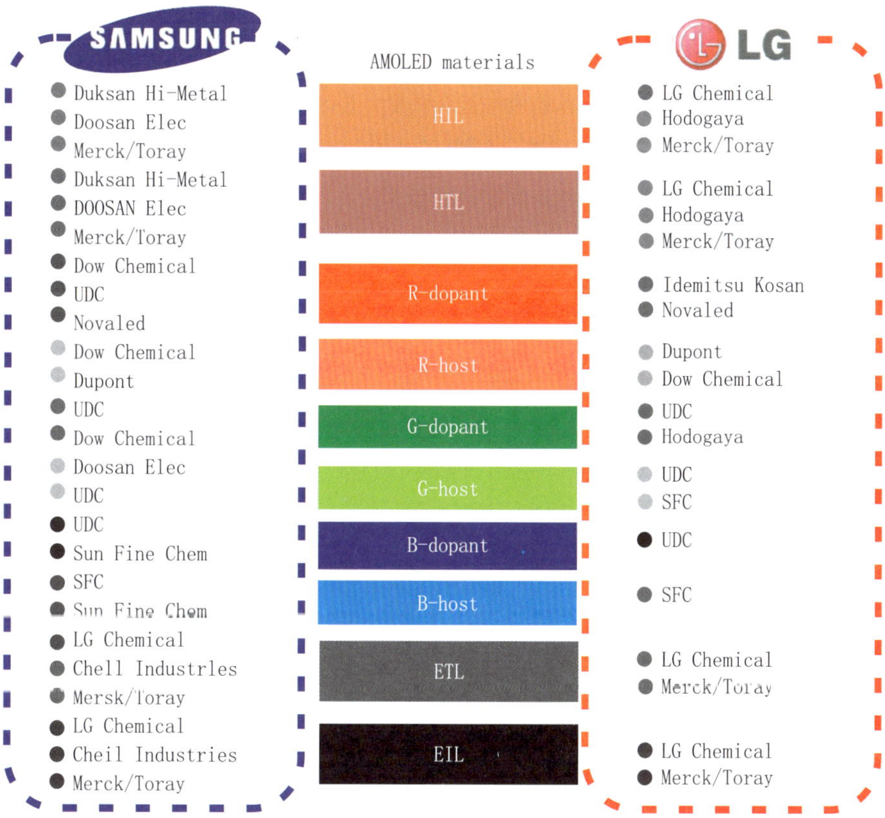

图5-2-1 SMD和LGD的有机材料供应商

5.2.1.3 国外OLED关键设备供应商

国外AMOLED关键设备的主要供应商，如表5-2-2所示。在这些设备中，竞争最激烈的、对AMOLED最关键、附加值最高的设备是真空蒸镀设备，不管是韩国的（SNU，SFA等）还是日本的

（Tokki，ULVAC等）设备制造商都在比拼。目前通过三星与包括他的主要合作伙伴在内的许多公司所展开的合作，曾经必须依赖独家供应商（Tokki，已被日本佳能收购）来提供蒸镀设备的瓶颈问题和垄断局面已被打破。由下表可见，AMOLED关键设备虽也已实现了供应商的多元化，但是，仍然几乎被日本和韩国垄断。

Nikon：在众多日本设备制造商中，Nikon（尼康）凭借在半导体光刻设备市场的统治地位，有着最强的竞争力介入AMOLED领域。对于4.5代AMOLED以下生产线使用的小型、高分辨率曝光机，尼康是众多供应商中的领头羊，占据超过90%的市场。Nikon的透镜阵列系统的分辨率比尼康以反射镜为基础的系统更高，这使尼康在5.5代甚至8代AMOLED生产线设备市场继续占据大量份额。

Canon：占据了LCD光刻设备市场超过一半的份额，其设备在第5代和第6代LCD生产线中表现相对较好，但是，在更高世代线，设备的效率逐渐降低。Canon（佳能）100%收购了Tokki，该公司是迄今为止OLED真空蒸镀设备的统治者；佳能还掌控了Anelva公司，这是生产平板显示行业的PECVD和溅射设备的企业；此外，佳能在喷墨打印技术方面同样在国际上技术领先，有望在未来采用该技术的大尺寸或柔性AMOLED生产设备中占据优势地位。

ULVAC：在平板显示器的PECVD设备领域处于统治地位，占据了大约70%的市场，同时ULVAC也是OLED真空蒸镀设备的主要供应商之一，正在研发满足5.5代生产线或更大尺寸的全尺寸OLED蒸镀设备。此外，ULVAC还拥有Litrex公司，研发用于生产大尺寸AMOLED的精确喷墨打印机。

SNU：是韩国首尔国立大学的附属企业，2009年，该公司通过接管OLED蒸镀设备制造商ANS进入OLED设备领域，目前其OLED蒸镀设备的客户只限于台湾地区和中国大陆。作为国家研发项目的一部分，SNU一直致力于全尺寸5.5代蒸镀及封装设备的研发，其中封装采用薄膜封装（TFE）技术，为多层沉积的方式，SMD已经对这些设备进行了测试而且准备导入。

AP System：由ETRI（韩国政府建立的最大的研究机构）的一个研究院，创立于1994年，它一开始是半导体控制软件提供商，但是，很快转移到设备的生产。它的第一个产品是快速热处理（RTP，在晶片上形成氧化硅层），之后研发了激光热处理（LTP）。激光领域的研究和经验推动其在2006年为三星开发了第一台LTPS ELA设备，但是，该设备由于三星的谨慎、保守并没有商业化。后来，SMD在4.5代AMOLED量产线的第二期投资中，采用AP System的设备取代了日本的ELA和封装设备，且AP System是SMD第一条5.5代AMOLED生产线的唯一的ELA提供商。AP System的ELA激光的扫描线长为720 mm，两步就能完成5.5代玻璃基板的热处理，并且能够3步完成8代玻璃基板的处理。AP system认为，他们的ELA与日本JSW的ELA相比，最主要的优点是提供相同的功能时还能够有更低的价格，即质优价廉。

Jusung Engineering：除了OLED蒸镀设备以外，利用它在PECVD领域的专业知识，Jusung决定将重点放在OLED薄膜封装设备的研发，由于Jusung被禁止和三星有任何商业合作，因此Jusung与Avaci、YAS共同参与LGD的AMOLED项目，并从LGD获得封装设备的订单。

表5-2-2 AMOLED关键设备的主要供应商

工序	子工序	设备名称	主要供应商
TFT	Cleaning 清洗	Cleaner 清洗机	日本：Hitachi High-Technologies, STI, Kaijo, DNS Electronics, Shibaura Mechatronics; 韩国: DMS, KC Tech, SEMES;
	Deposition 薄膜沉积	PECVD	日本: ULVAC, Tokyo Electron； 韩国: Jusung Engineering, SFA Engineering; 美国: AKT;
		Sputter 溅射机	日本: ULVAC, Tokyo Electron, Canon Anelva; 韩国: Avaco, SFA; 美国: AKT;
	Crystallization 结晶化	ELA 激光结晶炉	日本: Japan Steel Works; 韩国: AP Systems, Dukin;
		MIC 金属诱导结晶炉	韩国: Tera Semicon;
	Lithography 光刻	PR coater 涂布机	日本：Tokyo Electron, Tokyo Ohka Kogyo, Toray Engineering, DNS Electronics: 韩国: DMS, KC Tech, Semes;
		Stepper 曝光机	日本: Canon, Nikon;
		Developer 显影机	日本：Tokyo Electron, DNS Electronics, STI, Shibaura Mechatronics, Hitachi High-Technologies; 韩国：DMS, KC Tech, Semes;
		Dry etcher 十刻机	日本：ULVAC, Tokyo Electron, DNS Electronics; 韩国：Wonik IPS, LIG ADP;
		Wet etcher 湿蚀刻机	日本：Shibaura Mechatronics, STI、Kaijo, Hitachi High-Technologies, DNS Electronics: 韩国: DMS, KC Tech, SFA, Semes;
		PR Stripper 脱膜机	日本：Shibaura Mechatronics, DNS Electronics, STI, Tokyo Electron; 韩国: DMS, KC Tech, Semes;
OLED	Evaporation 蒸镀	Evaporator 蒸镀机	日本：ULVAC, Hitachi High-Technologies, Tokki (Canon); 韩国：SFA, SNU, Sunic System (Dong A Eltek), LIG ADP, Avaco, Wonik IPS, Jusung Engineering;
	Encapsulation 封装	Encapsulator 封装机	日本：ULVAC, Hitachi High-Technologies, Tokki (Canon); 韩国：SFA, SNU, Sunic System (Dong A Eltek), LIG ADP, Avaco, Wonik IPS, AP Systems, Jusung Engineering

Avaco：名字来源于“先进的真空技术公司”，其主要业务是为LGD的LCD生产线提供溅射设备，之后，扩展到AMOLED蒸镀和封装设备以及与AMOLED生产线相关的自动化物流和后端（偏光片贴附）设备。Avaco在封装设备方面技术十分顶尖，是采用玻璃封装，同时也开发薄膜封装设备。

DMS：是全球最大的湿法工艺设备制造商（清洗机、湿蚀刻机、脱膜机等），约占全球市场份额的40%，此外，DMS也提供用于半导体行业的干式蚀刻机和太阳能光伏设备。HDC（清洗机）用于平板显示行业的TFT基板制作过程，由于AMOLED的基板相比传统LCD基板需要更多的光刻步骤（大约6~9步），因此HDC在AMOLED产业中的需求也会相应的增加。DMS在2010年就已经为SMD的5.5代AMOLED量产线的一期工程提供了HDC，但是，与大多数业务主要依赖于某一面板制造商的韩国其它设备制造商不同，DMS能够出售HDC给几乎所有的面板制造商，包括LGD、三星、CMI、AUO、CPT以及中国大陆企业等。

SMD和LGD的AMOLED关键设备供应商，如图5-2-2所示。产业初期，SMD的4.5代AMOLED生产线的关键设备供应商大多都是日本厂家——Tokki、Japan Steel Works（JSW）、Daifuku等。值得一提的是，AP Systems是第一家为SMD的第5.5代生产线提供ELA设备和玻璃封装设备的韩国企业。

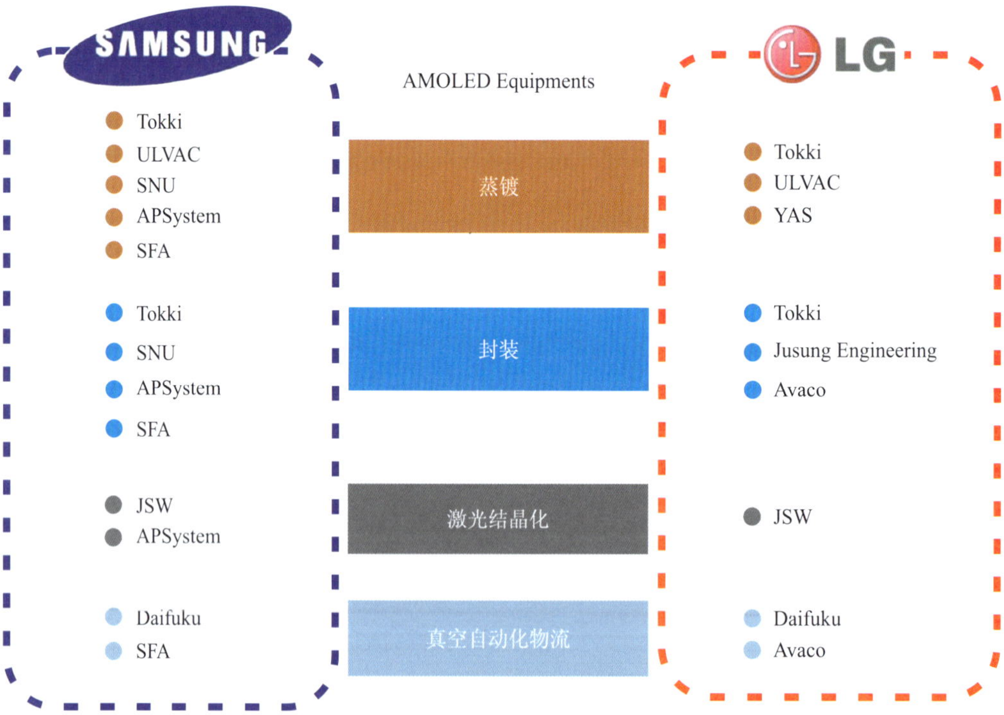

图5-2-2 SMD和LGD的AMOLED关键设备的供应商

5.2.1.4 SMD和LGD掌控上游产业链的模式

为了牢牢地将技术掌握在自己的手里，并达到技术封锁从而获取高额利润的目的，掌控上游产业链是面板企业的惯用手法。处于行业技术领先的SMD和LGD，均采用了更多地与国内的供应商通过签订共同发展产品的排外合约，以禁止其供应商与其他面板厂商来往。在这样的环境下，客观上推动了更多的供应商在材料或设备技术上的加速发展，使OLED全球供应链更趋壮大，也使韩国OLED供应链相比LCD供应链具有更高的本土化特点，减少了对日本企业的依赖。SMD和LGD为了筑造自己有效的堡垒来对付竞争者而采取的控制供应链的模式主要有三种，分别是建立合资企业、控股供应商和联合开发，表5-2-3是部分与SMD和LGD以不同模式合作的供应商。

表5-2-3 SMD和LGD以不同模式合作的供应商

合作模式	SMD	LGD
合资	Ube Kosan：柔性 OLED 塑料基板 PI 材料 Novaleds：蓝色发光材料 p-i-n 材料 Sun Fine Chemical：蓝色发光材料 UDC：绿色发光材料的基础专利 Corning: AMOLED 玻璃基板	GOTL (Global OLED Technology)： Kodak OLED 专利
控股	SNU Precision：薄膜封装设备 AP Systems：激光结晶化设备 SFA Engineering：真空蒸镀设备和生产线自动化设备	YAS：蒸发源 Avaco：溅射和封装设备 LIG ADP：蚀刻设备
联合开发	ICD:蚀刻设备 Tera Semicon：金属诱导结晶化设备 Cheil Industrles: AMOLED 功能层材料 Duksan：柔性 OLED HTL 材料	Jusung Eng：封装设备 Top Eng: AMOLED 检测设备 LG Chem: OLED 材料

5.2.2 国内OLED关键材料与设备发展状况

5.2.2.1 国内OLED关键材料与设备发展概况

在OLED关键材料方面，虽然核心技术仍掌握在国外企业手中，且目前国内材料还只能满足PMOLED和部分OLED照明产品的需求，但是，国内参与的企业和科研院所很多，技术进步较快。因此，相对OLED关键设备，我国在OLED关键材料方面与国外差距较小。其中，不但在台湾地区有Nichem（彩丰）、Eray（昱镭）、Tetrahedron（晶宜）等研发和生产配套实力较强的有机材料企业，这些企业均先后作为韩国SMD、台湾铼宝、悠景、维信诺、四川虹视等面板企业的供应商提供用于量产的有机功能层材料和有机发光材料，而且在中国大陆有北京大学、华南理工大学、吉林大学、南京工业大学、清华大学、太原理工大学、武汉大学、香港大学、香港科技大学、中科院长春光机所、长春应化所和化学所、中山大学（注：本书的排序不分先后，主要按照alphabet排列）等一批长期致力于研发高效稳定的有机发光材料、拥有较强研发实力的科研院所，以及有以北京阿格蕾雅、吉林奥莱德、西安瑞联、鼎材科技等为代表的材料企业；此外，OLED玻璃基板供应商有台湾AimCore（安可）、大陆东旭集团、深圳南玻等，驱动IC供应商有台湾Himax（奇景）和香港Solomon（晶门科技）等，其中，Solomon公司是全球最主要的PMOLED驱动IC供应商。因此，我国在OLED关键材料的产业布局还比较完善，但是仍缺乏适合大规模量产的、原创性的有机功能材料与体系。

在OLED关键设备方面，中国厂商则较少，研发方向和设备品种法也较为单一，设备可靠性低，只具有生产低世代线、小尺寸的OLED生产线的后端设备和部分清洗设备的能力，而在核心设备如PECVD、结晶炉、离子注入机、干蚀刻机、蒸镀设备、封装设备等，我国企业则必须完全依赖进口。设备制造能力薄弱，也造成我国OLED整套设备的系统化技术落后，成为我国OLED产业发展的关键制约因素。

国内OLED关键材料和设备配套，已经初步形成了以面板企业为中心的区域聚集。其中，广东省以华星光电为中心，在地方政府的推动下，通过整合企业与高校资源，由东莞宏威数码、东莞彩显、中山大学和华南理工大学等单位组建了“广东省有机发光显示产业技术研究院”，以此为平台积极开展OLED关键材料和设备技术的攻关，初步形成了比较完善的OLED上游配套体系。其中，在OLED材料方面，东莞彩显有机发光科技有限公司开展了对OLED关键有机材料的合成研究，深圳南玻在ITO导电玻璃制造领域加大了研发投入，韶关西格玛研发了ITO大尺寸靶材等；在OLED设备方面，东莞宏威自主研发了OLED自动化生产设备，肇庆中导光电进行了OLED大玻璃片的高速、高精度对位设备的研制与产业化。

江苏省以维信诺为中心在昆山成立了“江苏OLED产业联盟”，由20家企业、高校和科研机构共同发起，致力于产业链相关技术和产品的研发生产与应用。

四川省以虹视公司为中心不仅成立了“四川省平板显示行业协会”旨在推动包括OLED在内的平板显示产业链的发展，而且国家发改委授牌成立了以虹视公司为主建单位、电子科技大学与苏州大学为共建单位的“OLED工艺技术国家地方联合工程实验室”，也是我国目前唯一的OLED方面的国家级实验室。该实验室现有成员单位28家，包括OLED关键原材料、设备单位以及科研院所，主要目的就是推动国内OLED产业链建设，目前以该实验室为研发合作平台，已经实现了国内玻璃基板、湿化学品、有机材料、特种气体、部分湿处理设备等的应用测试并开始导入量产。

5.2.2.2 国内OLED关键材料与设备供应商

国内部分OLED材料和设备企业的发展情况，介绍如下：

北京阿格蕾雅科技发展有限公司：该企业主要致力于新型有机发光材料的研发及应用，2012年设计合成OLED新材料9种，提供给公司进行产业推广的新材料达6种，目前已完成近百余种OLED材料的研发，实现具有量产能力的OLED材料达40种以上，已具备年产五十吨中间体的生产能力。阿格蕾雅积累了可持续性较强的后继研发能力，目前已形成关键技术超过40项，包括三项OLED材料中间体新合成和纯化工艺等，申请发明专利26项，授权10项，其中PCT 15项，进入巴黎公约10项。

吉林奥莱德光电材料股份有限公司：该企业专门从事OLED有机材料的研发、生产、销售和服务，拥有国家立项支持的有机发光材料产业化基地，在OLED主体材料、掺杂材料、空穴传输材料、电子传输材料方面均有自主知识产权。奥莱德已通过ISO9001质量管理体系认证和ISO14001环境管理体系认证，其产品已批量供货韩国企业并通过日本企业的测试，在国内外具有较高的知名度和影响力。

西安瑞联近代电子材料有限公司：该企业是科技主导型、集科、工、贸为一体的有限责任公司，主要经营液晶材料、OLED材料、光固化高分子材料、光记录材料等。2012年开发出OLED空穴注入材料、蓝色荧光材料、红色磷光材料，已完成一类宽能隙主体材料、两类空穴传输材料和三类电子传输材料等OLED新材料的设计与合成，公司有一条用于材料测试的200 mm × 200 mm OLED研发蒸镀线，并配套有黄光部分。

东莞宏威数码机械有限公司：该公司主要从事光盘设备、真空设备、有机发光显示和薄膜太阳能电池成套生产设备的研发、制造和销售。2012年宏威已完成大尺寸溅射设备和PECVD沉积设备的研制，解决了大尺寸玻璃变形及对位精度问题。宏威通过对绝缘层、有源层和器件工艺的深入研究及改进，掌握了较完整的氧化物TFT生产工艺，并用其开发的设备研制出国内先进的顶栅结构器件，开关比大于10^9、亚阈值摆幅0.2 V左右、关态电流小于10^{-12} A，迁移率达30 cm^2/vs。

深圳清溢光电股份有限公司：该企业是集研究、设计、生产、销售于一体，专业制作掩膜板的企业，公司产品主要应用于LCD、OLED等平板显示行业及0.35 μm以上集成电路行业和印制线路板行业等。清溢作为国内唯一的OLED用光掩膜板产品的研发与生产厂家，已拥有该类产品的自主知识产权和核心技术，4.5代AMOLED用光掩膜板已达到小批量生产水平，目前已进入5.5代AMOLED用光掩膜板的研发阶段。

昆山允升吉光电科技有限公司：该企业专门从事高精密金属掩模板的研发和生产，是国家科技部在新材料领域掩膜版研究方面的重点支持企业。允升吉除了完成金属掩膜版的高精密蚀刻工艺研究外，利用电铸工艺制作出铁含量达到64%的镍铁合金，研制出电铸INVAR合金；利用电铸加电铸混合工艺，完成了12寸AMOLED 金属掩模板的研发；并且，完成了高精密掩膜版测量装配系统的升级；研制出31英寸AMOLED金属掩膜版。允升吉开发的OLED用金属掩膜板填补了国内空白，公司拥有多项发明专利，具有完全独立自主的知识产权。

深圳路维电子有限公司：该企业主要从事平板显示、线路板和半导体集成电路封装等各类掩膜板产品的专业生产、制作和销售，是中国目前主要的平板显示及半导体行业光掩膜板产品本土化制造商之一。路维电子的掩膜板精度目前已达到0.5 μm以下，生产规格和各种保障已达国际水平；产业化建设方面，其第四条超高精度掩膜板生产线已于2012年投产，公司引进的中国唯一定制的世界最先进的德国海德堡仪器公司的VPG-1100 mm × 1100 mm激光直写光刻机，目前可满足OLED五代线、T/P（触摸屏）五代线、TFT-LCD五代线以及CF五代线等产品的掩膜板需求。

上海微电子装备有限公司（SMEE）：专业从事量产用中高端投影光刻设备的研发、制造及销售，产品可广泛应用于IC制造、先进封装、MEMS、LED、TFT等制造领域。SMEE先后承担了包括“02专项高端光刻机”等多项国家重大科技专项任务，并先后研制成功了SSB200 TFT光刻机、200 mm × 200 mm TFT光刻机、2.5代TFT光刻机和4.5代TFT光刻机等设备。

东旭集团：该集团是集光电显示、光伏、节能照明、绿色建材、装备制造等五大产业为一体，业务涵盖设备制造、产品生产、科研开发、产业投资和新能源开发应用的大型企业集团。于2012年取得成熟的三个系列的OLED玻璃料方，其中1#系列玻璃料方已成功投产并应用于AMOLED产线。

北京华大九天软件有限公司：该企业是由中国华大集成电路设计集团有限公司与国投高科技投资有限公司共同投资设立，专门从事EDA软件开发和服务。华大九天继承了熊猫EDA系统—九天系列工具软件二十多年的技术、产品、团队、市场积累，并基于窄边框显示屏的需求开发了先进布线技术和多项高效版图设计功能，目前该功能已应用于面板设计中。

5.3 全球OLED产业发展趋势

关于OLED产业的发展趋势，分为几个层面，首先是OLED产业本身有没有发展前景，也就是产业生死的问题，这是最基本的、本质性的问题，例如以前业界对PDP产业的争论。只有这个问题得到肯定回答后，方可讨论OLED产业相关产品未来如何发展以及OLED产业关键技术未来的发展趋势。

5.3.1 全球OLED产业前景分析

谈到OLED产业的发展前景，就必须提到LCD，目前有两种截然相反的观点。一是认为OLED将取代LCD，二是认为LCD已经足够好，OLED没有发展的必要性，因此没有前途。我们认为，前者太乐观，后者又过于悲观。更为客观的看法是，OLED将动摇LCD目前的市场主导地位，且在相当长的时期内，将出现两种显示技术共享市场的局面，而在柔性显示等特种应用领域，OLED将凭借其独特的优势占据垄断地位。OLED应用领域及其市场趋势，将在本专著的第六章介绍。从整个显示技术的发展史来看，第一代是以CRT为代表的真空显示器件，第二代是以LCD为代表的平板显示器件，第三代将是以OLED为代表的柔性显示器件，因此，OLED必将在显示产业中占有重要的一席。但是，也必须看到，近十年间，LCD无论从画质、功耗、轻薄还是成本上均取得了长足的进步，已经达到了市场乐于接受的水平，并且已经形成一般市场的消费“习惯”。因此，如果没有一种能够全面超越的技术，LCD就难以被取代。而另一方面，LCD从液晶技术的TN型发展到所谓广视角的软屏、采用FFS或IPS的硬屏，从TFT技术的非晶硅发展到低温多晶硅或氧化物TFT，从背光技术的CCFL发展到侧入式、直下式、Full式的LED背光，虽然LCD取得了全面的技术进步，但所有这些技术努力所追求的目标无不是使LCD向具有广视角、真彩色、低功耗、轻薄的性能方面发展。然而，LCD通过努力所追求的这些性能目标正是OLED固有的优点，而且OLED的性能优势远不止于这些，尤其OLED还具有柔性显示、透明显示、工业级温度范围及照明应用四大独特的优势。虽然目前推向市场的OLED显示屏的实际表现，仅在色彩、对比度、响应速度、视角、轻薄等部分性能指标上优于LCD，没有表现出令人震撼的优势，成本也高于LCD，市场份额与LCD相比更是微不足道。但是，我们需要知道，LCD产业经过几十年的发展目前已经非常成熟，而OLED产业则刚处于成长期，技术发展的空间还相当大，以正在成长期的OLED的现有水平与早已发展成熟的LCD进行对比是难以得出科学结论的。更何况，今天我们看到的OLED产品还仅仅是传统的显示屏，象纸张一样可卷曲折叠的终极产品形态还没有到来，OLED有别于LCD的另一独特之处，是OLED可以用于有机半导体固态照明，这个产品形态目前也未大规模进入市场。因此，就OLED拥有的先天优势而言，OLED产品目前还未表现出其应有的特质，好比仅发育到“毛毛虫”阶段，自然没有呈现出“蝴蝶”的美丽。正是基于此，与已销声匿迹的PDP产业截然相反，我们认为OLED产业不但有发展的必要，而且前景广阔。

5.3.2 全球OLED产业的产品发展趋势

在产业发展的驱使下，OLED产品未来的发展可以用图5-3-1表示，主要有三大产品领域：一是大众化显示产品领域，二是特种显示产品领域，三是照明产品领域。在不同的产品领域，OLED未来的发展方向各有侧重，需解决不同的问题。

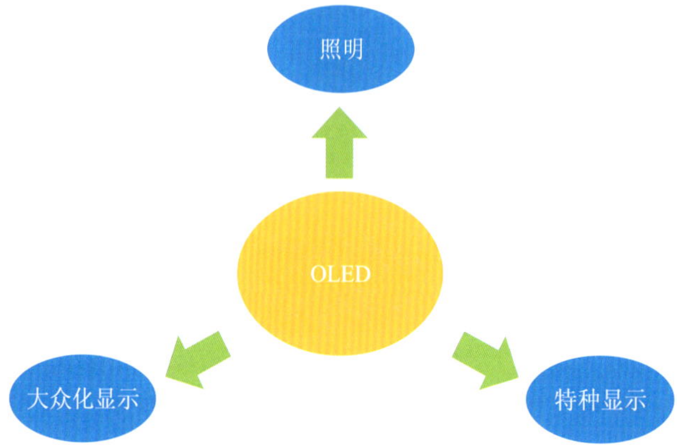

图5-3-1 OLED未来发展的三大产品领域

大众化显示产品，也就是我们日常生活中常见的显示屏类型，比如手机、平板电脑、电脑显示器、电视机所用的传统显示屏，相对柔性显示屏，也可以称之为“刚性显示屏”。作为大众化显示产品，OLED显示屏将向四个方面突破：一是向理想显示性能逼近，目前OLED显示屏的亮度、功耗、寿命、阳光下的可视性等还有很大的改善空间；二是向大尺寸产品拓展，理论上，OLED产品没有尺寸限制，甚至容易比LCD制作更大的显示屏，但目前仅上市了55英寸产品，也仅仅开发成功最大77英寸的样品；三是向高解析度产品发展，以满足智能手机等对小尺寸、高分辨率显示屏的需求，韩国SMD虽然成功量产了440 ppi的OLED显示屏，四川虹视、维信诺等也已具有开发500 ppi以上OLED显示屏的技术，但是就行业水平一般而言，量产300 ppi以上的OLED产品目前还很困难；四是努力降低OLED产品的成本，在理论上OLED比LCD制程工序少，所用材料也少，但主要由于良率的影响，加之量产规模不大，目前成本还较高。

特种显示产品领域，是OLED独特的魅力，也是第三代显示技术的特征，即将人们的日常生活带入神奇的科幻世界，发展方向有三个：一是柔性显示屏，如纸张一样轻薄、可卷曲折叠，OLED目前商用仅能做到一定幅度的曲面显示，图5-3-2是现已开发成功的部分柔性或曲面OLED产品，其中图（a）为2006年美国UDC公司开发成功并移交美国国防部试用的5英寸柔性OLED样品，图（b）为LGD 2013年发布的6英寸柔性OLED样品，图（c）为三星2013年采用5.7英寸曲面AMOLED屏的Galaxy Round智能手机；二是透明显示屏、双面显示屏，如图5-3-3所示，其中，透明显示屏在观看屏幕显示图像的同时可以透过屏幕观察外部环境，双面显示屏可以同时在屏幕正反两面显示不同的图像；三是利用OLED耐冲击、抗振动的固体器件特点和−4085℃工作温度范围的特点，开发用于航空、航天、军工等特殊应用环境的显示屏产品。

图5-3-2 柔性（曲面）OLED

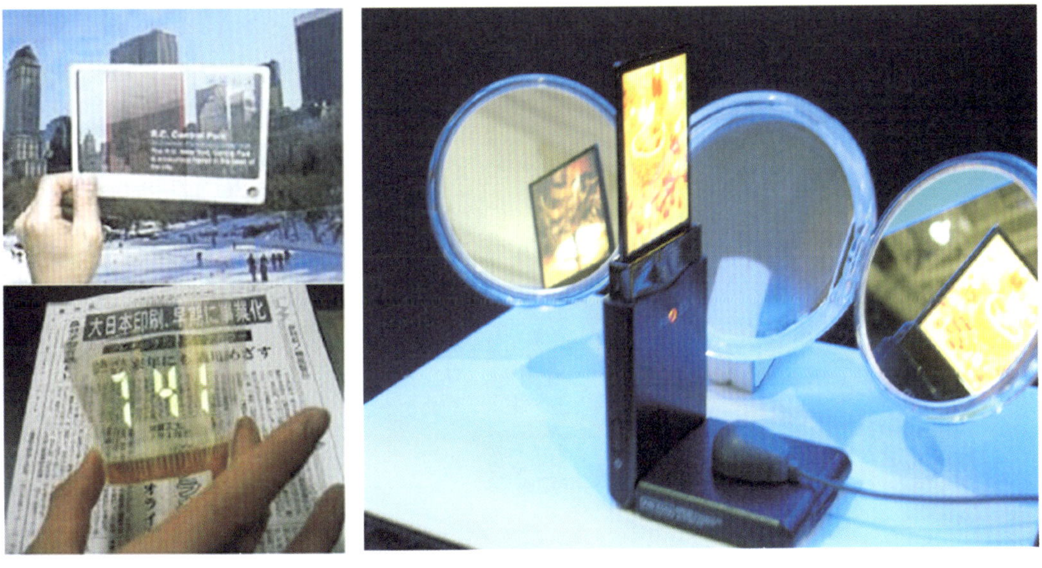

图5-3-3 OLED透明器与双面显示器

固态照明产品，是OLED另一个重要应用领域，是有机半导体在照明方面的一大应用，由于OLED器件具有面光源、高效、环保、安全、光色可调等特点，尤其结合可以制作柔性面板的特点，OLED照明的前景在许多领域将胜过基于无机半导体的LED照明。但是，当前OLED照明产品还需解决高效率、长寿命、低成本三个问题，方可与LED照明分享各具特色的应用市场。

5.3.3 全球OLED产业的技术发展趋势

前面章节分别介绍了OLED的各项关键技术，我们知道，AMOLED的关键技术目前存在多种路线，且各有优劣。但是，从产业技术的发展趋势来看，不同的关键技术路线将更趋明显地适合于不同尺寸的AMOLED，如图5-3-3所示。其中，中小尺寸AMOLED将主要采用LTPS TFT技术和RGB三基色并置（RGB-SBS）的彩色化技术及精细金属掩模板（FMM）方式的真空蒸镀成膜技术（但是，LITI等激光转印有机成膜技术也是值得期待的选项），而大尺寸AMOLED将主要采用氧化物TFT技术和“白光彩色滤光膜”（“W+CF”）的彩色化技术及真空蒸镀成膜（不需精细金属掩模板）或印刷成膜（printing）技术。各种关键技术，在未来的发展中需要进一步结合工艺、设备、材料等工艺，改善各自现有的不足。

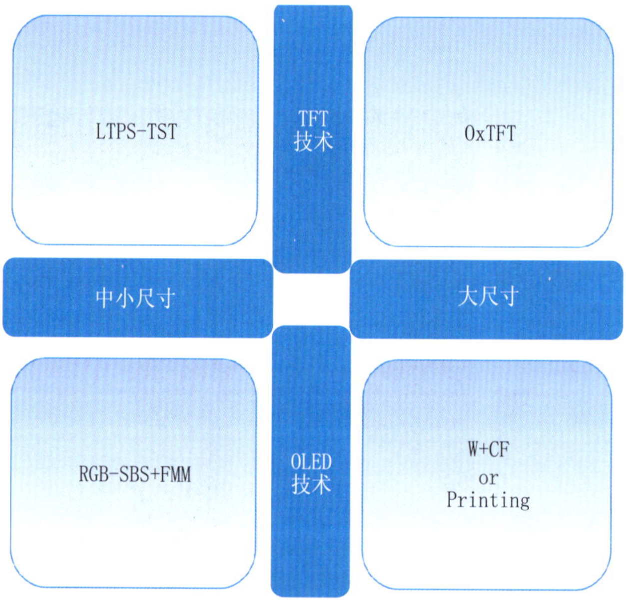

图5-3-3 不同尺寸的AMOLED与不同关键技术路线的对应图

具体而言，LTPS TFT技术，需要重点研究改善TFT均匀性、实现更高世代线的问题；氧化物TFT技术，需要重点研究改善TFT性能稳定性的问题；RGB三基色并置法，需要重点研究三基色发光材料的效率及寿命的一致性问题，主要是改善蓝色发光材料的性能；“W+CF”技术，需要重点研究提高白光OLED的效率和稳定性的问题；FMM真空蒸镀成膜技术，需要重点改善高解析度OLED的金属掩模板对位和有机材料利用率等问题；印刷成膜技术，则需要突破油墨材料、印刷设备、印刷制程工艺等瓶颈问题。

总而言之，在目前已有的各种显示技术中，OLED技术最具有综合优势，尚没有其他任何可以预见的显示技术能超越OLED，AMOLED尤其柔性AMOLED，是显示产业最具有魅力的发展方向。因此，全球OLED产业必将健康快速地发展，具有非常广阔的前景。从全球OLED产业的现状及未来OLED产品的发展领域来看，全球OLED产业的技术总体发展趋势，归结起来就是要解决目前产业化所面临的技术问题和突破与产品发展相适应的技术瓶颈，主要有以下几方面：

1. 改善生产工艺和生产设备，提高制程良率，降低成本；
2. 突破低温多晶硅、金属氧化物等TFT技术及有机成膜技术的现有瓶颈，实现高解析度和大尺寸OLED显示屏的产业化；
3. 开发新型高效有机材料，改进器件结构，提高发光效率、降低功耗；
4. 改进封装技术，改善器件的寿命和稳定性；
5. 研究柔性显示技术及OLED照明技术，实现终极产品及其应用；
6. 突破有机TFT、R2R印刷成膜等新技术和新工艺。

参考文献

[1]2013年国内FPD产业发展历程回顾. 平显时代, 2014, 01.

[2]国内AMOLED产业现状及破局之路. 平显时代, 2013, 08.

[3]国内FPD上游产业链发展现状及市场分析. 平显时代, 2013, 04.

[4]Yoon J -K, Park E -M, Son J -S, et al. SID Symposium Digest of Technical Papers 2013, 44: 326.

[5]Kaneko T, Nakajima Y, Nishiyama K, et al. SID Symposium Digest of Technical Papers 2013, 44: 693.

[6]Madigan C F, Hauf C R, Barkley L D, et al. SID Symposium Digest of Technical Papers 2014, 45: 399.

[7]Hsieh C. 3D/AMOLED: Market & Technology Trend. DisplaySearch China FPD Conference, 2011.

第6章 OLED市场现状及发展趋势

6.1 OLED应用领域

OLED应用方面，可以分为信息显示和固态照明两大应用领域，有代表性的应用产品如图6-1-1所示。在平板显示领域，在10英寸以下的中小尺寸显示屏，包括PMOLED和AMOLED，可广泛用于MP3、MP4、手机副屏、体温计等医疗和工业用仪器仪表、智能手表等穿戴式产品以及智能手机、平板电脑、数码相机等各种个人移动产品上。目前，这方面的应用已经非常成熟，尤其以三星Galaxy系列为代表采用AMOLED显示屏的智能手机和平板电脑已经得到普及，其市场占有率已超过苹果系列产品。OLED的应用迅速扩展到了HTC、诺基亚、联想、华为等各大品牌。

在10英寸以上的中大尺寸显示屏方面，AMOLED可用于笔记本电脑、电脑显示器和电视机等；虽然AMOLED目前暂未在笔记本电脑和电脑显示器上商业化，但是，随着LGD和SMD的55英寸OLED电视的上市及其65英寸、77英寸等OLED电视的成功开发，OLED在电视产品上的应用已被开启了，并引起了业内的极大关注和好评。随着大尺寸OLED良率的提升和成本的下降，可以预见，OLED在电视产品上的应用将在近5年内得到迅速推广。

图6-1-1 OLED应用领域

OLED在特种应用方面可谓呼之欲出，包括用于头盔显示器、透明显示器、双面显示器、可卷曲的柔性显示器、航空航天及军事工业等恶劣环境下的显示系统以及装饰照明、普通照明等。美国eMagin是全球生产微显示OLED最早的企业，其微显示OLED已在军民用领域得到应用，包括美国军方的单兵作战系统、战斗机飞行员的头盔显示器以及民用模拟训练、医疗、游戏娱乐等领域；OLED透明显示器和双面显示器具有相当的应用想象空间，比如用于汽车玻璃或商场橱窗等，韩国已开发出这方面的概念产品，但还尚未商业化；柔性显示器是OLED最具竞争潜力的发展方向，目前LGD和SMD均先后推出了曲面OLED，但曲面OLED仅仅是柔性OLED的雏形，业界正在研究可卷曲、折叠的真正的柔性显示器，相信在不久的将来即可实现商用化；由于OLED属于固体器件，耐冲击、抗振动，且具有超宽的工作温度范围，因此OLED很适合用于航空航天及军事工业等恶劣环境下的显示系统，包括车载、舰载、机载、单兵作战显示系统及航空航天显示装备等。

在固态照明领域，OLED照明与LED照明同属于半导体照明，但是OLED照明具有面光源、不需导光板、颜色可调、没有紫外线辐射、可制作柔性照明面板等特性，使OLED照明的应用更有魅力，尤其可以与书画艺术结合，制作OLED装饰照明面板。比如，根据OLED照明器件使用不受制作形状制约的有机物的特点，可以按需要自由设定照明灯具的形态，不仅可以制成与荧光灯一样的线形态，也可以制成LED的点形态，同时还可以制成与墙纸类似的面形态，实现适合周边环境的多样化设计，继而使照明利用效率变得更高。这种作为感性照明的OLED技术，其应用上的无限可能性是其他光源技术无法超越的。

总之，由于OLED突出的性能优势及可以制作全尺寸范围的显示屏的特点，OLED在显示领域可以广泛用于凡是需要信息显示的任何地方，包括柔性显示等特种领域；同时，OLED还可以用于照明领域。因此，OLED技术相比其他任何显示技术均具有更广阔的应用领域。

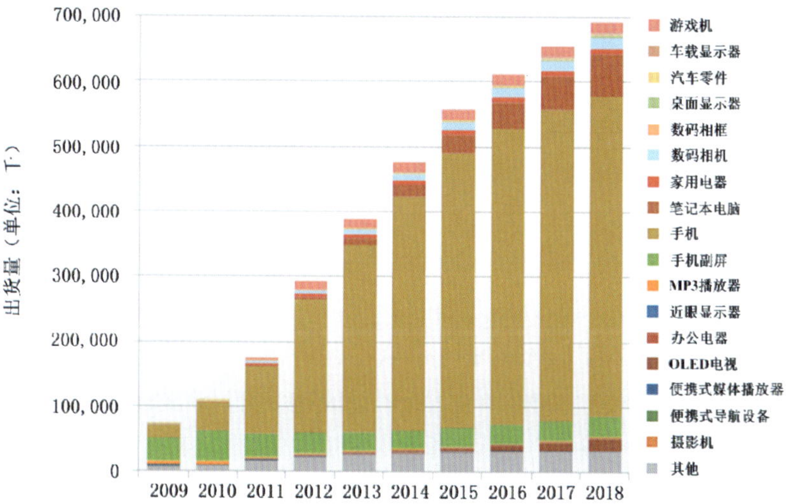

图6-1-2 OLED在各应用领域的需求分析

市场研究机构DisplaySearch对2009年至2018年OLED在各应用领域的需求分析，如图6-1-2所示。由图可见，虽然OLED有着广泛的应用，但是在所有的应用领域中，近中期最主要的市场仍在智能手机、平板电脑、电视及数码相机，其中又以智能手机应用的比重最大；采用塑料基板可弯曲、折叠的柔性AMOLED以及照明OLED，虽然在2014年达到了技术上的重要里程碑，但预计2016年以后才会成功进入应用阶段；而透明显示等其他应用领域，则需要更长的成长期。

6.2 OLED显示市场现状及发展趋势

近几年，全球多家知名市场调研机构，包括NPD Display Search、Display Bank、UBI Research、IHS iSuppli、DIGITIMS Research等均对OLED市场进行了调研分析和前景预测。虽然不同机构统计和预测的数据不尽相同，甚至可能有较大差异，但是所有调查数据反映的OLED市场变化的总体趋势都是一致的，无论是出货量还是销售金额，或者是市场占有率，均呈现高速增长的态势。因此，我们不必拘泥于某家机构或者某个具体的数据，仅以其中具有代表性的统计预测为参考，以下重点从不同角度分析OLED市场现状及其发展变化的趋势。

6.2.1 OLED显示市场的历史回顾

OLED自1997年由日本先锋公司在全球第一个商业化生产并用于汽车音响后，技术和市场均经历了波澜起伏的变化。从OLED产业市场来看，直到1999年，OLED唯一的市场仅为车载显示器（用于汽车音视设备），2000年后应用才扩展到手机，PDA（包括电子词典、手持电脑和个人通讯设备等）、相机、手持游戏机、检测仪器等，此时也迎来了OLED产业的第一轮投资热潮；然而在2005、2006年期间，由于OLED生产工艺技术上存在许多问题，致使产品的良率较低，成本过高，使得OLED产业发展受阻，有些公司开始退出OLED产业或是暂停研发进程，全球只剩下TDK、先锋电子、三星SDI、LG电子、铼宝等少数公司仍在咬牙坚持。

2007年，随着索尼上市11英寸AMOLED TV产品，同年9月，三星开始量产小尺寸AMOLED，市场又重新燃起了对OLED的希望；2008年在三星SDI与三星电子合资成立SMD以及LG集团整合LGE、LGD、LG Chemical三家公司资源并与柯达合作发展AMOLED的带动下，中国大陆、台湾地区也在OLED产业上发力，再次迎来了OLED产业的全球性投资热潮；2009年各大厂商开始将重心转向AMOLED，致使AMOLED产值首度超越PMOLED，也拉动了全球整个OLED产业的产值，据市场研究机构DisplaySearch的统计，2009年全球OLED面板出货金额达到8.3亿美元，其中，手机主屏使用的AMOLED面板产值约为5.21亿美元，约占出货总金额的63%；2012年全球OLED产业规模为68.8亿美元，同比增长78.2%。其中，AMOLED的市场规模达到65.2亿美元，同比增长85.2%，而PMOLED的市场为3.6亿美元，同比仅增长5.9%。2009年至2012年间，全球OLED显示产业的市场规模，如图6-2-1所示。在2013年，以LGD、SMD先后推出55英寸OLED电视为标志，OLED市场发展进入了蓬勃发展的历史阶段。

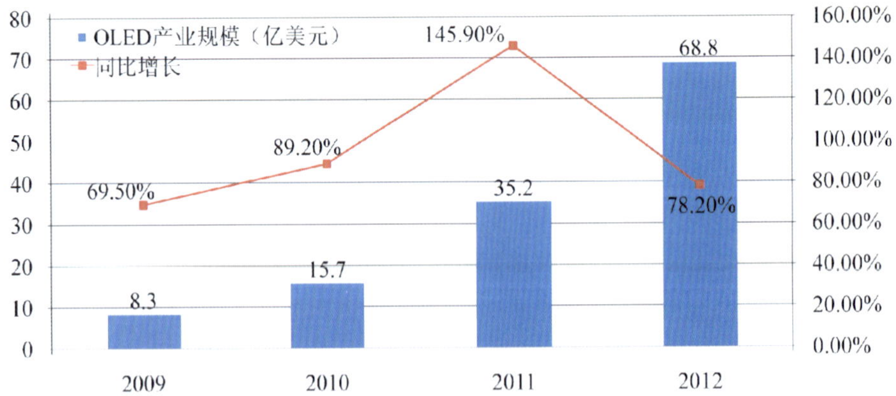

图6-2-1 2009年2012年全球OLED显示产业的市场规模

虽然自2009年OLED产业热再次兴起以来，全球OLED整个产业的市场规模在持续强劲增长，但是，其中的PMOLED由于受产品尺寸及分辨率的限制，且在该尺寸区间难以与LCD进行成本竞争，因此，PMOLED的发展空间有限，且今后几年也将基本保持在现有4亿美元左右的市场规模小幅波动，而不会有大的增长。根据DisplaySearch的市场分析，2009年~2015年期间，全球PMOLED销售收入调查及预测，如图6-2-2所示。

图6-2-2 2009年~2015年全球PMOLED销售收入调查与预测

由于AMOLED是OLED在显示领域的绝对主导者，因此，在此我们将重点分析全球AMOLED的市场现状及发展趋势。

6.2.2 AMOLED市场需求的现状及趋势

AMOLED市场需求的现状和未来发展趋势，分别从AMOLED的产值或销售收入、销售量、应用类别、面板尺寸、新的市场增长点等不同角度进行分析。根据全球多家知名市场调查机构对AMOLED市场进行的调研分析，虽然不同的机构统计和预测的数据有所差异，但是反映的总体趋势是一致的，都非常看好AMOLED的后续市场。大家一致认为，无论是出货量还是销售收入，AMOLED近几年都处于高速发展期，预计到2016年AMOLED将具备相当规模，成为整个平板显示产业的重要组成部分。因此，可以预见在不久的将来，TFT LCD所形成的市场主导地位将被AMOLED所撼动。

从AMOLED产值分析，根据市场研究机构NPD Display Search的研究报告，在所有显示技术与相关应用中，AMOLED是最具成长潜力的技术，按照目前已发布投资与生产规划分析，预估2016年AMOLED的出货面积将达到2200万平方米，相较于2012年的230万平方米成长近10倍。特别值得一提的是，随着国内京东方、上海和辉、华星光电、天马、信利、维信诺等面板企业AMOLED量产线的相继建成投产，预计从2015年开始，韩国企业独占AMOLED面板市场的局面将被打破，全球AMOLED面板供应商中将增加中国企业的名字。同时，Display Search在近期的各项研究报告中明确提到，由于受益于以智能手机为代表的便携式移动终端产品对AMOLED市场需求的刺激，AMOLED的市场表现非常抢眼，无论是产值还是销售收入都保持着高速增长态势。资料显示，2012年全球AMOLED产值约为65亿美元，2015年AMOLED面板营收将超过100亿美元，预计到2018年AMOLED产值将达到200亿美元。

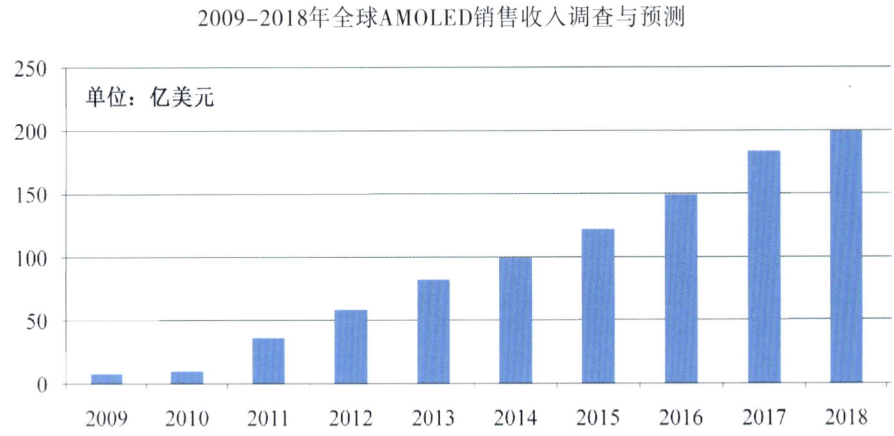

图6-2-3 2009年~2018年全球AMOLED销售收入调查与预测

在AMOLED出货量方面，市场资讯服务公司IHS最近发布了对AMOLED的市场观察和前景预测报告，如图6-2-4所示。该公司认为，AMOLED的出货量自2009年连续高增长后，从2014年增幅可能会略有下滑，但是，AMOLED的未来前景依然十分光明。2013年全球AMOLED出货量约为2.17亿片，预计2015年将达到近3亿片，到2018年全球AMOLED出货量将会达到6亿片。

图6-2-4 2013年2018年全球AMOLED出货量调查与预测

从包括LCD在内的各种显示技术所占的市场比例来看，如图6-2-5所示。虽然AMOLED目前所占比例还比较小，但是仍然为所有显示技术中市场增长最快的。根据Display Search在2013年所作的分析报告，2013年，AMOLED约占全球显示市场不到10%的比例，但是，预计到2016年将增长至超过14%，而TFT LCD虽然在未来几年仍将是市场的主流，但是其市场占比却逐渐呈现略微下降的趋势。行业内分析认为，随着AMOLED良率的提升，成本的下降，尤其是柔性和透明AMOLED的商业化，而与之相对的TFT LCD目前却已到了发展的平台期，且不适于柔性及透明等未来显示的要求，因此预计在2020年以后，TFT LCD在行业中的绝对主导地位极有可能被AMOLED所撼动。

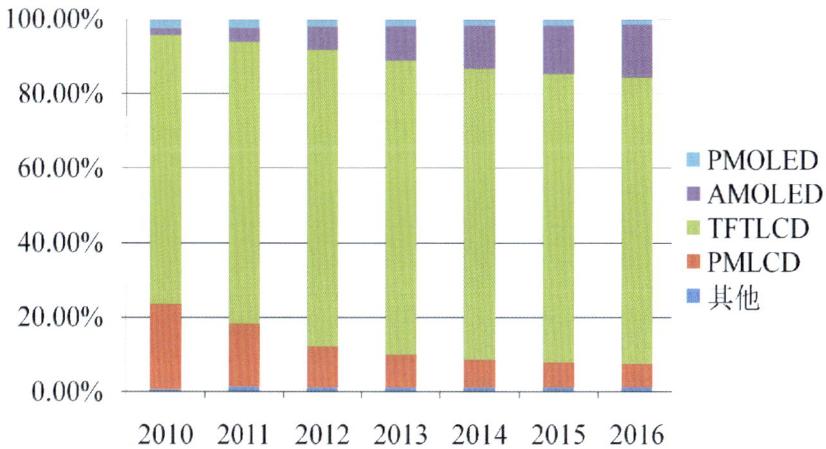

图6-2-5 全球各种显示技术所占市场份额

按照AMOLED显示屏在智能手机、平板电脑、笔记本电脑以及电视这四个主要应用类别分析，AMOLED在各类应用中所占的比例，如图6-2-6所示。由于在全球AMOLED供应商中，目前三星一家独大，三星AMOLED的出货量约占全球市场份额的95%左右，而三星AMOLED又主要用于其Galaxy系列的高端智能手机。因此，智能手机是目前AMOLED最主要应用，约占AMOLED出货量的90%以上；同时，平板电脑是AMOLED出货量排名第二的市场。但是，随着LGD大尺寸OLED电视上市规模的逐渐扩大以及台湾和中国大陆厂商AMOLED的量产和平板电脑、笔记本电脑应用需求的增加，用于智能手机的AMOLED面板所占的比例将有所下降，预计2015年用于智能手机的AMOLED面板将下降到约50%的比例，而用于平板电脑和笔记本电脑的AMOLED将分别上升到约40%和近10%。到2017年，用于笔记本电脑的AMOLED将骤增到超过20%，但是OLED电视所占的比例仍较小，只有约2%左右。也有观点认为，OLED电视所占的比例将更高，而用于笔记本电脑的AMOLED比例增长不会这么快。持这种观点的理由是LGD的OLED电视面板的良率已得到大幅提升，以其55英寸OLED电视为例，预计价格在2014年底将降到高端LCD电视的约1.3~1.5倍，加之OLED具有适合电视应用的良好性能，尤其快速响应的特点能改善目前3D电视的残像问题。因此，随着LGD 8.5代AMOLED量产线的扩能，AMOLED在电视领域的应用比例必将大大上升，有望在2018年达到整个AMOLED市场约10%的比例；而AMOLED面板在笔记本电脑的应用，除价格因素外，还面临一个技术问题，那就是笔记本电脑显示大面积白色和静态图像的概率较大，而这正是AMOLED目前的弱项，这样的画面容易导致面板灼伤而产生的图像残留和寿命下降，且功耗也较大。因此，在进一步改善显示性能之前，AMOLED在笔记本电脑的大规模应用还存在一定困难，至少不会达到很高的比例。

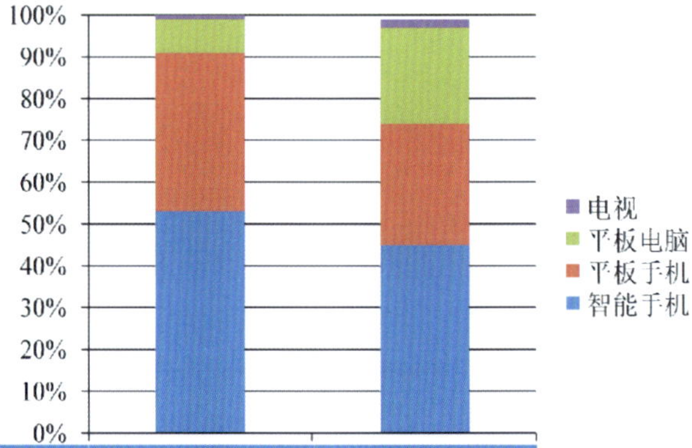

	2015年	2017年
智能手机	53%	45%
平板手机	38%	29%
平板电脑	8%	23%
电视	1%	2%

图6-2-6 AMOLED不同应用的出货比例预测

对用于智能手机和平板电脑的中小尺寸AMOLED，按尺寸区间预测的出货比例，如图6-2-7所示。随着各大品牌的手机均向大尺寸显示屏发展的趋势，用于智能手机的5~6英寸的显示屏将是AMOLED出货主流，占有中小尺寸AMOLED超过50%的市场份额；其次是4~5英寸的显示屏，约占30%的份额；此外，在中等尺寸方面，三星已推出7.7英寸AMOLED的Galaxy Tab平板电脑，加之苹果的iPad系列将平板电脑市场带入了高速发展期，虽然其目前采用的为9.7英寸的TFT LCD显示屏，但市场多次传言苹果公司正在考虑使用更具市场吸引力的AMOLED显示屏，因此7~10英寸AMOLED显示屏将成为平板电脑应用的主选市场，也将成为中等尺寸AMOLED的重要应用。预计2016年，采用AMOLED的平板电脑出货量将达到约三千万台，约占全部平板电脑市场的13%。

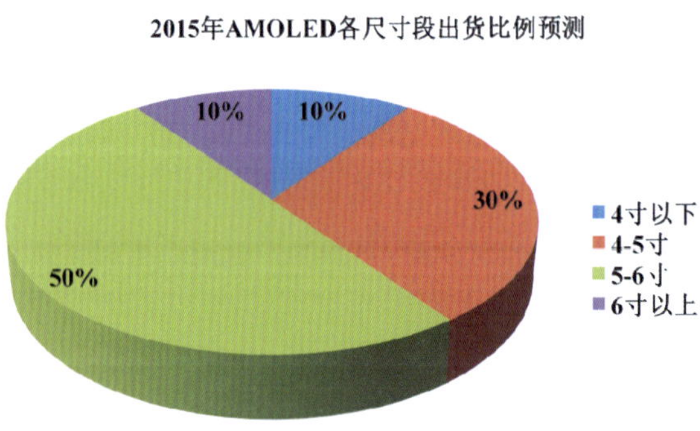

图6-2-7 AMOLED各中小尺寸区间的出货比例预测

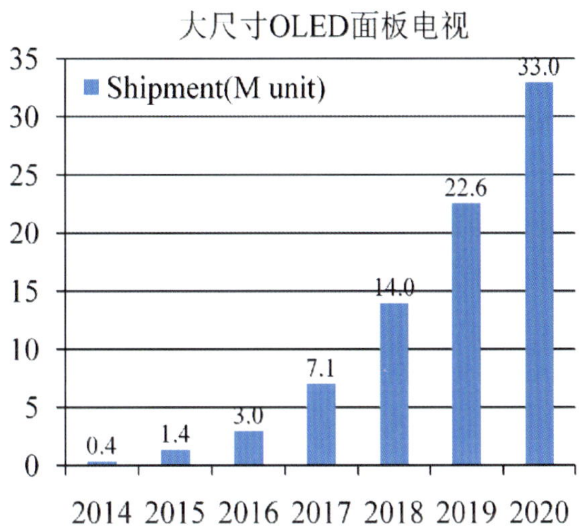

图6-2-8 OLED电视市场预测

在大尺寸OLED方面，根据市场调研机构UBI Research发布的"2014年AMOLED年度报告"，如图6-2-8所示，2013年55英寸OLED电视的产量不到1万台，但是，预计2014年曲面OLED电视的出货量将达到40万台，2016年有望达到300万台，期望2018年达到1,400万台。2014年，55英寸OLED显示屏市场比2013年激增的原因，是由于LGD的良率提高以及其将启动的M2线体生产。

AMOLED未来新的市场增长点主要有以下几方面。一是在手机应用中将AMOLED从目前的高端智能手机市场扩展到中端和入门级手机中，因为中低端手机是目前智能手机市场中增长幅度最大的领域，而目前即使是三星公司旗下的中端手机产品，包括Galaxy Ace系列在内都使用的是TFT LCD而非AMOLED，这一状态的改变将带来AMOLED市场需求的大幅增长；二是从CES 2014消费电子展上可看到，在未来的几年中，智能手表包括苹果公司最新版的iWatch等可穿戴式设备将会有爆发性的增长，而AMOLED低功耗、轻薄的特点正可以在这个应用领域找到新的市场增长契机；三是在LGD的推动下，随着8.5代AMOLED生产工艺的成熟，产品成本的下降，AMOLED有望在电视应用上迎来大幅增长；四是柔性AMOLED有着巨大的发展潜力，能创造新产品，带来新的应用，将为AMOLED市场创造又一次爆发性的增长。

无论从曲面的智能手机、手表，到采用包裹式显示屏的穿戴式设备，再到显示屏可以卷曲的平板电脑、电脑显示器、电视，还是到贴在建筑物曲面墙壁上的巨型广告屏，柔性AMOLED可以实现各种超乎想象力的激动人心的应用。因此，尽管柔性AMOLED目前的市场占有率接近于零，不过在接下来的几年时间内它将获得巨大的增长。市场调研机构也对此有比较乐观的预估，如图6-2-9所示。UBI Research分析认为，柔性AMOLED从2013年11月开始出货，LGD和SMD的出货量共约35万片，预计2014年将形成170万片的市场。但是，由于预计柔性AMOLED将用于智能手机、平板电脑和智能手表，因此，2015年以后使用量将爆发性增加，2016年将达到约3千万片，2019年将突破1亿片的规模。Display Search则指出，到2020年全球柔性AMOLED的市场规模可能上看200亿美元，从2014年到2020年期间的年复合成长率高达150%。

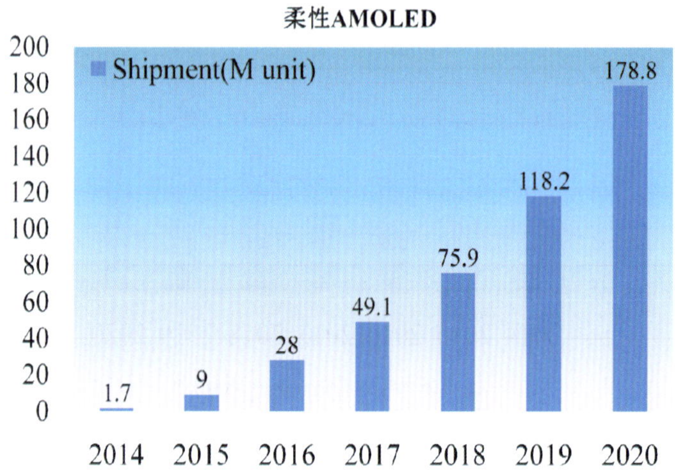

图6-2-9 柔性AMOLED的市场前景分析

从全球供应商来看，AMOLED市场在经过多年的发展中，基本形成了韩国、日本、中国（台湾地区及大陆）三分天下的格局，目前，韩国三星约以95%的市场份额处于绝对领先地位。但是韩国LGD、日本索尼、东芝、日立，台湾地区的友达、新奇美、铼宝，以及中国大陆的虹视、京东方、天马、和辉、天马、维信诺、信利等都排出了量产日程或者投资规划，未来的AMOLED在不断增加的市场需求下，以及行业其他企业的追赶跟进下，市场格局将会发生一定的变化，三星的市场占有率会逐步减小，最终打破三星一家垄断只是时间的问题。

6.2.3 AMOLED价格变化趋势

AMOLED上市初期，由于产业规模还未真正形成，设备折旧、有机材料成本以及产品良率等因素对AMOLED的成本形成较大影响，相较于同等规格的TFT LCD的价差在几倍甚至十几倍。但是，随着产业化进程的推进，面板厂商不断改进制程工艺、提高生产良率，AMOLED与同等规格的TFT LCD的价差正日趋缩小。以小尺寸来看，随着生产工艺的日臻完善和生产技术的日趋成熟，目前5英寸的AMOLED面板与类似尺寸TFT LCD面板的成本价差，已经降到1.3倍以下。IHS iSuppli公司以

5英寸显示屏为样本，对2013年至2017年AMOLED显示屏与TFT LCD显示屏的价格趋势作了预测分析，如图6-2-10所示。

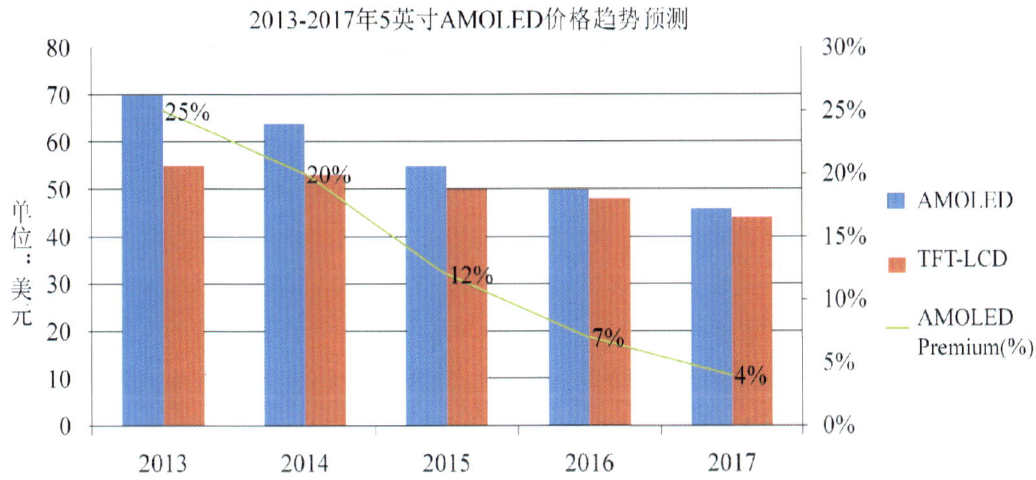

图6-2-10 AMOLED价格趋势预测

由调查数据可见，2013年手机使用的5英寸AMOLED显示屏具有集成的on-cell触控解决方案，分辨率为19201080像素，价格为70美元，与此同时，与其相当的LTPS LCD加上投射电容触控解决方案的合计价格是56美元，两者价差仅20%。在平板电脑方面，据IHS iSuppli公司的中小显示器价格追踪报告，目前平板电脑用液晶显示屏平均价格约为49美元，AMOLED平板电脑显示屏保持在100美元左右。另据Display bank分析师Jerry Kang报告，Samsung Galaxy Tab 7.7采用的7.7英寸AMOLED显示屏价格约为99.8美元，而同期苹果iPad采用的9.7英寸的Retina 液晶显示屏价格约为90美元。NPD Display Search分析师Jae-Hak Choi则认为，TFT LCD面板的成本缩减已经趋缓，而AMOLED的成本缩减才刚处于起步阶段。长期而言，随着AMOLED产业规模的扩大以及新的、改进的制程、印刷技术、更高性能的新材料等，都将逐渐降低AMOLED显示屏的成本，以达到接近或甚至低于TFT LCD的成本。

因此，AMOLED与TFT LCD之间的价差随着时间的推移正不断缩小，手机市场领域的小尺寸到2015年将只有10%~20%的价格差距，平板电脑领域的中等尺寸的价差也将缩小到50%以内。可以说，在整个中小尺寸区间，AMOLED与高端的TFT LCD显示屏很快将进入同一价格区域，这将大大增强AMOLED的市场竞争力。在大尺寸区间，LGD的55英寸OLED电视，2013年价格约6万人民币，仅仅上市不到1年的时间里，在2014年6月，因OLED屏的良品率提升到了80%，这款电视的价格下降到了约3.5万人民币，年底将再次降到2~3万人民币左右，最终OLED电视在市场中的价格将会下探到高端LCD电视的1.3~1.5倍左右，这将大幅抢占高端电视市场，使OLED或将成为高端电视市场的首选产品。

6.2.4 市场对AMOLED分辨率的需求变化趋势

随着苹果公司推出采用分辨率为1136×640、解析度（即像素密度）为326 ppi的4英寸视网膜显示屏的iPhone 5S手机以来，智能手机等个人移动产品对显示屏提出了越来越高的分辨率要求。解析度在200 ppi以上的手机显示屏在2012年以前占手机屏幕出货量的比例不到40%，但是，由于iPhone 5S在高端智能手机掀起的高分辨率风潮，2013年200 ppi以上的手机显示屏所占比例就翻了一番，预计到2016年超过300 ppi的手机显示屏将达到50%的比重，其中，400ppi以上的高端手机显示屏将超过20%。并且，随着智能手机迈入超高分辨率（Ultra HD，UHD）的时代，以后的发展趋势甚至还将超过500~600 ppi（与人眼是否真的能够分辨如此高的像素密度无关，这仅仅是所谓的“市场需求”，实际上人眼分辨不出如此高的像素密度）。而智能手机作为AMOLED显示屏最主要的应用领域，AMOLED的分辨率越来越高，解析度持续突破300 ppi、400 ppi，甚至500 ppi也将成为必然的发展趋势。然而，达到300 ppi以上的高解析度是对AMOLED现有技术的巨大挑战，必须采用PenTile RGB或QSuP RGB等新技术才能突破这一技术瓶颈，三星智能手机Galaxy S4所用的5英寸AMOLED屏就是采用PenTile RGB技术达到了440 ppi的解析度。手机面板分辨率的发展趋势，如图6-2-11所示。

2013-2017手机面板分辨率市场比重预测

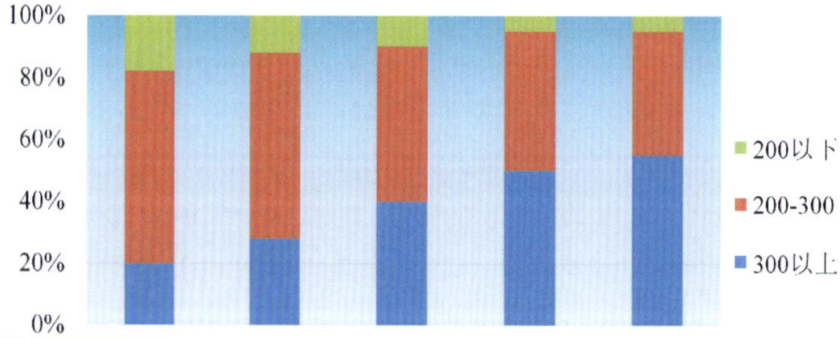

	2013	2014	2015	2016	2017
300以上	20%	28%	40%	50%	55%
200-300	62%	60%	50%	45%	40%
200以下	18%	12%	10%	5%	5%

图6-2-11 手机面板分辨率的发展趋势

不但超过300 ppi以上的解析度已成为中小尺寸AMOLED显示屏分辨率的发展方向，而且由于目前电视显示屏也向着越来越高的分辨率方向发展，从高清HD、全高清FHD发展到了目前流行的4K超高清UHD，甚至8K超高清电视显示屏也已开发成功，因此大尺寸AMOLED电视屏的分辨率也将向超高清发展。市场上，韩国LGD已先后成功推出了55英寸、65英寸、77英寸4K分辨率的AMOLED电视，日本索尼、松下也均开发成功56英寸4K分辨率的AMOLED电视样机。

综上所述，PMOLED显示屏在手机副屏、MP3、仪器仪表等领域的应用市场将基本维持在目前较小的规模而不会有大的增长空间，AMOLED显示屏已成为OLED显示市场的绝对主力军。随着韩国SMD与LGD 4.5代、5.5代AMOLED量产线的相继投产，AMOLED显示屏已大量用于以三星Galaxy系列为代表的高端智能手机，并迅速扩展到HTC、诺基亚等各大品牌及数码相机、平板电脑等应用领域，LCD近30年间形成的市场控制力正被AMOLED所撼动；随着SMD与LGD 55英寸AMOLED TV的成功上市及其8.5代AMOLED量产线的建设，以及台湾地区的友达、新奇美电和中国大陆AMOLED量产线的筹建，AMOLED在未来几年将呈现技术和市场的双重高速发展期。

在AMOLED各应用领域中，业界大多看好手机、平板电脑、电视市场，未来35年内手机市场仍将是AMOLED最主要的应用，占据超过90%以上的份额。显示屏规格方面，主流尺寸将迎合智能手机的发展，集中在4~6英寸级别，占手机AMOLED市场80%以上的比重；分辨率则向超高清方向发展，其中，中小尺寸AMOLED达300 ppi以上的高解析度将成为主流，大尺寸AMOLED达4K超高分辨率则是趋势，未来高分辨率、高解析度也将成为AMOLED与LCD竞争的一个重要因素。价格方面，AMOLED成本控制能力逐步提高，目前手机用AMOLED显示屏与同尺寸LCD显示屏价差已经由过去的几倍缩小到40%左右，行业预计这种价差将在2015年左右达到10~20%这个水平；平板电脑用AMOLED显示屏与LCD目前还有近一倍的价差，不过随着时间的推移这种差距也将快速缩小；AMOLED电视在市场中的价格也将下探到高端液晶电视的1.3~1.5倍左右。AMOLED未来新的市场增长点，除向中低端手机应用延伸和扩大电视应用领域的份额并向穿戴式产品等新兴市场扩展外，最有可能创造爆发性市场增长的则是用于可穿戴设备的柔性显示领域。

6.3 OLED照明市场现状及发展趋势

LED一般使用III-IV族无机半导体材料利用化学气相沉积法制造，如同传统半导体行业一样，其制程成本较高，难以实现大尺寸化。因此，LED只能以点光源的形式得以应用，但如今灯具的设计已经不仅仅是为了照明效果，人们越来越多的将其作为装饰产品，利用灯具造型及其光色的协调营造某种家居环境氛围，如图6-3-1所示。在室内通用照明领域，为了达到一定空间的照明亮度，LED需要很高的发光亮度，所以为了防止眩光刺眼、产生柔和的光线，LED往往必须要加装灯罩使用。不过，这样一来，LED灯具的发光效率也会随之下降。如果要利用LED制作面光源，比如作为

LCD的背光，则需要组合多个LED并搭配导光板等复杂的光学系统。除此之外，LED的发光效率会随着温度的升高而急骤下降。由于LED体积非常小，运作时产生的热量难以及时散发出去，所以必须要为LED灯具配备散热装置。基于上面几点原因，LED光源技术的优点如发光效率、轻薄性以及成本优势，在制作成灯具后会大打折扣。

图6-3-1 韩国KMW公司推出的蜻蜓、蝴蝶和海鸥造型LED路灯

同样的，OLED与LED同属固态照明，也有高发光功率效率的特点。自从1994年日本山形大学的Kido教授等发表了WOLED应用于照明领域的学术论文之后，科研界对于WOLED的研究直到今天都从未间断过。虽然当时的器件效率非常低（小于1 lm/W），却引发了WOLED的热潮。1998年，Forrest教授等开创性地将磷光发光材料应用于电致发光领域，使得器件的内量子效率突破了25%的限制，理论上内量子效率可达100%。此后，由于磷光发光材料的应用，WOLED的效率得到了井喷式的增长。2006年，Forrest教授等运用荧光/磷光混合技术，通过调控单线态和三线态激子，获得了一个新型的、高效的WOLED器件结构，实现了37.6 lm/W的功率效率。ITO薄膜和玻璃衬底的界面以及玻璃衬底和空气的界面处会发生全反射，出射到OLED器件前向外部空间的光约占有机材料薄膜电致发光总量的20%，其余约80%的光，主要以导波形式限制在有机材料薄膜、ITO薄膜和玻璃衬底中。可见，常规OLED器件的出光效率较低（约为20%），这严重制约了OLED的发展和应用。因此，提高光的提取效率，可以使器件发光功率效率得以继续提升。2008年，Nakayama等利用输出耦合技术得到了器件亮度为1000 cd/m^{2}时，功率效率为64 lm/W，寿命超过10000 h的WOLED。2009年，Leo教授等在《Nature》上报道，通过加入出光耦合层，可以进一步将p-i-n结构的器件效率提高到124 lm/W，完全达到了照明应用的要求。

6.3.1 产业发展与现状

OLED照明产品开发领域的主要厂商，包括欧司朗、飞利浦、Novaled、WAC照明、GE、Lumiotec、Kaneka、LEDON OLED、三星、LG、三菱、南京第壹有机光电有限公司和维信诺等。近年来，受到高端照明应用市场的需求刺激，全球主要OLED照明厂商已经开始加紧布局这种新一代绿色照明。大多数行业参与者已经瞄准了2016年，OLED照明真正起飞的一年。大多数公司，将集中在普通照明和建筑照明领域，这两个市场在2015年大约能达到40亿美元，而车辆照明预计将超过7.5亿美元。如果OLED能成为LCD背光源的替代技术，并能够单独生产，2015年能达到14亿美元的市场。报告指出OLED照明将进入快速增长阶段，因为其可用于一般照明、建筑照明、背光、汽车照明和一些广告标志中。

（一）亚洲

近年来，日本的OLED照明产业发展迅速，众多企业在OLED照明供应链中都已经取得了先机，Panasonic、Konica Minolta、三菱化学、Kaneka、住友化学等日本厂商，从2011年开始均已进行OLED照明灯具的研发和制造。2013年3月，日本东芝公司在东京照明技术展会上，发布了一款采用无线供电的OLED灯，由无线供电基座和若干个OLED灯单元组成。每个OLED灯单元可从基座上拆卸，而安装在基座上的单元则可发出亮光。由于没有了线材的束缚，这款灯的每一个OLED单元可随意组合，可以随意摆出各种图案，因而更具多样性，如图6-3-2（a）所示。2013年3月，日本NEC照明公司开发出了像玻璃一样透明的OLED照明面板，该OLED照明面板是边长为20 cm的正方形，光透过率约为70%，发光效率为35 lm/W，如图6-3-2（b）所示。在发光层上调整红、绿和蓝的比例，可自由改变配色。同年，NEC旗下从事照明事业的子公司NEC Lighting研发出一款效率可达156 lm/W的OLED面板。2013年初，松下出光（Panasonic Idemitsu）OLED照明推出了面向住宅用途开发的OLED照明板产品群，照明板的发光效率均为30 lm/W，亮度为3000 cd/m^2，如图6-3-2（c）所示。NEC此次所研发的产品为边长仅2 mm的四方形面板，之后计划于3–4年内将产品尺寸扩大。2013年1月，松下与索尼于CES 2013上推出AMOLED电视，松下的4K AMOLED电视使用图像打印方法，相反地，索尼使用蒸镀技术在其顶发射RGB OLED结构中沉积有机材料。索尼的顶发射技术优化了白光OLED结构，有助于实现更好的光输出、色纯度和发光效率。索尼发表全球最大的

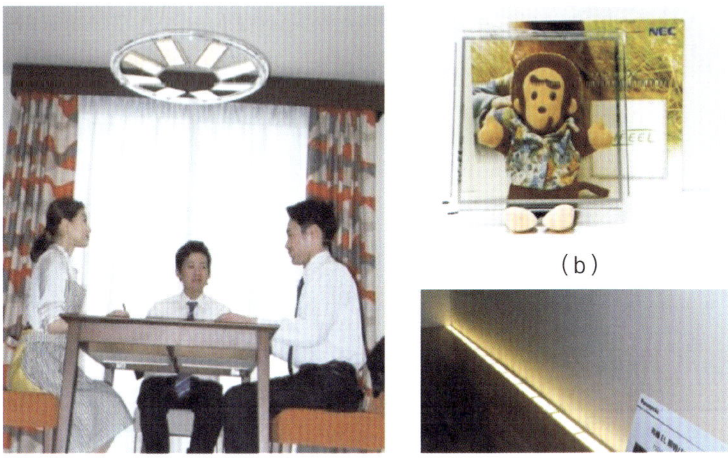

（a）　（b）　（c）

图6-3-2（a）东芝无线供电OLED；（b）NEC透明OLED照明面板；（c）松下出光OLED照明板

56寸OLED显示屏原型，白光OLED采用的是真空蒸镀与印刷相结合的制作工艺。

韩国三星和LG两大巨头具有非常强大的OLED技术实力，尤其是三星一直在OLED领域中占据霸主地位，三星和LG雄心勃勃的OLED照明计划。韩国三星移动显示器和LG化学在2009年10月于太平洋横滨会展中心举办的“FPD International 2009/Green Device 2009”上，展示了OLED照明试制品在家庭环境中使用的情形，其特点是显色指数高达85–90。随后，以LG化学为首的多家企业，推出了80 lm/W以上能效或透明的OLED照明产品。2012年，三星与LG都推出了自己的55英寸AMOLED电视，但是，双方采用的技术却不同。三星AMOLED电视使用RGB OLED蒸镀方法，而LGD则选用白光OLED搭配彩色滤光片。2013年3月宣布，LG电子其55英寸AMOLED电视正式在英国哈罗斯百货公司上市销售，如图6–3–3所示。

图6–3–3（a）LG OLED照明；（b）以WOLED为背光源的LG电视

在印度具有领导地位的科技大厂Moser Baer India子公司Moser Baer Technology，投资1150万美元于美国纽约州（New York）兴建全球第一个OLED照明设备工厂。为建造这个总价2000万美元的工厂，Moser Baer Tech.将与OLED技术业者UDC及纽约州立大学Albany分校纳米科学与工程学院的智能系统科技与商业化中心（Smart System Technology and Commercialization Center，STC）合作。该计划符合美国振兴经济法案，UDC可据此向美国能源部申请到400万美元，但须展示OLED照明面板的商用化确实可行。Moser Baer Tech.则负责采购生产OLED面板的先进设备所需资金的余额部分，将由Empire State Development以低利贷款方式提供。负责架设无尘室设施的STC也可向经济发展局（Economic Development Administration）申请到部分资金。工厂兴建完成后，该厂至2012年预计可望创造50个高科技工作机会，并制造高效能且对环境友善的照明系统，用来代替传统的白炽灯泡和荧光灯。

（二）欧洲

在欧洲，德国因有如Osram、Philips、Merck和Novaled等多个知名OLED厂商，一直占据OLED照明市场老大的位置，代表性的产品如图6–3–4所示。从1991年开始，荷兰飞利浦公司就已经着手研

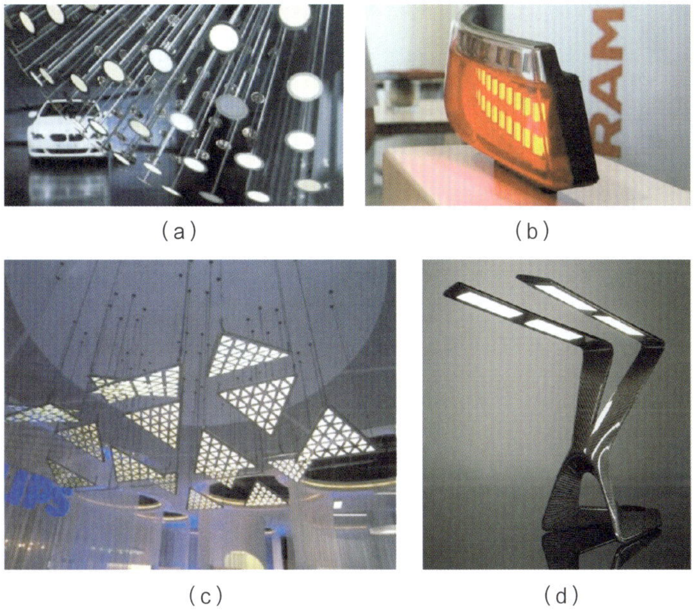

图6-3-4（a）Osram OLED照明灯具；（b）Osram OLED汽车尾灯；（c）Philips OLED吊灯；（d）Novaled OLED台灯

究OLED技术，并于2004年开始拓展研发OLED在固态照明上的应用。2010年9月，飞利浦公司还发布了世界上第一个电源直接供电的WOLED照明模块。2011年4月，飞利浦与柯尼卡美能达共同开发出了新款白色OLED照明面板“Lumiblade PLUS”，并已开始在线销售该产品，价格为每张面板120欧元，面板的最低订购数量为100张起。2008年，欧司朗率先推出OLED照明面板以来，逐步地提供提高效能及降低售价的新产品，销售量也稳步增加。德国Novaled公司是有机电子学领域和OLED的世界领袖，其器件发光效率一直处于世界领先地位。Novaled以其独特的PIN结构OLED技术，将白光OLED发光效率提升到90 lm/W，极大地促进了OLED照明技术的发展。而英国作为欧洲第二大OLED面板销售中心，拥有CDT、Osram、Lomox、PolyPhotonix和Blackbody等国际OLED面板大厂。因此，在OLED照明领域，欧洲将会在世界范围内长期处于支配地位。

2009年10月11日，来自奥地利的Zumbotel集团和Fraunhofer IPMS研究院（弗劳恩霍夫光子微型系统研究院）宣布成立一家新的合资公司，专门研制生产OLED照明模块。新公司被命名为“Ledon OLED Lighting”公司，总部设立在德累斯顿市，由于生产线的高度自动化，首批雇员只有10-15名。Ledon公司将不仅仅生产OLED面板，还将研制和制造完整的OLED照明解决方案，以及大面积OLED系统的概念性产品。Ledon将采用Fraunhofer的试验线，来生产370 × 470 mm^2的OLED面板，据说这种产品生产仅需要3分钟即可完成。

2011年4月，欧洲OLED 100.eu项目开发出迄今为止最大的OLED照明面板，面板的面积为33 cm × 33 cm，效率为25 lm/W，亮度为1000 cd/m^2。OLED 100.eu项目是由飞利浦，Osram，西门子，Novaled和Franhofer等公司共同展开的OLED照明项目。目标是将OLED照明效率提高至100 lm/W，每个面板尺寸达到1 m^2，并且将每平方米的成本降低到100欧元或更低。2011年4月，在意大利米兰举行的“euro luce2011”上，飞利浦与柯尼卡美能达展示了共同开发的白色OLED照明面板“Lumiblade PLUS”。该款面板的发光效率为45 lm/W，在白色OLED照明面板量产的产品中属于全球最高水平，此次产品的所有发光材料都为磷光发光材料。面板的尺寸为70 mm^2，厚度仅为1.8 mm，亮度为1000 cd/m^2，色温为2800 K，色坐标为（0.45，0.41）。飞利浦已开始在线销售该产品，价格为每张面板120欧元。2012年12月，飞利浦宣布成功发明了一种新型OLED面板：Lumiblade GL350。这种面板厚度仅为2 mm，面积为124.5 mm^2，这也是家庭照明的第一代智能光源。

欧司朗光电半导体公司成功开发出OLED大型透明光源的原型，厚度仅数百微米。得益于新技术，这OLED无需独立封装，在任何设计中都能薄得出奇。透明测试样本的发光面积达210 cm^2，已经展现出OLED光源的巨大潜能，昭示着许多非凡的照明梦想终有一天会成为现实。即使是面积为17 × 17 cm^2的OLED面板，也清晰地指明了OLED照明市场的未来走向。大型超薄透明光源，是趋势所向。通过这些样本，欧司朗光电半导体公司为大型超薄OLED的发展树立了重要的里程碑。这些测试样本，是TOPAS研究项目的一项开发成果，该项目由德国联邦教育研究部（BMBF）资助，目标是生产面积达1 m2的大型透明OLED模块。

（三）美国

早在2008年，美国通用电子公司（GE）就宣布成功制作了使用OLED照明的圣诞树，如图6-3-5所示。2009年7月，GE宣布将开始量产一款如纸般薄的软性照明板。柔性照明是OLED的众多优势之一，同时，OLED本身就是面光源，不需要使用其他灯具改善或扩散其光源，所以OLED能更方便地制作柔性照明灯具。因此，GE与KM的研发人员合作，联合研发OLED柔性照明产品。为了研发更便宜的生产工艺以降低WOLED的成本，很多公司致力于通过印刷的生产方式。GE在2008年就成功制出了第一台R2R设备生产OLED，也就是这个设备制出了图6-3-5所示的由OLED面板卷曲成的圣诞树。因为此技术不需要复杂的制作程序，只需要类似打印的技术就能生产，可以减少不必要的材料浪费，大大降低生产成本，而成本将是未来WOLED量产不可或缺的关键技术。而此技术也将会实现OLED柔性电子纸产品的研发梦想。

图6-3-5 GE公司的OLED圣诞树

GE全球研发中心和英飞尼迪集团下属公司PowerPaper公司签署合作协议，将共同开发自供电OLED照明设备。这种利用低成本、大规模的生产工艺生产的照明设备可应用于公共安全等领域。合作得到了以色列—美国工业研发基金（BIRD基金）项目的支持，项目周期为12个月。根据协议条款，此次合作将结合PowerPaper的创新薄膜电池和GE在业界领先的OLED技术，GE-PowerPaper-BIRD项目的目标是开发第一代自供电OLED照明产品—设计干扰更小，具有更高灵活性，安装简便容易，能根据实际应用需求进行改变的照明产品。这款产品将由GE来开发，由PowerPaper提供电池。

在纽约灯具展上，WAC Lighting推出了一款OLED迷你枝形吊灯（OLED minichandelier）和一款OLED壁突式烛台（OLED wall sconce）。这款3英寸的OLED壁突式烛台的特点是彩色器件，具有六种颜色变幻。而OLED迷你枝形吊灯则采用八种颜色可变的、透明1英寸OLED和一个面板制成，可用来展示WAC Lighting公司的标识。每个OLED的耗电量仅为0.18W，而且封装好的OLED，其厚度仅为2毫米。

美国UDC公司拥有很多OLED的关键技术，例如磷光材料的核心技术和核心专利，开发了用于照明的全磷光白色OLED。2008年，UDC演示的白光OLED照明器件，在亮度1000 cd/m^{2}下的功率效率达到50 lm/W，是荧光管的两倍。此研究成果，增强了OLED照明取代传统照明的可行性。此后，UDC成功研发了功率效率高达102 lm/W的WOLED器件，对于OLED技术来说，这项成果具有里程碑意义，因为该效率值已经超过了白炽灯和荧光管。2011年6月，UDC又面向固态照明领域，发布了两款高效白光OLED面板。2011年5月，UDC发布了暖白光OLED的照明面板，采用全磷光发光材料，达到了58 lm/W的发光效率。美国能源部设定的OLED的发展目标，2015年OLED面板发光效率要达到105 lm/W，到2020年OLED面板发光效率需达到157 lm/W，未来也有可能提供从研发、制造到推广环节的补助计划，对推动美国OLED照明市场的发展有极为重要的意义。

（四）中国

中国OLED照明结合产学研发展模式，并获得了政府政策的大力扶持。南京第壹有机光电有限公司是世界首批、国内第一家专门从事OLED照明面板及产品研发、生产、设计、销售的企业。该公司宣称已成功制造出效率达73 lm/W的内光提取白光IES-OLED照明器件，技术指标刷新世界纪录。2009年台湾“清华大学”周卓辉教授的研究团队，首次发现和发明了接近日光光色的OLED，可以调控2300-8200 K的色温变化，涵盖了日出的3000 K、日落的2500 K、晴天正午的5500 K、阴天正午的6500 K，甚至涵盖北欧蓝天的8000 K。随后，2012年12月，周卓辉的研究团队发布了第一个利用OLED获得的拟烛光源，如图6-3-6所示。OLED的拟烛光，纯电力驱动，没有燃烧碳氢所会产生的黑烟、高热或火焰，比蜡烛节能三百倍。最主要的是，OLED的拟烛光不影响人体褪黑激素的分泌，“OLED的低色温与超高演色性，将是夜间照明的好选择”。2010年，由苏州大学和张家港彩虹平板显示有限公司共同建设的江苏省碳基功能材料与器件高技术研究重点实验室，在著名材料专家、中科院院士李述汤教授率领下，成功研制出110 mm × 110 mm的大尺寸OLED发光照明板。台湾奇美电子的AMOLED，TRUEOLED，运用WOLED搭配CF，不需精密的金属光罩制程即可生产真正高解析度面板，简化了生产流程。

2008年，清华大学和维信诺公司依靠自主技术建成了中国大陆第一条OLED大规模生产线，该事件被2009年第1期的《科技导报》评选为“2008年中国重大技术进展”。2009年第四季度起，维信诺PMOLED产品出货量已位居全球第四。在广受关注的大尺寸显示领域，维信诺公司与昆山工研院等联合成立的昆山平板显示中心于2010年5月建成了AMOLED中试生产线。

图6-3-6 “拟烛光”OLED光源

6.3.2 OLED照明亟待解决的问题

OLED照明产业化要达到荧光灯的水平并得到广泛的应用，仍存在许多问题亟待解决，主要包括效率、寿命和生产成本三个方面，而成本应该是制约OLED照明普及的关键因素。以下总结了几点亟待解决的技术：

（一）OLED高效率需解决材料和结构问题

OLED照明要在效率上达到荧光灯的应用水平，其功率效率至少要达到70 lm/W，虽然目前约100 lm/W的OLED照明器件已经有报道，但是，这是在非常极端的情况下制造出来的，通常情况下制造出来的OLED照明器件的效率也只有30~50 lm/W，显然，这远没有达到商业化的要求。

从材料的角度来说，要达到如此高的效率，必须采用发光效率可达100%的磷光材料，目前绿光和红光磷光材料已经没有问题，亟待解决的是起重要作用的蓝光磷光材料。现在非常缺乏高效率、高稳定性的蓝光磷光发光材料，也是目前阻碍OLED照明器件效率提高的主要技术难点。因此，开发实用化的高效率、高稳定性蓝光磷光发光材料的量产技术，已成为OLED照明领域的主要攻关方向。

从器件结构角度来说，有效的器件结构设计也是提高器件效率的关键。目前，高效率的器件结构，包括多发光层结构、单发光层结构、叠层结构和顶发射结构。多发光层结构，是目前制备白光OLED器件最多的一种，工艺比较成熟，器件性能也是最好。但是，复杂的工艺过程，可能会影响其在未来OLED照明器件的成品率和生产成本问题，并且这种结构器件有时还存在光谱和色度坐标随驱动电压变化的缺点。然而，多发光层结构由于良好的器件性能，并且光谱和色度坐标随驱动电压变化的问题，完全可以通过器件结构的设计得到解决。因此，若能够在成品率上得到控制和提高，该结构还是不失为一种量产技术，Philips、UDC、Novaled公司目前使用的就是这种结构。单发光结构虽然可以在一定程度上避免色纯度随驱动电压的变化，也可能在生产过程中简化工艺，但不尽如人意的效率和稳定性问题也使这种结构在实际应用中无法得到应用。

相比较而言，叠层结构具备了单发光层和多发光层结构的优点，它是通过电荷产生层将多个发光单元串联起来的一种器件结构，叠层器件有非常好的光谱稳定性，并且具有高的发光效率、高的发光亮度和良好的稳定性等，使叠层结构器件在实际应用中非常具有竞争力。如果能够在叠层结构复杂的工艺方面得到进一步完善的话，叠层结构器件有望成为照明用白光OLED生产的主流技术。顶发射结构由于其在有效发光面积和提高效率方面的优势，也可能成为照明用白光OLED的一个重要技术发展方向，而且将其他结构和顶发射结构结合起来可以发展出更高性能的白光OLED。

（二）在控制成本的前提下改进光提取技术

除了材料和器件结构，还有一个提高白光OLED效率非常关键的技术，即光提取技术，这也是OLED照明器件要达到可应用功率效率时必须采用的技术。对于可应用的提取技术，在尽可能提高光输出的同时，还必须考虑其实用性。到目前为止，研究者开发出了许多光提取技术，但真正能满足应用要求的并不多，最主要的原因是工艺复杂性造成的成本问题以及大面积化问题。

目前比较好的且可应用的光提取技术，包括在基板外表面制作由棱镜或微透镜组成的耦合薄膜、在透明电极外侧引入散射层和高折射指数层等方法，Philpis、GE、UDC、Novaled、Konica Minolta等公司就分别采用了这些光提取方法大大提高的OLED照明器件的效率，结合高折射指数基板和微透镜耦合结构，光提取效率甚至提高到了原有的2.4倍。可以相信，一旦这种光提取技术开发成熟，基板供应商就可以批量地生产这种可有效提高OLED输出效率的导电基板，满足OLED照明应用的要求，而在达到这个目标之前，首先必须解决加工大面积基板的低成本制造技术。

（三）通过光衰减调控提高OLED产品寿命

OLED照明应用要得到普及的话，还必须进一步提高它的寿命，初期的目标是达到荧光灯的水平，即20000 h，而未来目标是要达到50000 h。要达到这个目标，除了要在材料方面有大的突破和进一步改进器件结构和工艺外，也尤为重要的是，大面积均匀性的控制方法和OLED器件在使用过程中光衰减的调控方法对改善OLED照明器件在实际应用中的稳定性。

改善OLED照明器件大面积均匀性的一个有效方法，是在基板上引入一些金属辅助线来有效降低ITO的电阻，以改善电流分布的均匀性。为了不影响照明的有效区域，金属辅助线的区域一般控制在照明区域的10%~20%的范围内，在没有找到更好的方法之前，这种简单的金属辅助线方法不失为一种好的实用方法。Kodak公司开发出了另一种组装大面积OLED照明装置的方法，采用单片集成单元的方法，把单个发光单元串联在一起，这种方法在实际应用中非常实用，不但可以改善发光均匀性，也简化了电源的设计。

（四）控制成本的前提下提高良品率

其实，目前OLED照明之所以还无法得到应用，最根本的原因在于它居高不下的成本，现在OLED的价格明显高于传统照明包括LED，虽然价格问题可以通过提高器件的亮度得到改善，但高亮度又带来了寿命问题。重要的是，由于高度自动化的生产设备的不成熟和缺乏可靠的量产过程中实现OLED的工艺流程，导致OLED的良品率不高，使OLED的价格无法降低，反过来，这又影响了OLED产业的大批量生产的推广。因此，要解决OLED照明的量产技术瓶颈，首要任务是提高良品率，推动OLED的批量生产，形成良性循环。

造成OLED照明产品价格高的原因是多方面的：（1）规模小使材料成本和制造成本无法降低；（2）蒸发过程中材料的利用率比较低，如果采用现在常用的点源，材料的利用率还不到10%，即使使用改进的线源，按现在的规模尺寸，材料的利用率也不到40%；（3）关键材料的合成复杂，高纯升华的产率低，使材料本身的价格比较高；（4）生产的工艺流程不确定，生产设备昂贵。

因此，降低OLED照明产品的价格必须解决如下关键技术：（1）扩大基板尺寸；（2）开发价格便宜的生产装备；（3）增加设备的自动化程度、可靠性和生产能力；（4）提高材料的利用率，降低材料成本；（5）提高成品率；（6）开发低成本的封装技术。

不难看出，这些环节都和原材料和生产装备息息相关，显然要加快OLED照明产业的步伐，必须做好装备研究和原材料开发等产业化配套工作。另外，如果能开发出更加简单便宜的OLED加工方法，取代目前采用的相对价格昂贵的真空蒸镀方法，OLED照明产品的价格将会得到大幅度的降低，其中一种类似于印刷报纸那样连续生产的R2R工艺最有可能成为未来OLED照明产品的生产方法。可以看到，OLED照明器件一旦在效率、寿命和成本方面得到明显改善，达到实际应用要求，则如何利用OLED的优势，以突破传统的设计理念得到新颖别致的OLED照明产品，这将是摆在OLED照明设计者面前的问题。原因是，这直接决定了OLED照明产品能否被人们接受，并最终在照明领域得到广泛应用的关键因素。

6.3.3 OLED照明展望

谈到OLED，可能很多人脑海里浮现的是显示面板，而对还很陌生的OLED照明基本上想象不到。作为面光源，OLED照明以它独特的形态和优势，令照明行业无法忽视。市场研究机构IDTechEx最新的研究报告表明，尽管OLED产业处于萌芽期，但是OLED在显示产业的飞速发展，将带动其在照明领域的发展。OLED照明产品成本将不断降低、性能将逐渐提高，而这些将进一步降低OLED照明应用门槛。Display Search预测，OLED照明市场产值，2018年将达到60亿美元。由图6-3-7可看出，Osram、Philips、Lumiotec、GE、Konica Minolta等公司将会对OLED照明产品的量产加大投入，希望占领产业的制高点。到2020年，OLED照明面板的销售额将会呈现爆发式的增长，如图6-3-8所示，美国光电产业振兴协会（OIDA）预测，2020年OLED照明产值将会达到140亿美元。

未来OLED照明产品，在外观上，将向大尺寸、透明化、柔性化、可任意造型的方向发展，从性能上，将会不断提高光效、延长寿命，从价格上，也将随着制造陈本的降低而迅速下降，不断缩小与现有照明技术包括LED照明的差距。

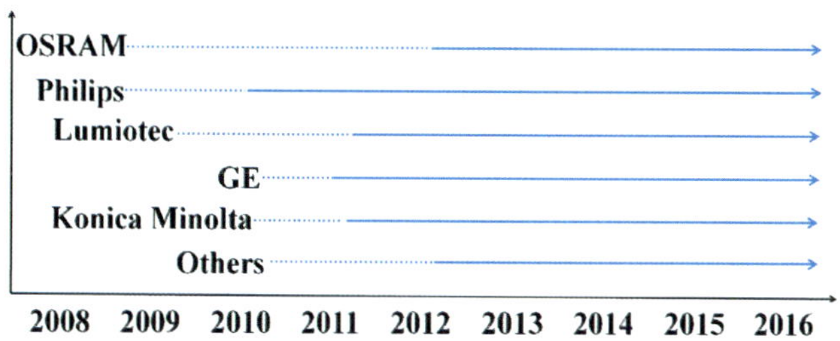

图6-3-7 世界著名照明企业OLED照明的量产计划

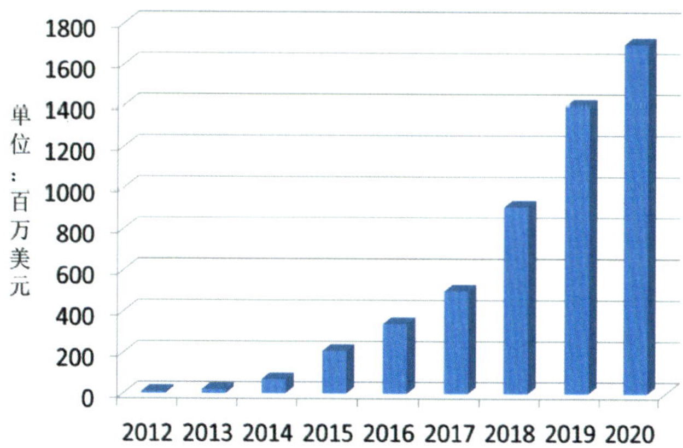

图6-3-8 20122020年OLED照明面板销售额分析

随着各个国家和地区的政府与企业纷纷在OLED照明上加大投资和研发力度，如表6-3-1所示，未来5~10年将是OLED照明技术、产业、市场发展的关键时期，力争在未来的固态照明产业中占据有利地位。随着OLED照明技术的不断成熟，OLED照明产业化的雏形也逐渐形成。各国各地区也都加大了针对OLED照明产业化技术开发与生产的扶持力度。在政府主导作用的带动下，国际级照明企业纷纷涉足该领域，迅速进行布局。如GE就通过了一项为期四年、耗资1300万美元的方案，开发生产OLED。Osram早在2008年就已经率先发布OLED研究成果，其暖光OLED效率已经达到46 lm/W，连续使用时间达到5000 h以上。开发OLED技术的德国Novaled公司也表示出其对OLED未来发展的乐观态度："照明用OLED的发光效率目前为50 lm/W，达到了白炽灯20 lm/W的两倍以上。我们的目标是利用两年时间实现100 lm/W"。在欧洲，有一些企业计划携手开发OLED照明技术，这个计划的成员包括飞利浦、西门子等知名照明企业。美国能源部（DOE）发起的R&D计划，以改进OLED的能效和性能，以便更好地应用于一般照明领域。DOE针对一般照明用OLED的能效发展目标为：2015年前，OLED商业产品的光效为100 lm/W。欧盟提出OLED 100.eu计划，目标为OLED照明达到发光效率100 lm/W，寿命10万小时，面积100 × 100 cm^2及每平方公尺成本低于100欧元，但因技术发展不如预期，发光效率目标已由100 lm/W修改为50 lm/W以上。该计划在欧洲共有6个国家，合计14家公司和研究单位参与。

表6-3-1 全球各大OLED照明研究项目

国家	项目名称	项目目标	经费	期间	技术研发公司机构
欧盟	有机电致发光照明应用（OLLA）	白光 OLED, 50 lm/W, 10^4 h	2000 万欧元	2004-2008	Philips, Osram, Siemens, GE, Merck
	OLED 100. eu	白光 OLED, 50 lm/W, 10^4 h，面板成本低于 100 欧元/m^2	3100 万美元	2008-2011	Philips, Osram, Siemens, Frauhofe, IPMS, Novaled
德国	2008 年达成有机磷光照明应用（OPAL）	较少的成本达到最高效能的白光 OLED 装置	819 万美元	2006-2008	Philips, Osram
美国	固态照明（OLED 专案）	75-150 lm/W, 10^4 h	5155 万美元	2004-2010	Osram, GE, Kodak, UDC
日本	照明用 OLED 实用化研究	开发低成本量产照明用白光 OLED 组件技术	1000 万美元	2002-2009	Panasonic, TAZMO, 山形大学
韩国	知识经济部下之 OLED 项目计划	OLED 技术研发		2006-2013	Kitch, ETRI, KETI, LGE, KOPTI

在亚洲，日本的OLED照明发展则属于科学技术基本计划的一环，在2006年至2010年第三期科学技术基本计划期间，共进行3项主要OLED照明计划。日本在发展OLED照明时特别重视应用面，认为早期发光效率虽不高，但可使用于汽车仪表板或娱乐照明等对亮度要求较低的应用领域。韩国

则是另一个积极发展OLED照明的亚洲国家，其OLED照明研发主导单位包含韩国生产技术研究院、韩国电子通讯研究院及韩国面板产业协会，合作的单位则包含SMD、LG化学、锦湖电子等大厂，最长的计划时间达7年，由韩国生产技术研究院主导，始于2006年，期望能在2012年达到发光效率100 lm/W的目标。在政府扶持和市场发展的影响下，业界涌现出多个专门为OLED照明而成立的新公司，多条针对OLED照明产业化技术开发与生产的中试生产线也在陆续建设中，各种对于OLED照明技术的新应用和尝试也在进行中。在我国，2010年国务院发布了关于加快培育和发展战略性新兴产业的决定，其中，指出重点研究半导体照明材料等新型功能材料。基于该决定，科技部发布了《半导体照明技术发展“十二五”专项规划》，其中关于白光OLED器件、材料及配套设施的研发成为重要的目标之一。

与OLED特性相比，制造成本与其说更重要，还不如说是一大瓶颈性问题。OLED由于器件结构简单，因此，在制造技术确立后就会实现低价格。不过，现阶段可通过LED与导光板组合，低成本实现OLED擅长的面发光光源。LED + 导光板作为液晶电视LED背照源取得了技术性进步，而且量产性也在不断提高。如果只是单纯的面发光的话，也许无法与LED + 导光板进行竞争。今后，欲在照明市场上推广OLED，除了与LED + 导光板竞争的用途之外，还必须要开拓LED + 导光板无法实现的用途。比如，可嵌入门窗玻璃来使用。这时，由于关灯时为透明状态，因此可作为普通门窗玻璃来使用，而在夜间则可亮灯，使门窗变为照明器具。由于可以使用柔性底板，因此，还可考虑推出能够用作窗帘的OLED照明。如果没有这些有机半导体照明所特有的用途，OLED照明市场占有率就不会扩大。或许，要在5~10年以后，这些新用途才会在市场上亮相。

OLED历经多年的研发及波折，在显示器的应用上，SONY等大厂商仍固守在OLED电视的领域，也有企业退出OLED电视市场，转战OLED照明市场。经过前面的分析，我们可以看出，OLED在照明领域的具有很大的发展前景。虽然在器件机理、寿命、效率、成本等方面仍然存在亟待解决的课题，然而在全球所有科研机构和院校的共同推动下，这些问题将被逐个击破，进而让OLED照明产品成为家家户户的标准配置，让人们感受到OLED照明给人们带来的优势和便利。

参考文献

[1]国内AMOLED产业现状及破局之路. 平显时代, 2013, 08.

[2]李文正. 2013年智能手机面板特点: 大尺寸 高分辨率 AMOLED. 平显时代, 2013, 07.

[3]全球FPD产业技术领域呈现新格局. 平显时代, 2013, 04.

[4]OLED投资, 技术和市场发展动态. DisplaySearch Quarterly FPD Industry Activities Q1'2012, p.45.

[5]Zhang J. Small & Mediμm FPD Display Market and Trend. DisplaySearch China FPD Conference, 2011.

[6]Hsieh C. 3D/AMOLED: Market & Technology Trend. DisplaySearch China FPD Conference, 2011.

[7]Hsieh D. Top 10 Great FPD Topics for 2012. China Smart TV and Smart Display Conference, 2012.

[8]Hsieh C. OLED Technology & TV Market Outlook. China Smart TV and Smart Display Conference, 2012.

[9]http://www.displaysearch.com.cn.

[10]http://www.displaybank.com/_chn/share/about.html.

[11]http://www.digitimes.com/reports.

[12]Kido J, Hongawa K, Okuyamaa K, et al. Appl. Phys. Lett., 1994, 64: 815.

[13]Baldo M A, O' Brien D F, You Y, et al. Nature, 1998, 395: 151.

[14]Sun Y, Giebink N C, Kanno H, et al. Nature, 2006, 440: 908.

[15]Reineke S, Lindner F, Schwartz G, et al. Nature, 2009, 459: 234.

[16]马东阁. OLED高光效需解决材料和结构问题. 半导体照明. 2010, 08.

第7章 OLED的综合应用

7.1 OLED应用价值及发展可能性

7.1.1 OLED是“电视中的电视”

电视用显示面板一直向着大型化、高分辨率、轻薄设计、画质改善等方向发展。大尺寸液晶电视开始量产之后，经过十几年的技术开发，在画质、外观等方面取得了骄人的成绩。然而，由于LCD是由背光和液晶构成的，具有先天的技术局限性，所以性能改善速度在变慢。从先天上超越LCD的正是OLED，在2013年初问世的 OLED电视使用自发光元件，可以表现接近自然色的影像，而且比LCD构造简单，一举从画质到外观上都超过了经历15年发展的LCD电视，是真正的“电视中的电视”。

	15年来LCD电视技术的发展		OLED电视
	99年	14年	
对比度	500：1	5,000：1	∞
可视角度	70°	100°	160°
响应速度	20ms	5ms	0.001
厚度（模组）	90mm	10mm	2.xmm

OLED电视由有机自发光元件组成，实现身临其境的影像。每一个像素自身都会发光，因此细微的色差也会准确地显示。另外，因为没有液晶的漏光现象，可以实现完美的黑色及无限对比度，使得立体感更逼真。OLED优越之处就在于不论看什么种类的影像都会表现出最佳画质。因为画面响应速度很快，所以没有残影等问题，快速运动的画面也能很自然地显示出来。比如，观看足球比赛时，足球的快速运动画面没有任何残影和拖尾现象，并且无论从哪个角度观看，都不会因为角度的变化产生画面变形的问题。

7.1.2 电视面板的终结者

7.1.2.1 色彩表现最好的显示技术

液晶电视受漏光的影响，低灰阶画面的色彩还原率低下，色度与亮度都较低。这是因为画面越暗，就会越容易由于像素的细微漏光而引起混色。例如，液晶电视演示全红画面时，会因为旁边的G，B子像素的细微发光降低色彩还原率，展现出的色彩就如同衣服洗涤多次后褪色一般。

但是OLED有机电视因为不同灰阶的色域保持一致，因此不论什么影像都能表现出鲜明生动的色彩。例如，金币在LCD上看起来就像银币，而在OLED上就能够充分表现出金币的生动色彩。尤其是日常观看的普通电视节目和蓝光电影，都是以低灰阶影像为主，使用OLED电视观看，更能感受到丰富鲜明的真实色彩。

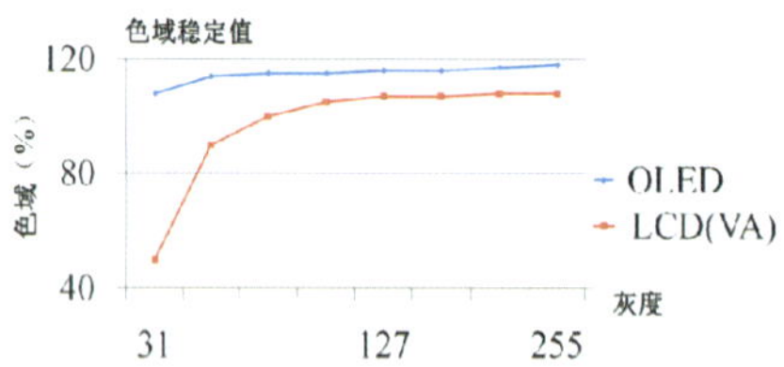

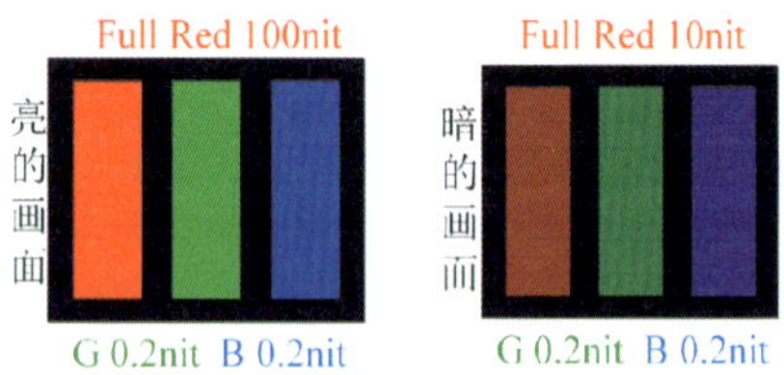

这个结果在色彩学上也得到证实。韩国弘益大学色彩研究所针对普通消费者以及色彩专业人士进行了OLED画质优秀性调查，结果显示OLED的色彩喜好度比LCD高2.4倍。被调查者观看OLED电视画面的主要感受是‘鲜明’、‘表现出记忆中的色彩’、‘自然的皮肤色’、‘温暖’、‘舒适’等。另外，清华大学色彩研究所的研究结果显示，OLED电视能够比LCD电视更好地展现中国人喜好的纯色画面（红色、黄色等原色），因此更为中国人所接受，这是因为中国人偏好明快、鲜艳的颜色，OLED色彩表现力强的特点更加符合中国人的传统色彩美学观念。

7.1.2.2 完美曲面屏幕

OLED的可视角度广，没有漏光，不论从上、下、左、右的任何角度观看画面，画质都没有变化。以55英寸OLED有机电视为例，在2.1米的适当观看距离时，无论往左右任意移动，画面都真实如一；而曲面液晶电视只要往侧面走两步（可视角度仅有约22度）就能感受到明显的色彩变化。所以当四口之家收看电视时，曲面液晶电视必须每排两人，分成两排观看才能够体验到同样的画质，而观看曲面OLED电视时，一家人就可以非常舒适地坐成一排，每一个人都能观赏到相同的卓越画质。

OLED电视因为是使用OLED有机物代替了传统LCD电视背光和液晶，所以构造上可以比其他显示技术做得更薄。轻薄造型设计不仅在制造曲面电视时很有优势，而且在制造壁挂电视时，能够把电视与墙体的贴合做到极致。此外，由于OLED电视重量很轻，所以安装和物流都很便捷，尤其是在60寸以上的大型电视上更能凸显出这一优势。

7.1.2.3 轻薄时尚设计

OLED的可视角度广，没有漏光，不论从上、下、左、右的任何角度观看画面，画质都没有变化。以55英寸OLED有机电视为例，在2.1米的适当观看距离时，无论往左右任意移动，画面都真实如一；而曲面液晶电视只要往侧面走两步（可视角度仅有约22度）就能感受到明显的色彩变化。所以当四口之家收看电视时，曲面液晶电视必须每排两人，分成两排观看才能够体验到同样的画质，而观看曲面OLED电视时，一家人就可以非常舒适地坐成一排，每一个人都能观赏到相同的卓越画质。

7.1.3 OLED是下一代显示技术

OLED电视问世后，通过其展现的优异画质和革命性设计，迅速打开了市场，在高端电视市场中脱颖而出，被业界和广大消费者所广泛接受和喜爱。现在OLED电视面板生产的主导企业——LGDisplay已经投资兴建世界最大规模的OLED生产线，完工后将使得超大型、高分辨率OLED面板的生产更加容易，价格竞争力也将进一步提高，将成为OLED电视大众化的一个契机。同LCD电视初期良品率提升的速度相比，现在OLED良品率提升速度更快，如果有更多企业加入投资OLED生产的话，在高端电视市场中，OLED将有望更快速地替代LCD，成为下一代显示技术的主导。

另外，随着OLED研究的深入发展，OLED显示技术在将来的发展可能性也是无穷无尽的。越来越多的企业把OLED独有的透明显示和可弯曲显示特性用在可穿戴设备上。所以不仅是电视、手机领域，还是可穿戴设备等，OLED显示技术的成长空间都是非常广阔。

除了手表、眼镜等可穿戴设备在使用OLED显示技术以外，今后在可弯曲、可折叠显示方向发展时，OLED技术在白电以及公共显示领域的前景也非常值得期待。例如，汽车产业中导航、电子镜等都将用OLED替代现在的LCD，建筑外墙上的商用显示屏也会由LCD替换为OLED；航空业中飞机的窗户可以用OLED面板替代，以减轻飞机重量，节省燃料。此外，还有很多消费领域也可以运用到OLED技术，有了这些未来产品，我们的生活品质肯定会更上一层楼。

7.2 中国OLED电视

早在几年前，OLED显示技术就已应用在手机行业。但早期的OLED面板尺寸很小，且良品率极低，成本居高不下，大大限制了其普及应用。随着技术的革新，OLED面板技术逐渐成熟，向“更大、更薄、更轻”的方向发展，这对于电视整机生产工艺、生产设备都提出非常高的要求。

我国彩电企业，以创维为代表很早便开始为新一代显示设备的创新做大量的技术储备。自2008年起，创维就积极地在OLED产业进行布局，并于2013年8月联合华南理工大学成功研发出国内首块彩色柔性AMOLED显示屏。

2013年11月28日，创维集团在半年报媒体通报会上正式宣布，中国品牌首台OLED电视在深圳面世。创维首发搭载酷开操作系统的OLED电视有E990/E980两大系列，新产品的轻薄度达到5mm。从以往的经验来看，在产品硬件技术革新时，中国品牌往往要晚于国外品牌2～3年才能推出新品。然而在这次从LCD到OLED的显示技术变革中，创维实现了国内首发，对引领国内OLED电视的革新将起到非常关键的作用。

一般来说，消费电子厂商在发布概念产品时，要么仅仅只是工程样机，不能转为民用；要么售价高得离谱，无法为普通消费者所接受。而创维系列化发布新技术产品，不仅标志着创维已率先掌握了下一代显示设备的相关技术，同时，说明创维已解决了上游屏体资源问题，从其近来与上游面板商LGD公司深度战略合作的良好表现也能窥见一斑。此外，创维能率先将新技术转化为成品，也说明其在研、产、销的各个环节已做好了充足准备，展示了其强大的产业链整合能力，显示其在中国彩电领域的领先地位。

7.2.1 创维OLED有机电视

中国在OLED电视的研发和上市方面，紧跟全球新一代显示技术的发展步伐，以创维OLED有机电视为代表，不仅与国外品牌OLED电视几乎同期上市，而且与传统LCD电视相比，具有以下优势特点。

7.2.1.1 卓越的画质

RGB（三色技术）OLED的有机半导体水平蒸镀，在超大尺寸中难以保持均匀性（Uniformity），在超高清状态下难以实现精确的水平蒸镀，但是OLED有机屏采用的垂直沉积技术，更易大规模量产超大尺寸和超高清。WRGB四色技术在传统的红（Red）、绿（Green）、蓝（Blue）为基础之上增加了白（White）色子像素，每个像素均由四个颜色的光点组成。多出来的这个白色，增加面板的透光率，让OLED的亮度得到大大的提升，在画面上给用户更加晶莹剔透的感觉，大大提升了观看体验。

由于WRGB四色技术采用四个子像素点来表现一个像素，因此其在分辨率相同的情况下能够拥有更多的子像素，能够表现出更细腻、清晰的画面。我们知道，人眼拥有三种色锥细胞，我们看到的一切颜色都来自三种细胞对色彩的组合。而WRGB的四种色彩，能够带来比人眼色锥细胞更多的组合方式，从而带来超越人眼识别范围的色域，表现在屏幕上，让电视显示更加绚丽逼真的色彩，在视觉呈现方面无懈可击。?

从原理上来看，WRCB四色技术并不复杂，但实际在生产制造以及后期的色彩调校等方面这就是一个巨大的工程，需要厂商有极强的制造和调校方面的实力。要将W、R、G、B四个子像素点进行有机半导体垂直蒸渡，并通过色彩提升（ColorRefiner）技术来表现色彩，因此技术容易保持均匀性（Uniformity）。而且，由于面板像素排列和之前完全不同，整机厂商需要对子像素进行重新整合排布与优化，并且对输出的色彩进行调校，这需要有深厚的显示技术方面的功底。而创维作为专业彩电整机厂商，拥有数十年制造、研发电视产品的经验，这些宝贵的经验能够充分发挥WRGB技术的优点，让色彩更加真实，所以，创维首台OLED采用了WRGB显示方案，和一般的OLED方案相比，有如下优势：

⑴ WRGB 四色子像素，色彩更丰富，画质更细腻

全高清（Full HD）状态下，普通OLED屏仅有622万个子像素来驱动，但OLED有机屏拥有超过830万个子像素来驱动，通过更多的像素组合方式，因此色彩更为丰富，画质更为细腻。

⑵ 利用色彩提升（Color Refiner）技术，显示最自然的色彩

没有使用色彩提升技术的RGB(三色技术)显示蓝色的时候，易发生色差，无法还原自然色彩，但WRGB(四色技术)OLED有机屏采用色彩提升技术，有效避开了RGB（三色技术）OLED的色差现象，显示最自然的色彩。

(3) 可实现量产超大尺寸和超高清

创维和LG共同研发的OLED有机屏采用的氧化物（Oxide）TFT技术，采用第8代玻璃基板制造，不受尺寸的限制，可以生产出84寸的超高清(UD)OLED有机屏。

同时，创维OLED有机电视还搭载了自主研发的色彩增强技术，对OLED电视的显像优势进行深度挖掘，进一步降低画面锯齿，提升清晰度，实现了显示技术四大革新：

(1) 画面达到100 000：1的极限对比度，OLED有机电视的明室暗景对比度为800：1，LCD电视仅有300：1，黑色更为纯正，就连黑色画面中的发丝也纤毫毕现；

(2) 0.001ms极速响应时间，仅为LCD的1/5000，超越人眼极限20倍（人眼极限为0.02ms），精准捕捉瞬间之美；

(3) 新增白色子像素，使屏幕多出208万子像素，色域覆盖率比LCD电视高出15%，达到惊人的115%（NTSC CIE1976标准），不仅画面更精细，也还原出更为真实的色彩；

(4) 超高可视角度，即使在不同角度，观众都能看到同样精彩的画面。

7.2.1.2 完美音效

创维认定了OLED有机电视将是未来的发展趋势，除了倾力打造卓越画质，在音质上也不遗余力，与全球著名音像公司杜比合作，支持DTS和Dolby音效解码，并且在不破坏OLED超薄机身的前提下，搭配6个全频音响，1个bass重低音，打造完美环绕立体声。由于支持DTS和Dolby的解码，也支持外接更发烧级的音响设备。

7.2.1.3 专为电视而生的操作系统

随着科技的发展，电视越来越智能化，已经一跃成为家庭娱乐的中心。而对于智能电视来说，操作系统关乎到用户体验，至关重要。创维OLED有机电视搭载了“酷开”操作系统4.1版本，是创维专为智能电视开发的操作系统。

酷开系统分为多个版本（基于Linux和基于Android），由客户端、移动端和云端三大部分组成，其核心设计理念是：从用户的角度出发，便捷的引导用户使用各项功能，打破功能之间的切换瓶颈，对各项功能进行深度融合，给用户最好、最流畅、最合理的操作体验。同时，创维旗下强大的酷开云平台能提供专业的后台服务，包括影视、应用、TV、广告等各种业务，以及推送、存储等服务；对提供服务的各种终端提供统一的各种内容运营服务支撑；同时对酷开的大数据进行收集和分析处理。酷开系统具有五大优势：

(1) 设计优势。兼容和灵活：跨芯片平台，跨底层操作系统平台；研发效率提高：更易移植、复制、保证各配置产品体验，更易替换各种UI，第三方应用更易适配；多平台支持系统：数据、内容、应用共享中心，多平台互动基础。更懂用户，以用户体验为核心，开放的内容呈现，让系统更多的了解用户行为，并不断加强智慧推送的作用。

(2) 产品优势：创维全系列电视都采用酷开系统，每年1200万台以上电视出货，创维每年还有1700万机顶盒出货，逐步切换成酷开，创维还有BOX，DONGLE等全系列产品，完全采用酷开，创维自主生产的手机遥控器也采用酷开移动系统，同时与手机厂家深度合作，打造酷开手机ROM，围绕酷开有一系列的配件提供各种服务和支持。

(3) 用户优势：用户反馈是推进交互提升的最快通道，创维通过酷开系统的注册帐号，实现了用户主动与被动的反馈使用情况，用户日常形成的使用习惯，都会被后台记录与分析，同时开通论坛，让有兴趣的用户主动的参与到系统的研发中来，经过多年的努力，创维通过酷开系统已经积累大量用户，目前活跃用户300万以上。

(4) 内容优势：酷开有自己的直通好莱坞内容和强大的酷开聚合内容后台，已经与多家内容商深度合作，有战略合作伙伴优朋普乐。

(5) 平台优势：酷开已经与各家硬件主流厂商多个芯片平台完成对接，支持Android，Linux，WebOS多种主流操作系统。已经完成底层BSP积累，并实现硬件设置与系统软件独立策略，完成跨平台系统升级，使用独有播放器，并与多家内容商和芯片商完成对接整合，已经完成中间层协议整合，包括DLNA，AIRPLAY，MIRACAST等标准协议和自己的私有协议，完成后台大数据采集，处理和推送。已经建立了一整套完整的广告系统平台和运营平台，建立了以家庭为中心的社交圈子系统。

酷开系统有着华丽的操作界面以及大色块、大字体的优势，非常适合用户在远处操控电视，快、易、清、畅是它的四大颠覆性体验。秒数级开机，0延迟页面加载和切换，无论是使用遥控器、手机、pad，还是键盘、鼠标，都能简单操控。用户可通过首字母、微信、电视派等多种方式进行搜索，快速获得优质的影视资源。

智能电视的技术发展中，人机交互非常重要，好的交互可以赋予设备新的生命。目前，人机交互方式越来越多样化，除了传统的电视遥控器之外，语音控制、手势操作、人脸识别、触摸控制等交互方式都在智能电视上得到了不同程度的应用，各项技术正在不断发展、日益成熟。作为家电龙头企业，创维在交互技术方面的探索也引领了行业潮流。创维OLED有机电视采用的蓝牙方案4.0版本，全面支持BLE低功耗技术，在保证交互体验的同时，也为用户家庭的配件可扩展性提供了便利；开发高清摄像头，支持麦克风输入和红外体感识别，完美支持视频聊天和体感游戏等最新功能，真正让用户感受到智能电视的价值；配备802.11AC千兆Wifi，最大化利用网络带宽，保证网络传输速度和操作体验。

酷开系统不仅仅是围绕电视开发端的技术创新，更重要的是，它采取基于大量的用户反馈，在应用开发者和强大的后台软件团队的沟通中，不断迭代升级、不断丰富应用，从而提升用户体验的互联网开发模式。酷开OLED电视不仅仅通过硬件革新提升产品价值，更重要的是通过系统优化，以互联网的思维打造更快、更智能、以用户需求为导向的“顶配电视”，从而彻底颠覆用户对传统电视的体验和认知。

7.2.1.4 工业设计及其他

作为家庭娱乐中心，电视的外观造型也十分重要。创维OLED有机电视的工艺设计由德国红点、I（i）F获奖团队倾力打造，外观非常惊艳，整机薄如蝉翼，超窄边框，未来感十足。

从消费者的角度来看，OLED和LCD最直观的区别除了画质更好，更薄之外，就是OLED可以弯曲。这也是由OLED的工作原理决定的。OLED的数层有机薄膜层厚度约仅1,000 ~ 1,500?（0.10 ~ 0.15 um），整个显示板（Panel）在封装加干燥剂（Desiccant）后总厚度不到200um（0.2mm），极具轻薄之优势。同时OLED的适应性广，能够在不同材质的基板上制造，可以做成能弯曲的柔性显示器。满足了消费者对于电视机外观多样性的要求。

创维OLED有机电视经过科学计算的适宜弧度，打造符合用户视域的自然弧度屏幕，使得屏幕上任何一点与眼睛距离相等，无论屏幕中的物体出现在中心还是边缘都不会发生变形，更能使观众全身心沉浸在精彩逼真的画面之中，观感更为舒适自然。

时下，有些厂商为了迎合消费者的需求，推出了曲面LCD。严格意义上来说，目前中国大陆地区家电行业中通常所指的LED电视实际上是“LED背光源液晶电视”，是指以LED做为背光源的液晶电视，仍是LCD的一种。LCD屏幕由两块玻璃板构成，其间由包含有液晶材料的5μm均匀间隔隔开。因为液晶材料本身并不发光，所以在显示屏两边都设有作为光源的灯管，而在液晶显示屏背面有一块背光板（或称匀光板）和反光膜，背光板是由荧光物质组成的，可以发射光线，其作用主要是提供均匀的背景光源。其发光原理决定了LCD电视在轻薄上和OLED不可能相提并论，其材质的物理特性也决定了LCD并不适合做成弯曲的柔性显示屏。

所以LCD电视面世多年，并没有推出曲面款式，而当曲面OLED面世之后，有些厂家迫于市场竞争，不顾LCD电视显示屏不易折弯的特性，强推曲面LCD。虽然在造型上更加新颖，但是通过加热迫使玻璃基板弯曲，一定会对色彩均匀显示及产品耐用性产生不良影响。

7.2.2 发展前景

OLED是一种极具发展前景的平板显示技术，它具有十分优异的显示性能，特别是自发光、结构简单、超轻薄、响应速度快、宽视角、低功耗及可实现柔性显示等特性，被誉为“梦幻显示器”，已成为显示技术领域中第三代显示器件的主力军。

据Display Search的数据，2011年全球电视销量为24770万台。与之相比，OLED面板的数量似乎不多。不过，OLED有机屏的量产或将加速这一进程。OLED有机电视与LCD技术相比，制造工艺更简单，随着研究的进一步深入，技术的不断成熟，OLED有机屏价格上的优势会逐渐明显。LCD面板向OLED面板转型的价格屏障终将被逐渐打破，使得OLED有机电视的发展进一步提速。

若LCD面板向OLED有机屏转型加速，或许将助推整体电视市场的增长。液晶电视市场一直较低迷，2013年全球电视销售量较2012年持续下降。若OLED有机面板能够吸引用户，也将带动电视市场整体回暖。

继2013年11月28日，创维推出首台OLED电视之后。2014年3月20日创维首批量产上市OLED有机电视55E980S已全面进入全国各大城市创维专柜，再次引领行业潮流。据悉，创维计划在2014年底再推OLED新品，这标志着创维在OLED快速产业化、规模化、低成本化方面已经抢占先机。

创维将继续坚持以科技进步为核心，坚持产品主义，坚持技术领先，以用户需求为导向，研发生产出多款首创产品，不断推动产业升级。在以往的实践和探索中，创维坚信，服务和渠道纵深已经成为品牌竞争力提升的重要筹码。

现在的智能电视，特别是OLED电视，较以往的电视功能更多，应用更丰富，平台更开放，因此需要更加全面、细致、专业的售后服务。为此，创维对服务工作加快了转型升级，把服务的核心从单纯的关注售后服务保障，快速转变为全面提升顾客价值的高度。全面提升服务的及时性、专业性、服务的满意度；为顾客提供更多便捷，从产品购买、送货、付款、安装、调试、周边产品提供和电视保养等实现一站式解决。

创维拥有行业最具规模的呼叫中心，坐席近300名，日均接入能力达3万多条，一次性接通率高达98.3%。另外，为了适应互联网的发展，用户可在创维售后服务官方网站www.95105555.cn及在线QQ进行咨询、报修服务。

更重要的是，创维在全国拥有服务网点5000多家。其中，地级城区乡镇市场1400多家、县级城区及乡镇市场2000多家、乡镇农村市场1800多家，形成了以城区服务网点为中心、周边服务网点为基点的强大而完善的售后网点服务网络，基本实现了线上7*24小时沟通，线下全国无盲区，快速响应，及时服务，全力为消费者提供便利的战略目标。

在渠道纵深方面，创维拥有强大的经销网络及营销能力，目前已在国内设立41个销售分公司，209个办事处，同时拥有3500家专卖店，3000家县城店及16000家乡镇店，签约客户达20000多个。渗透各级市场的完善的分销体系，加之多年来对渠道的布局和精耕细作，贯彻落实“渠道平衡”策略，使得创维的市场竞争力逐年攀升，连续7年获得国内市场销售冠军。同时，彩电事业本部也大力拓展海外业务，由“中国著名品牌”向“世界著名品牌”跨越。目前，海外市场业务遍及东南亚、中东、非洲、澳洲、南美、欧洲等多个区域，并继续向其他区域市场渗透。

经过二十余年的发展，创维已经逐渐形成一套完整的生态体系，并围绕平板显示产业链开展了上下游的产业投资活动，形成了贯穿整个产业链的业务集群，如与上游屏体厂商LGD及群创长期保持良好的合作关系，并投资LGD广州8.5代线，确保了供应链的稳定。此外，彩电事业本部已投资建成广州、石岩、内蒙、南京四大平板基地及成都、宜春、南京三大物流基地，凭借敏锐的产业布局及供应链整合能力，创维在产业升级中数次夺得先机，逐渐发展成为彩电行业的领军品牌。

差异化领先的策略为创维电视夺取了坚固的市场地位。彩电事业本部在经济规模不断扩大、自主创新能力显著增强的同时，始终坚持做到比竞争对手快半步，凭借产品、营销、售后服务等多方面优势，创维电视在彩电市场佳绩频传，技术和产品转型走在行业的前列，这些都为创维在下一代显示技术OLED中夺得头筹打下了坚实基础。